本书由教育部人文社会科学研究规划项目"中国竹纸传统制作技艺研究"（09YJAZH015）和上海市教委科研创新重点项目"江南地区竹纸传统制作技艺研究"（10ZS08）资助出版

中国手工竹纸制作技艺

Traditional Chinese Bamboo
Papermaking Techniques

陈　刚◎著

科学出版社

北京

图书在版编目(CIP)数据

中国手工竹纸制作技艺 / 陈刚著.—北京：科学出版社，2014.
ISBN 978-7-03-042332-0

Ⅰ.①中⋯　Ⅱ.①陈⋯　Ⅲ.①竹亚科–造纸–介绍–中国　Ⅳ.①TS721

中国版本图书馆 CIP 数据核字（2014）第 252403号

责任编辑：樊　飞　郭勇斌　高丽丽 / 责任校对：张凤琴
责任印制：李　彤 / 封面设计：铭轩堂

编辑部电话：010-6403 5853
E-mail：houjunlin@mail.sciencep.com

科学出版社 出版
北京东黄城根北街 16 号
邮政编码：100717
http://www.sciencep.com
北京凌奇印刷有限责任公司印刷
科学出版社发行　各地新华书店经销
*
2014 年 12 月第　一　版　开本：720×1000　1/16
2025 年　5 月第七次印刷　印张：17 1/4
字数：320 000
定价：**89.00 元**
（如有印装质量问题，我社负责调换）

序　言

　　复旦大学陈刚副教授多年来一直从事造纸科技史研究，颇有成效。近年来又针对我国传统手工制作竹纸的历史和现状作了一系列的调查研究，撰写了一部别开生面、内容丰富的著作——《中国手工竹纸制作技艺》，这是一件值得庆贺的事。

　　中国是世界上最早使用竹子造纸的国家，也是最早能用竹子制造好纸，并成功地将其用作文化载体的国家，至今已有800多年的历史，积累了丰富的生产经验。竹纸印就的那些宋版书被人们视为珍宝，明清时期的竹纸书籍，纸质则更为精美。竹子的材性既不同于麻、树皮等韧皮造纸原料，也不同于稻麦草等造纸原料。麻、树皮等造纸原料木素含量低，纤维长，韧性好；稻麦草造纸原料结构松软，容易处理，但性脆并含有众多的细小纤维和杂细胞。而竹子一般都结构复杂，材质坚硬，木素含量较高，杂细胞含量高，要制作出品质优良的竹纸极不容易。勤劳智慧的中国造纸先辈们，经过无数次的失败、总结、提高，终于把竹子作为一种文化用纸的纤维原料，推上了历史舞台。时至今日，在机械化造纸高度发展的中国，竹子造纸仍占有相当的比重。

　　在《中国手工竹纸制作技艺》一书中，作者对中国现存传统手工竹纸的制作技艺进行了详细的调查和研究：亲自走访了现存大部分有代表性的手工竹纸制作现场；拜访了许多技艺超群的老技师；结合历史文献的记载，用现代的科学技术，从理论上研究了一些传统的手工竹纸制作技艺及其科学内涵。作者提出"多级蒸煮"、"日光漂白"、"鞭打竹丝"等是手工竹纸成功的一些关键技术：温和的"多级蒸煮"，减少了蒸煮液对纤维素的破坏，有利于提高成纸强度及纸张的耐老化性，同时也解决竹子结构复杂、材性坚硬而造成的蒸煮不匀的问题；"日光漂白"比漂白剂漂白的纸具有更好的强度及耐久性；"鞭打竹丝"工艺，能除去大

量的杂细胞和细小纤维，从而提高了纸浆质量。这些技艺是中国古代造纸技术的重要组成部分，不仅解决了当时竹子造纸的质量问题，对提高现代造纸技术也是很有参考价值的。

古人云：以史为鉴，可知兴替；以人为鉴，可明得失。我们学习和研究这些保留至今的传统手工竹纸制作技艺，正是为了总结经验，启迪未来。我们相信，在广大造纸同仁的共同努力下，在改革开放政策的推动下，作为中国古代科学技术四大发明之一的"造纸术"，必将实现再一次的腾飞，为人类文明与进步作出新的贡献。

中国制浆造纸研究院

王菊华

2014 年 5 月 14 日

目　　录

第一章

概　述

第一节　竹纸制作技艺的发展

在中国传统手工造纸术中，宣纸和以连史纸为代表的优质竹纸的制作技术，可以说是最为繁复的，代表了手工造纸技术的最高水平。[①] 宣纸和优质竹纸的制造技术，是在吸取优质皮纸制造经验的基础上发展起来的，主要是根据稻草、竹料等以往被视为劣质原料的材料特点，发展了多次蒸煮、天然漂白工艺。特别是对于较为坚硬的竹料，开发出了多种多样的发酵工艺。在各种原料的手工纸制作工艺中，竹纸的制作工艺是最为多样的。其多样性，一方面，由于明清时期，竹纸已经渗透到人们生活的各个方面，有着书写、印刷、包装、裱糊、祭祀、卫生等多种用途，各种用途对于竹纸的纸质有不同的要求；另一方面，为了适应市场需求、降低生产成本的需要，发展出了形形色色的竹纸制作工艺。唐宋以来，竹纸制作技艺，经历了生产包装纸等粗纸，到可用于书写、印刷的浅黄纸，再到可与宣纸、皮纸媲美的纯白连史纸的发展过程。多种多样的竹纸工艺，是我国传统造纸术的重要组成部分。探讨竹纸制作技艺的变迁，对于理解我国的造纸技术，以及在唐代皮纸、麻纸制作技术达到成熟以后，面对纸张需求的不断扩大，在原料和工艺方面求新求变、不断发展创新的历程，有着重要的意义。

---

① 这里主要是指生纸，即抄造完成后，未经染色、彩饰等加工的纸张。

一、竹纸的起源

汉代造纸术发明之初，所使用的主要原料是废麻。《后汉书·宦者列传》记载，蔡伦"乃造意，用树肤、麻头及敝布、鱼网以为纸"。可见，当时主要是使用废麻与树皮造纸。根据对敦煌悬泉置遗址、肩水金关等地出土的早期纸张的纤维分析结果可知，现在所发现的汉代纸张，全为废麻所造。而以楮、桑等韧皮纤维造纸，出现的时间可能要晚一些，但至迟在南北朝时期应该已经比较普及。在北魏贾思勰的《齐民要术》中，专门有"种穀楮"一节，介绍种楮之法，并说"煮剥卖皮者，虽劳而利大，自能造纸，其利又多"[①]。那么竹纸又是何时开始出现的呢？与造纸术的起源问题一样，竹纸的起源，不明之处甚多，综合一下现有的说法，有晋代说、唐代说、北宋说等。

持晋代说观点，其主要依据有：《格物镜原》卷三十七"文具类一·纸"引南朝《萧子良书》说："张茂先作箔纸，王右军用张永义纸，取其流丽，便于执笔。""箔"即小笋，张茂为东晋人。[②] 也有人认为葛洪在《抱朴子》中，有"逍遥竹素，寄情元毫，守常待终，斯亦足矣"之句，其中"竹素"即为竹纸。[③] 另外，日本的大泽忍曾对中国梁代写经纸进行过分析，确认其中有竹纤维，为竹浆和树皮浆混合而成，秃氏佑祥据此在《支那之纸》中推断，在南朝，已经把竹料作为造纸的主要原料了。[④]

也有学者认为，竹纸应起源于唐代[⑤]，因为关于竹纸的最早的可靠记载是从唐代开始的。例如，唐长庆、宝历年间（821～827），翰林学士和中书舍人李肇的《国史补》，其卷下"叙诸州精纸"条记载："纸则有越之剡藤、苔笺，蜀之麻面、屑末、滑石、金花、长麻、鱼子、十色笺，扬之六合笺，韶之竹笺。"唐末人冯贽的《云仙杂记》（约926）卷三称："姜澄十岁时，父苦无纸。澄乃烧糠、爝竹为纸，以供父。澄小子洪儿，乡人号洪儿纸。"另外，在日本正仓院文书多次出现所谓"竹幕纸"的记载，例如，"应用竹幕纸七张，天平九年十月卅日"。"（天平九年）随求即得陀罗尼、大佛顶尊陀罗尼，右二经复为一卷。竹幕纸三分切写。"[⑥] 上述竹幕纸应为写经之用。天平九年为737年，虽然这可能是关于竹纸

① （北魏）贾思勰：《齐民要术》，卷五种穀楮第四十八，中华书局1956年版，第67-68页。
② 王菊华等：《中国古代造纸工程技术史》，山西教育出版社2006年版，第123-124页。
③ 罗济：《竹类造纸学》，自刊本1935年版，第6页。
④ 戴家璋：《中国造纸技术简史》，中国轻工业出版社1994年版，第80页。
⑤ 潘吉星：《中国造纸史》，上海人民出版社2009年版，第194页。
⑥ 関義城：和漢紙文献類聚（古代·中世編），思文閣，1976，245。

的早期记载，但日本学者也对当时日本能制造竹纸持怀疑态度。[①] 近年来对同时期一百余件正仓院文书较为系统的纸张纤维分析结果，也未发现有竹纤维的存在。[②] 唐人段公路的《北户录》（875）谈到广东罗州沉香皮纸时，指出此纸"小不及桑根、竹膜纸"[③]。这里的竹膜纸和竹幕纸是否有关系不得而知，但可知竹幕纸和竹膜纸质量均较好，与早期竹纸色黄质粗的特征有些不符，可能并非竹纸。

北宋时期关于竹纸的文献较多，而且比较明确。例如，苏轼在《东坡志林》卷九中云："昔人以海苔为纸，今无复有；今人以竹为纸，亦古所无有也。"[④] 苏易简的《文房四谱》中有"今江浙间有以嫩竹为纸，如作密书，无人敢拆发之，盖随手便裂，不复粘也"[⑤]，同时也有竹纸的实物存世。北京故宫博物院所藏米芾的《珊瑚帖》，据潘吉星等检验，为竹纸，而宋摹王羲之《雨后帖》、王献之《中秋帖》也为竹纸。更多的则是一些印本，例如，北京图书馆藏元祐五年（1090）福州刻本《鼓山大藏》中《菩萨璎珞经》为竹纸。据笔者观察，日本宫内厅所藏刊于宣和七年（1125）福州开元寺的宋版《一切经·大方广佛华严经第六》、南宋刻本《新编四六必用方舆胜览》（1239年刊）、刊于南宋宝祐年间（1253～1258）的《天台陈先生类编花果卉木全芳备祖》等均为竹纸刊本。因此，毫无疑问，宋代是竹纸大为普及的时期。

以笔者之见，以竹制纸，可能在晚唐至北宋初，但从现存实物，以及文献的记载来看，北宋以前即使已有竹纸，也未达到较高质量以取代皮纸、麻纸。

从技术的层面来说，使用麻纸、皮纸的制作方法，辅以强力的打浆装置，也可以制作竹纸。因此，虽然缺乏文献记载，但不能排除唐以前用竹制纸的可能性。只是所成之纸应较为粗黄，仅能做包装、拭秽等日常生活之用。而如南宋文献[⑥]所说"若二王真迹，多是会稽竖纹竹纸"，则可信度不高，可能作者看到的是后世的摹本。

从实际的需求来说，在印刷术发明之前，纸张的主要用途为书写、书画等文化用纸，以及包装、拭秽等生活用纸，即便在唐以前存在技术上的可能性，但使用与制麻纸、皮纸同样的方法只能制造出粗黄的生活用纸，在强度、柔韧性等方面要远小于后者，甚至在日常生活用纸领域也难以取而代之。此时，造竹纸显

① 宍倉佐敏：竹と竹紙の研究，和紙文化研究，7，1999，56-69。
② 正倉院宝物特別調査——紙（第2次）調査報告、正倉院紀要(32)，2010-03，9-71。
③ （唐）段公路：《北户录》卷三，《丛书集成·初编》，中华书局1985年版，第42页。
④ （北宋）苏轼：《东坡志林》，《苏轼文集》，中华书局1986年版，第2232页。
⑤ （北宋）苏易简：《文房四谱》卷四纸谱，中华书局1985年版，第55页。
⑥ （南宋）赵希鹄：《洞天清录集》，《丛书集成·初编》，商务印书馆1939年版，第18-19页。

然有些得不偿失。可以说在印刷用纸等纸张的用途未得到充分开发，麻、皮等原料供应还比较充裕的情况下，缺乏制造高档竹纸，以取代麻纸、皮纸的动力。但是，笔者认为，唐或唐以前，人们使用竹料制造纸张的尝试，应该缘于人们对降低原料成本，满足更多需求的努力，也为随后制造符合印刷要求的高质量的竹纸积累了技术经验。竹纸的出现并不以印刷术的出现为契机，但印刷术的出现与普及，为竹纸制造技术的提高提供了实在的动力。

相较于造纸术的起源问题来说，竹纸的起源研究更可能取得突破。一则，在考古发掘中可能会发现早期竹纸的实物或造纸作坊的遗存，如近年来在富阳高桥镇泗洲发现的宋代造纸作坊。另外，唐宋时期的书画、书籍、手稿等还有不少传世，由于竹纤维的鉴定相对容易，如果对宋以前疑为竹纸的纸质文物进行分析鉴定，将有助于这一问题的解决。

二、竹纸制作技艺的变迁

由于与造纸相关的工具、设备，以及造纸遗址的考古资料比较缺乏，现阶段要探讨竹纸制作技艺的历史变迁，主要依靠对历史文献，以及纸张实物的考察。早期文献对于竹纸制作技艺几乎没有专门的描述，而是在野史笔记、文房用品中介绍，以及吟咏纸张和造纸的诗歌中有所涉及，常常只有片言只语，难以了解当时竹纸制造的具体过程。比较可靠的方法是，总结现存的各种传统竹纸制作工艺，通过研究造纸工艺与所成竹纸纸质间的关系，对留存至今的古代竹纸实物进行考察，从而探讨古代竹纸制作工艺及其变迁。采用上述方法研究的结果，大致可以把竹纸制作技艺的变迁分为初创期、发展期和成熟期。

竹纸制作技艺的初创期：这一时期的时间跨度为唐至元。在前面曾经提到，竹纸作为一种替代麻纸、皮纸的纸种应该出现在唐代，并随着印刷术的普及和进步，在宋代得到了很大的发展，并在纸张中占有较大比重。但考察当时用于书籍印刷的竹纸，大多质地疏松，杂质较多，并且呈浅的棕黄色或棕褐色，与皮纸、麻纸的质地相差较大。如前面所提到的日本宫内厅所藏南宋刻本《新编四六必用方舆胜览》，纸张呈褐色，质地较粗糙，并且有较多的竹筋。福州开元寺版《一切经·大方广佛华严经第六》的纸张呈棕黄色，质地粗厚，也有较多竹筋。不过有字一面较为光滑，应经过研光。相比较而言，刊于南宋宝祐年间（1253～1258）的《天台陈先生类编花果卉木全芳备祖》的纸张要细腻一些，呈黄色，仍能看到明显的竹筋，这一情况基本延续到明初。元代的不少竹纸，还可以看到有颜色较深的纸筋散布于纸面，这应该是未将竹皮去除，腌料与打浆又不够充分所致。从唐代至元代，竹纸的制法还是处于较为原始的状态。其主要技术可能还是借鉴制皮纸、麻纸的一些经验，还未形成竹纸制造所特有的工艺体系。竹料的石灰腌浸时间不够，其中的果胶、淀粉等杂质去除不充分。

竹纸的制造方法，按原料蒸煮与否可分为生料法与熟料法。但是，早期的竹纸究竟使用生料法还是熟料法，还未有定论。当时皮纸和麻纸的制作技艺，均已采用熟料法，从工艺借鉴的角度来推测，竹纸使用熟料法的可能性较大。在富阳泗洲发现的宋代造竹纸作坊，发现了长宽在 5 米左右的大型地下灶膛残迹，还有石灰颗粒和大量草木灰。[①] 因此可以推测，当时造竹纸，也应采用熟料法，同时与造皮纸的技术类似，采用石灰浆料、草木灰蒸煮的方式。但这种熟料法，存在腌料和蒸煮方面的问题，如腌料时间较短、一般为一次蒸煮，因此所制纸张比较粗糙，类似于表芯纸和部分质地较粗的元书纸，带有棕黄色或灰黄色。竹纸制造中生料法和熟料法的先后关系，具体将在第三章对各种传统竹纸制作技艺进行比较以后再作讨论。

因此，竹纸在宋代虽然已经比较普及，唐、宋可以看作竹纸的发展普及期，但从实物来看，直到元代，竹纸的质地仍比较粗黄，就其制作技艺来说，仍应处于发展的初期。

明代是竹纸制作技艺的发展期，竹纸的纸质出现了很大的改观。首先从现存的实物、尤其是明代古籍用纸来看，竹纸已经占有很大比重，特别是中低档书籍的用纸。明代早期的竹纸，多见色黄褐而带竹筋者，与元代的竹纸相类似。但明代中期以后，竹纸的白度和均匀度均有明显提高，应该是技术的改进所致。明代晚期的《天工开物》记载了当时造竹纸的方法，已经除去竹皮，并经过石灰和柴灰二次蒸煮，其工艺流程与民国时期江西关山纸的工艺非常相似，已经能够制造白度较高、质地较为均匀的竹纸。不过明代虽然已有对皮料加以日光漂白的技术 [②]，但并没有明确的证据表明在竹纸的制造工艺中也采用了上述漂白方法。另外，明代使用混料纸的情况比较普遍。竹纸由于其纤维较短，粗质纸比较疏松，相对来说强度和韧性不足。早期用于印刷的竹纸比较厚，原因之一也是为了保持必要的强度。如果加入少量的麻或皮料，则可改善其纸质。因此，在明早期的一些竹纸中，即混入了一些麻、皮料以降低纸的厚度并保持强度。其特点是纸张中

---

① 根据对所在地层出土的铜钱、古陶瓷分析，该遗址应为南宋时期，同时在出土的缸内发现了竹纤维。见杭州市文物考古所等：《富阳泗州宋代造纸遗址》，文物出版社 2012 年版，第 122-140 页。

② （明）王宗沐：《江西省大志》卷八《楮书》，万历二十五年（1597）刊,（台湾）成文出版社 1989 年影印本，第 921-923 页。

以竹料为主，保留有较明显的竹筋，而少量麻、皮料的加入只是为了改善纸质，纸张仍属竹纸范畴。而随着竹纸制造技术的进步，造纸竹纤维的质地也在不断改善，在明代后期的一些皮纸中也混入了竹纤维，这样粗细纤维搭配，可使纸张的质地更为细腻温润，降低了纸张的透明度，同时可降低成本。但前提是混入的竹纤维不会明显降低棉纸的纸质，只有在竹纤维的白度等指标与皮纤维比较相似时才能符合这一要求。比较日本的和刻本所用纯皮纸与我国印书用的棉纸，有时就能发现这一区别。和刻本使用的纯皮纸相对来说纤维较粗，纤维间的空隙较大，透明度较高，与我国云南、贵州有些地区仍在生产的薄棉纸比较相似。

清代到民国时期，竹纸制作技艺达到成熟，最富于多样性，从而能够使用较为经济的方法制造出符合需要的纸张。其中，应该是在明末清初时期，在高档竹纸的制造方面开始使用专门的日晒漂白工艺制造高白度的连史纸类竹纸。考察连史纸制作技艺的起源可以看到，福建连城的连史纸制作工艺，应来源于闽北的光泽、邵武，并与赣北铅山的连四纸制造有一定的渊源关系。[①] 当然考虑到明代有些掺有竹料的棉纸白度较高，同时使用天然漂白的方法处理皮料在有些地区已经使用，因此在明代后期即有漂白竹纸出现也并非没有可能，只是缺乏更多的实物证据，这一状况也与宣纸的出现与发展相仿。宣纸的工艺特点，概述之即是采用皮料与草料长短纤维两种原料，经多次蒸煮和天然漂白后相混，达到较高的白度与均匀细腻程度。其在工艺上与连史纸工艺有不少相似之处，作为高白度混料纸的宣纸，其出现也应在明后期到清前期之间。因此，天然漂白工艺从皮纸向其他纸种的普及应主要集中在这一时期。考察漂白纸的产地，主要集中在江西广信府（今江西上饶）、安徽宁国府（今安徽宣城），即赣北、皖南这一区域，与闽北的连史纸应该有技术的传承关系，随后又流传到闽西的连城。而在其他地区，均未见到采用长时间日晒漂白的工艺，只是在清洗时有在溪水中漂晒、借助日光提高纤维白度的举动。[②]

这一时期还有一个特点是生料法造竹纸技术的高度发达，特别是生料毛边纸制作技术取得了进步。生料纸的出现时间虽然难以考证，但清代中期以前用于书写、书籍印刷的竹纸应该多属于熟料纸，而且此前文献中记录的竹纸制法都是熟

---

① 苏俊杰：《连史纸制作技艺保护研究》，复旦大学硕士学位论文，2008 年，第 7 页。

② 如余杭、富阳、萧山等处的水中漂白，见张柏青：《富阳萧山等县纸业之考察》，《浙江省建设》，1937 年第 10 卷第 9 期，第 19-25 页。实际上，竹料蒸煮发酵后的清洗过程，也有对纸料的漂白作用，只是效率较低，难以在短时间内得到较白的纸料。

料法。^①熟料纸与生料纸在外观上有一定的区别。特别是经灰蒸碱煮二次蒸煮工艺的竹纸，一般白度较高，呈浅米色或浅灰褐色。明后期至清朝，不少竹纸刻本即采用此种纸印刷，纸张薄而有一定的韧性。而采用生料法或一次灰蒸制成的竹纸，则呈浅黄色，如生料毛边纸与元书纸。特别是生料毛边纸，在清后期至民国时期，大量使用，作为日常书信、簿记和低档刻本的印刷用纸。市场的多元需求，促使生料纸的制作技术有了明显的进步。据王菊华等人对从福建长汀采集到的清雍正到宣统年间竹纸样品的分析，大多为玉扣纸和毛边纸，均未经漂白工序，多呈土黄色，匀度一般较好，竹纤维较长，纸质细腻，纤维结合力强。而碘氯化锌染色后纤维大多呈蓝紫色，显示脱木素较好。^②在清晚期至民国时期，生料纸的制作技艺已经达到一个高峰。福建、江西等地的优质毛边、玉扣纸，除色呈浅黄以外，纸张的匀度等方面均不逊于高档的熟料竹纸。这主要得益于选料的讲究，以及后发酵技术的进步。生料纸的发展，一方面可以节省大量燃料，因为优质熟料纸的蒸煮，前后合计需要10天以上，而且需要消耗大量的木柴。而在土地和劳动力价值较低的时代，用略为费时的生料法制优质纸还是可以接受的。同时，生料纸的发展也是适应市场需求的，在大量使用竹纸作为文化用纸、生活用纸的时代，普通民众需要的是价廉物美的产品，在白度、耐久性方面要求不高。而生料毛边纸正好符合这一要求，其优质产品可以满足一般书写、印刷之需，而较劣者可以作为包装、祭祀之用。

　　清末，随着机制纸的输入，手工纸的市场开始萎缩、产量也逐渐减小。为了降低成本、提高质量，手工纸的制作技术也开始改良。例如，在20世纪初，安徽泾县的宣纸在当地人曹廷柱的提倡下，改用"洋碱"代替传统的桐碱，用漂白粉代替自然漂白，提高纸张的白度、降低成本。^③竹纸制作技艺的改良出现要晚些，这是由于竹纸大多属于中低档纸，对纸质的要求比较低，使用化学药品会增加原料成本，并不一定划算。所以类似的改良，主要是应用于连史纸、贡川纸等中高档竹纸上，例如，民国时期四川夹江、铜梁等地使用纯碱、烧碱代替桐碱作为原料的二次蒸煮剂，并且在原有工序以外增加了漂白粉漂白，以提高纸张的白度，生产漂白书写纸，扩大纸张销路。^④江西铅山、福建连城的连史纸制造在

①　相关文献，参见第三章中关于熟料法与生料法的进一步讨论。

②　王菊华等：《中国古代造纸工程技术史》，山西教育出版社2006年版，第356-359页。

③　曹天生：《中国宣纸史》，中国科学技术出版社2005年版，第181-182页。

④　梁彬文：《四川纸业调查报告》，《建设周讯》，1937年第1卷第10期，第15-30页；张永惠：《铜梁县纸业调查报告》，《工业中心》，1938年第7卷第2期，第40-48页。

原有日晒漂白的基础上，也开始增加漂粉漂白作为辅助手段。① 在1935年罗济的《竹类造纸学》中，详细记录了作者对传统造纸法进行的改良实验，并就其中诸如漂白粉对纸张耐久性可能带来的危害提出了自己的看法。② 这一时期，竹纸制造的另一改良措施是书写方式从毛笔向钢笔的改变，在纸浆中添加施胶剂以降低吸水性。特别是在"抗战"时期，后方机制纸的生产和进口遇到困难时，竹纸作为替代材料受到重视。其中以闽西地区的连城、长汀、宁化等地的改良竹纸最为著名。其方法是借鉴机制纸的施胶工艺，在纸浆中加入松香、明矾及填料。当时对改良纸进行了编号，首位代表产地，如长汀为"1"，连城为"2"。连城所产的"201"纸影响较大，其名称沿用至今。

新中国成立以后是竹纸制造的变革期。在20世纪五六十年代，手工纸的制造面临着新的机遇。这主要是由于西方国家对中国的经济封锁，造成机制纸的进口不畅，国内机制纸的生产又跟不上需求。因此，对于手工纸的原料和技术都进行了各方面的革新，竹纸的制作工艺改良是其中最重要的部分，其目的是为了提高效率。其主要工艺的改革包括：①使用机械打浆机；②使用吊帘抄纸，使用小型机械抄纸；③使用铁板干燥。

上述革新的影响延续至今。在国内大多数中高档竹纸的产地，已普遍使用荷兰式打浆机，大大提高了生产效率，降低了生产强度。同时也有部分地区随后开发了电动的石碾或碓，可以看作是对传统打浆方式，如人力、畜力、水力碾、碓的一种改良。而除了少数地区以外，较大尺寸的纸张均采用吊帘。烘干方式的改变则出现了两极分化的趋势，即原先的部分低档文化用纸产区，由于转为生产迷信纸，将火墙烘干改为自然晒干。而连史纸等高档纸，则从原先的土墙烘干，改为现代手工纸制造中常用的铁板蒸汽烘干法，较为便利省时，设备维护也较为简单。

三、竹纸在东亚地区的影响

我国手工竹纸制造技术的发达和竹纸的大量生产，在东亚乃至世界都是独有的现象。究其原因，是由于我国幅员辽阔、人口众多，随着宋代以来社会文化、经济的发展，以及印刷术的进步，对纸张的需求急剧增加。以往的麻纸、皮纸难以满足需要，以往仅作为次要原料制造低档纸的竹料，由于其来源丰富，再生

---

① 张永惠：《福建沙县连城手工纸业之调查》，《工业中心》，1937年第6卷第6期，第244-250页；滕振坤：《铅山连史纸》，《铅山文史资料》第3辑，政协铅山县文史资料委员会，1989年，第56-71页。

② 罗济：《竹类造纸学》，自刊本1935年版，第45-46页。

性强而受到重视，逐步成为书写、印刷用纸的原料。这种寻求麻纸、皮纸替代品的社会需求，是竹纸制作技术发展的重要动力。对于竹纸制造技术的改良，体现在纸张的白度、均匀度、强度等纸质的改良等方面，出现了多次蒸煮、打浆、日晒、漂白等工艺，也通过与皮料的混合以增加强度，当然成本的降低也是改良的目标。由于竹子主要生长在南方，竹纸的兴起也改变了南北纸产地的命运。宋代以后，造纸中心南移，明代以后，优质纸的产地基本上都位于我国南方，而北方一些历史悠久的麻纸、皮纸产地逐渐沦为日常生活用纸的产地。

我国的近邻朝鲜和日本等国，一方面，用纸的历史较我国短，纸张的需求量要小；另一方面，其地多山，楮皮等韧皮纤维来源丰富，取之不竭，供需矛盾不如我国突出。而由于气候的关系，其竹资源不如我国丰富，所以竹纸的制造技术始终没有得到发展。还有一个原因就是，这些国家常常通过贸易的方式，从中国输入需要的物资，竹纸也不例外。在日本、韩国，都有很多输入竹纸的记录。不生产竹纸并不意味着不使用竹纸。就像日本有一段时期大量输入宋钱以作为通货，而本国很少铸钱一样，中国南面的缅甸、老挝、泰国等国家，虽然有较为发达的皮纸制造技术，但就其纸质来说，比较粗厚，无法与我国的优质皮纸相比，也无法与日本、韩国的皮纸相比。越南的造纸技术，与日本、韩国相比更接近于我国，因为其与我国南方纸张的主产区邻接。其造纸情况与我国广西等地相似，既有皮纸，也有竹纸的制造，但竹纸也主要作为印书及日常生活用纸，其技术比较简单。[①] 今日机制竹纸生产的大国印度，其手工纸主要为麻纸和皮纸，且制作技术以浇纸法为主，较为原始。[②] 因此，长期以来，东南亚国家由于其纸张用途有限，纸文化与东亚国家有所不同，纸张的用途更侧重于包装等日常生活之用，对纸张的韧性等要求较高，虽然有较为丰富的竹资源，但并未发展出较为发达的手工竹纸制造技术。

虽然竹纸制造技术在东亚的其他地区并未得到发展，但在日本、韩国的历史文献中，还是可以找到不少与竹纸相关的记载。例如，日本宝永五年（1708）刊《舜水朱氏谈绮》提到："不仅限于楮皮，竹、桑、木槿等皆可造纸，称为皮纸。传到日本的纸，多数为竹纸，是将新竹的皮和内膜去除后，充分捶打以后水浸，发酵以后抄造而成。"（译文）[③] 寺岛良安的《和汉三才图会》（正德二年刊，

---

① Dard Hunter. Papermaking by Hand in Indo-China，Ohio: Mountain House Press，1947，42-43. 潘吉星：《中国造纸史》，上海人民出版社 2009 年版，第 485-486 页。

② Dard Hunter. Papermaking by Hand in India，New York: Pynson Printers，1939.

③ 関義城：和漢紙文献類聚（江戸時代編），1973，45。

即 1712 年）中介绍毛边纸和竹纸条中云："毛边纸：自中华来者总称唐纸，以南京官纸为上，朝鲜纸次之。试之舐不粘舌者佳。肌浓而厚重不甚坚，浅黄赤色似鸡卵者，俗呼为保豆古利手为上品；色大白坚者为下，墨色变带绿，但唐纸皆用唐墨良。竹纸：似倭薄叶而脆，易裂易烂。今所渡书籍多竹纸也，但厚者为良。……马粪纸为唐纸之野卑者，与和之尘纸相比。"① 安政时期（1854～1859）浅野长祚的《寒檠琐缀》中提到中国的毛边纸时论道："毛边纸明时始有，上自奏牍下至短札均用之，遍于天下，稍湿即烂藏之即蠹，为天下第一劣品。之所以用之不改，是由于光滑便书。我国（指日本）都将此称为唐纸，而成为书画不可缺少之材料。享保元文年间（1716～1740）输入的纸尚可说是光滑便书，但此后质量逐渐下降，薄脆而入手即碎烂者不少，而且近年由于输入量的减少，其价日昂。"（译文）② 关于竹纸的输入量，日本正德元年（1711）长崎《唐船货物改帐》中山胁俤二郎名下，输出为百田纸 13 件，（日本）唐纸 1 件，而从中国输入唐纸 13 790 束、竹纸 11 550 帖、薄唐纸 2500 束、色唐纸 690 束。③ 以量来看，从中国的输入量要远远大于输出量。

据日本国宝修理装潢师联盟理事长、冈墨光堂董事长冈兴造先生介绍，在所经手修复的古代书画中，常常可以看到以前使用竹纸作为裱褙用纸，有些书法本身也采用竹纸书写。有些还可以追溯到相当于我国元代时期的作品。

由此可见，竹纸在日本具有一定的影响，特别是在江户时代。包括从中国输入竹纸印刷的书籍，以及直接输入毛边纸等竹纸，都用于书写、书画、装裱等领域。但日本对于竹纸的评价却并非完美，主要是在其强度和耐久性方面。长期以来，日本习惯使用较为强韧的皮纸。而皮纸，特别是最常见的楮皮纸，由于纤维较粗，不如竹纸光滑细腻，书写起来比较干涩。这是竹纸在日常书写中受到欢迎的原因。

那么，日本是否也曾制造过竹纸呢？日本虽然自身产竹，但其较我国南方产竹区纬度偏高，竹资源不算丰富，而且以小型竹种为主。我国常用于造竹纸的毛竹，据考证，约在 1751 年以后才从中国移植到日本南部，名江南竹或孟宗竹，1800 年左右扩散到各地。④ 在佐藤成裕的《中陵漫录》（文政九年刊，即 1826 年）

① 関義城：和漢紙文献類聚（江戸時代編），1973，50。
② 関義城：和漢紙文献類聚（江戸時代編），1973，434。
③ 池田温：東アジアの文化交流史、吉田弘文館，2002，3，347。
④ 白戸満喜子：竹紙の謎、日本古本通信，11，2009，16-17。

中，记载了日本造竹纸的尝试和竹纸的具体制法[①]，其译文如下：

> 近来传入的毛边纸，均为毛竹所制，最近的为萨州所制，为琉球人新垣亲云三次到福州习得其法以后来到萨州，借琉球人的馆舍为场地，在那里制造的。不仅限于毛竹，一般的苦竹大者亦可。余亦追随其法，在奥州白川受国主之命而制之。其法，待大竹之笋长长、梢头开始发叶时砍伐，去其节，削去青皮，槌捣呈麻状。随后将其阴干，放入石灰煮熟，在石臼中捣细，放入布袋、在流水中淘洗数百次，洗白为度。随后抄造如一般的纸张。唯纸帘较大，因此若非巧匠辄难为之。帘以细竹丝编成。一般纸张是在木板上干燥，而唐纸由于非常柔软，难以贴于木板之上，只能贴在火板上干燥。火板的制法为竖立高一尺[②]五寸[③]的铁柱四根，横三尺长五到七尺，其上再如铁桥般以铁数根相连，横向亦如此，以铜丝如网一般细细缠绕，里外如糊墙般糊上泥土，上涂石灰如镜一般。其下置炭火，其火气起保温作用。在镜面一样的表面，将帘抄造的湿纸直接用刷毛贴上，烟气升起以后瞬息即干。如非用此法，则难以上手，无法贴在板上晒干。中国此法秘不相传，琉球人费尽周折才习得，传授之时还到三里山中盟誓。正当其要在本国推广此法时，由于曾二度到中国，国主疑其不知所受何法。因恐有牢狱之灾而来萨州。此法如能在我日本推广，则大有裨益。《天工开物》所载图值得怀疑之处甚多。

在其所著《萨州物产录》中还提到竹纸之上品由中国通过琉球输入，虽然本地也有所产，但还是不如国外产的竹纸。可见，即使在与我国竹纸产地气候条件相似的九州地区，其竹纸的质量仍难如人意。再加上 19 世纪后半叶，机制纸开始输入日本，造竹纸的必要性更是大为下降。

虽然日本始终未大规模制造竹纸，但竹纸曾进入日本人的日常生活，现在日本还收藏了大量以竹纸为载体的书画、古籍、手稿。相信对日本所藏的中、日早期书画作品纸张的分析，可以加深我们对早期竹纸制造技术的理解。

韩国传统造纸的原料早期为麻、楮，以后长期以楮为主要原料。但在原料不足时，也有使用稻麦草纤维的情况，生产所谓的稻藁纸、雀麦藁纸，但为了增加

---

① 関義城：和漢紙文献類聚（江戸時代編），1973，309。

② 日本的 1 尺 ≈ 0.30 米。

③ 日本的 1 寸 ≈ 0.030 米。

纸张的强度，仍会掺用楮纤维，也有掺用旧楮纸者，则强度较弱。①同样，根据《世宗实录》的记载，在楮原料不足时，使用竹纤维作为代用原料，包括竹叶、竹皮，但具体情况不详。不过有一点可以肯定，韩国在历史上并未大规模生产竹纸以取代皮纸。究其原因，一方面与传统使用皮纸的习惯有关；另一方面，由于其纬度较高，竹资源，特别是制造优质竹纸所需的高大竹种并不丰富。而竹纸的制造，一般需要经过较为充分的发酵步骤，常年较低的气温也不利于发酵。

笔者在参观位于韩国京畿道加平郡的国家重要无形文化财张纸房韩纸工房时，看到他们也在少量生产竹纸，但使用的竹料茎秆细小，所制的竹纸由于使用机械打浆，均匀度比传统的手工竹纸好，色泽近似于毛边纸。但在原料处理阶段，没有将竹皮和竹节去除，因此纸面遍布有细小的褐色纸筋和颗粒，抖动纸张声音清脆，缺少中国传统竹纸的温润感。可见，即使在今天，韩国的手工纸艺人对于竹纸制造技术的理解还不全面，尤其是竹纸制造中与皮纸制造差异较大的发酵环节，还有一定的差距。

长久以来，韩国与中国关系密切，中国的竹纸及由竹纸印刷的书籍也有不少输入韩国。笔者 2007 年年底参观位于首尔大学的奎章阁、观摩所藏的《朝鲜王朝实录》原本时，曾见到中国清代赠予的《古今图书集成》，是以竹纸印刷的，纸张边缘发黄较为严重。可以想见，当时民间流入的竹纸印刷的汉籍应该也有很多。据韩国书画修复专家、龙仁大学校教授朴智善介绍，在不少古代韩国书画的装裱用纸中，也使用竹纸。当时的文献也有记载，如一些记录国王肖像制作规范的《影帧模写都监仪轨》、《御容图写都监仪轨》中明确表明，装裱的初褙纸使用毛边纸，最早的版本可以追溯到肃宗十四年（1688）。

在与中国接壤的越南、老挝、缅甸等国家，普遍以构皮为主要造纸原料制造皮纸，但也生产少数竹纸，均为低档竹纸，供日常生活之用。例如，在缅甸中部实皆省（Sagaing）的当马村（Daung Ma），就有作为打金箔衬纸的竹纸制造。使用与我国云南傣族相似的浇纸法，制造一张纸要 10 分钟之久，而且制浆需要在石灰水中腌浸 5 年，手工打浆据说也要 15 天。这样的制法效率很低，很难进行大规模生产，只能满足一些特殊需要。②

作为一种可能用于纸张制造的植物纤维，竹在欧洲自然也曾引起过关注。例如，英国人劳特利奇（T. Routledge）在 1875 年以竹为原料试制竹纸，并以其印

---

① 朴世堂：稿经 造北纸法，转引自朴英璇：韩纸の歷史，和纸文化研究，12，2004（11），32-48。

② 据 E.Koretsky. Traditional Paper-Sheet Formation-Around the World 1976—2002（影像资料）。

刷自己的著作《作为造纸原料的竹》(*Bamboo, as a Papermaking Material*)。[①]但由于欧洲竹资源并不丰富，在英国，其所用竹材需由印度供应，竹纸在欧洲也只是处于试验阶段。

第二节 竹纸的种类与用途

一、竹纸的种类

明清以来，我国竹纸的产地广泛分布于南方各省，制造方法多种多样，用途也十分广泛，竹纸的名称也是五花八门，数不胜数。这些名称有的是以制造方法分类，如福建的漂料纸和水料纸，有的又是按尺寸大小分类，如大对方、小对方、连五、连七，有的是按厚薄分类，如重桶纸、轻桶纸、厚八刀连，有的则是以用途分类，如黄烧纸、土报纸、顶炮纸。近年来，随着各地竹纸用途的减少、生产的萎缩，竹纸的种类也急剧减少，现在常见的主要有连史纸、贡川纸、毛边纸、元书纸、表芯纸，以及添加了其他纤维的各种竹料仿宣纸。这几大类竹纸，其制造方法有较大的区别，作为竹纸的种类，具有一定的代表性。

竹纸按制造法可以分为熟料纸和生料纸两大类。熟料纸，顾名思义是在制浆备料的过程中，竹料需要加入碱性物质进行蒸煮处理，其主要目的除了加速竹料纤维的分散、缩短制浆时间以外，有时对于增加竹料的白度，提高纸张的质量也有一定的作用。生料纸，在制浆过程中，竹料不经蒸煮，而是采用在石灰液中长时间腌浸的方法使竹料软烂，以便纤维分散。

（1）连史纸类。它是指原料经多次蒸煮、漂白处理所得的高档竹纸，其用途主要为书写、印刷、拓片等，尤其是在制作印谱、小件拓片等方面有着难以替代的用途。这是因为竹纤维与韧皮纤维相比，较为细短，精加工造出的纸张比较细腻，在拓印时便于表现细微的凹凸变化。在连史纸的传统制作工艺中，竹料一般需要经过多次蒸煮和天然日晒漂白，经人工去杂、水碓捣料和脚踩等打浆过程，制造出的纸张质地均匀、白度较高，可与宣纸媲美。连史纸的传统产区在福建的邵武、光泽、连城，以及江西的铅山等地，以大小、厚薄、产区等不同，名称也有很多，如连史、高连、奏本、海月等，在福建地区也称漂料纸。近代以来，四川、湖南等地也生产白度较高的竹纸，可以归入连史纸类，如四川夹江的粉连

---

① 潘吉星：《中国造纸史》，上海人民出版社2009年版，第542页。

史、夹宣，湖南浏阳等地的漂贡等，这些竹纸一般也采用石灰、纯碱二次蒸煮，但为了提高白度，均采用漂白粉等漂白剂，从外观上看，很难和传统的连史纸区分，但在颜色的稳定性和耐久性方面存在一定的问题。由于用途的减少，连史纸类竹纸的衰退很严重，如四川的夹江现在主要生产添加了皮料和龙须草纤维的夹江宣纸，纯竹的连史纸产量不大，而湖南地区连史纸的生产已经绝迹。福建邵武、连城等原产地有的已经停产，有的已改用液氯等漂白剂漂白。真正用传统方法生产连史纸的作坊可以说是凤毛麟角。

（2）贡川纸类。它主要是指原料经多次蒸煮处理所制的竹纸，也是一种优质的书写、印刷用纸。由于未经专门的漂白工序，其白度比连史纸要低，但比毛边等生料纸要高。贡川纸类竹纸的产区分布较广，在主要的竹纸产区如福建、江西、湖南、四川等均有生产，在福建地区也被称为"水料纸"。比较典型的贡川纸如福建连城等地的贡川、大贡、小贡、贡连等，还有江西铅山的关山等。贡川纸类，除了多次蒸煮以分散纤维、提高白度以外，有的还有一些后期的发酵工序，如在福建水料纸制造中，蒸煮后有采用人尿发酵的。而江西的关山纸，蒸煮后需浇上黄豆浆和沸水，以进一步发酵，并提高成纸的光洁度，使其更适合书写。由于对优质手工纸需求的锐减，贡川纸类竹纸现已濒临灭绝。虽然熟料竹纸在各地仍有生产，但其纸质已和传统的贡川纸相去甚远。对原料的蒸煮主要是为了缩短腌料的时间，而在竹料的老嫩选择、杂质的去除、打浆的程度方面均有所退化，所制的竹纸主要是为了满足迷信祭祀的用途，对纸质的要求不高。

（3）毛边纸类。它属于生料纸，一般原料不经蒸煮，主要是通过长时间的石灰水腌浸来达到软化竹料、去除纤维素以外的半纤维素和木素等杂质的目的。由于未经蒸煮和漂白过程，纸张带有浅黄色。毛边纸的得名有一种通行的说法，认为是由于明朝人毛晋开设"汲古阁"印书，向江西等地定制印书用纸，并且在纸边上加盖一个"毛"字印章而来[1]，但此说并不可靠。在明万历二十五年（1597）刊的《江西省大志·楮书》中，介绍衢红纸时，提到："其纸料系铅山石塘毛边纸，颜色系红花、乌梅，出于湖广广东等处。"[2]而铅山石塘在当时也是优质竹纸——奏本纸的产地。毛边纸在明清以来，是最主要的日常书写、印刷用纸，也兼做包装、迷信用纸，用途广泛，产量极大。毛边纸类竹纸较典型的有产于福建长汀、宁化、将乐、顺昌、江西横江等地的毛边纸和宁化、长汀的玉扣纸，而

① 纵横：《毛边纸及毛太纸之小考证》，《艺文印刷月刊》，1937年第1卷第6期，第37页。

② （明）王宗沐：《江西省大志》卷八《楮书》，万历二十五年（1597）刊，（台湾）成文出版社1989年影印本，第937页。

福建的山贝、长行，以及福建、江西、湖南等地所产的官堆，湖南的玉版、老仄、时仄等纸也属于毛边纸类的主要产品。毛边纸虽属生料纸，白度不够高，但高档产品，如长汀、宁化等地的毛边纸、玉扣纸，由于在选料和原料处理方面十分讲究，所制得的纸张光洁细腻，可与熟料的连史、贡川纸类相媲美。值得注意的是，由于毛边纸在南方各地均有生产，生产工艺也不尽相同，如江西铅山、福建连城的毛边纸的原料经蒸煮处理，又称熟料毛边，严格来说，为熟料纸的一种，质量逊于贡川纸。这种同名但工艺不同的现象在竹纸中比较多见，如京庄、玉扣、山贝等在连城等少数地区也为熟料纸。这可能是处理较为粗略的熟料纸在外观上和生料纸较为接近之故。而在生料毛边的传统产地如福建长汀，现在为节省时间也有对原料进行蒸煮处理的。毛边纸现在的产量仍很可观，但用途有所改变，从以往的日常书写、印刷用纸逐步转变为书法的创作、练习用纸，以及迷信祭祀用纸。总体来说，品种的减少和质量的下降较为明显，传统优质毛边纸的生产状况堪忧。

（4）元书纸。这类纸主要产自浙江的富阳、萧山等地，有元书、六千元书、五千元书、昌山等品种，是一种较低档的熟料纸，纸质较为疏松，呈黄色。与其他熟料纸相比，其腌浸等步骤比较粗略，采用加石灰乳一次蒸煮的方法。元书纸比较有特色的工艺是，在蒸煮以后，采用淋尿和堆腌的方法使原料进一步发酵，便于纤维分散，同时依靠尿酸的作用去除灰质。元书纸的用途以往主要是书写，优质的元书纸可与上等毛边纸媲美。现在元书纸作为书写纸的用途，已经转移到书法练习用纸方面，同时质量较差者也作为迷信用纸，产量较大。现在元书纸的质量有所下降，有掺用废纸边的。制法与之类似的熟料纸在其他地区也有一些，如浙江松阳的草纸、福建光泽的北纸等，可以说元书纸是中低档熟料纸的代表。

（5）表芯纸类。它是一类低档的生料纸，表芯纸是其中较为著名的一种。这类纸的用途主要不是书写，而是用于物品包装、迷信祭祀、引火、卫生纸等。表芯纸类竹纸在选料及工艺上均较粗糙，就原料来说，常选用较老的竹子或是制连史、毛边时弃之不用的竹皮，仅以石灰水腌浸，水碓打浆，纸张比较粗厚。表芯纸类竹纸南方各地均有生产，产量极大。依用途不同有不同的名称，如做迷信之用的鹿鸣、黄烧（浙江）、海纸（福建）；包装之用的斗纸（浙江）、甲纸（福建）、表芯（江西）；卫生用纸如园刀、折刀、四六屏（浙江）等。有些纸，如南屏纸可兼作迷信、卫生、包装之用。表芯纸类竹纸现在的主要用途为迷信用纸，在各地仍有一定的销路，产量较大。这也是不少地方手工竹纸制造仍能生存下来的主要原因。这类纸的生产工艺和工具设备一般均较为原始，对于研究竹纸

制造技术的发展具有参考价值。

以上是传统竹纸的一些种类，其中不少纸种已经消失，只在文献中出现。总体而言，竹纸的种类已经大为减少，竹纸的发展呈现出两极分化的趋势，不少优质生料纸由于书写用途的退化，已经沦为迷信用纸，质量大为下降。而一些高档竹纸的产区，为谋求自身的生存和发展，逐步开发了一些新的纸种，主要是一些改良竹纸和仿宣纸。这一趋势在民国时期就有出现，尤其是在"抗战"时期，福建连城、湖南邵阳，以及大后方的四川夹江等地，由于机制洋纸的输入受到限制，于是利用竹料改良生产了一些新闻纸及书写纸，即所谓的土报纸和改良纸，其中改良纸为了适应钢笔书写的需要，在造纸时常常加入松香和明矾，以防止墨水的渗化。这一为了适应新的书写、印刷需要所进行的竹纸改良运动随着"抗战"的胜利，以及洋纸的重新大量输入逐渐失去动力，此后，随着形势的变化虽也有起落，但现在除连城的 201 纸以外，已基本归于沉寂。另外一个改良的方向则是书画纸的开发，比较有名的例子是，"抗战"时期，由于国统区宣纸的输入遇到困难，张大千先生就与四川夹江的槽户石子青合作，在原来漂白竹纸的基础上，加入麻纤维等以提高强度，开发出仿宣纸，后称"大千书画纸"。直到今天，这一纸种仍在生产。而此后，原先竹纸的产地纷纷开始仿制宣纸，以开发书画纸市场，如夹江宣纸、连城宣纸、富阳宣纸、腾冲宣纸等，一般均是在漂白竹纸的基础上，加入楮皮、桑皮、青檀皮等韧皮纤维，提高纸张的强度，适应绘画时笔墨反复皴擦的需要，同时模拟宣纸的水墨晕染效果。仿宣纸的出现，部分缓解了高档竹纸在退出书写、印刷领域后所面临的困境，但也使这些纸失去了竹纸原有的特色。而现在富阳宣纸又以龙须草浆和木浆代替了原有的竹浆，已不属于竹纸之列，以皮料为主，掺用竹料和稻草的腾冲宣纸现在也已停产。

二、竹纸的用途

关于竹纸的用途，在上面介绍纸种时已有所述及。总体而言，竹纸由于其纤维较麻纸、皮纸的纤维细短，在纸张的强度、韧性等方面均要逊色一些，因此在用途方面也显得狭窄一些。但在人们的生活中，其曾扮演了不可或缺的角色。宋应星的《天工开物》中，关于竹纸的用途，即谓："用竹麻者为竹纸。精者极其洁白，供书文、印文、柬、启用；粗者为火纸、包裹纸。"

归纳一下，竹纸的主要用途有以下几个。

（1）文化用纸。它主要是指书写、印刷用纸。竹纸作为麻纸、皮纸的一种补充，在唐宋之际出现并得到发展，虽然在出现之初可能粗糙不堪，甚至不适于书写，但印刷术的发展，为竹纸技术的进步提供了动力。到南宋，竹纸成为福建、江西等地区主要的印刷用纸。明代中期以后，竹纸已经成为普通书籍印刷最常用的纸张，这一趋势在清代更是明显。同时，以韧皮纤维为主要原料的皮纸、棉纸逐步成为高档印刷用纸。直到清末，西方造纸、印刷技术的输入，才逐步改变了竹纸一家独大的局面。用于印刷的竹纸，主要是毛边纸。虽然毛边纸的制法可能经历了由熟料法向生料法的转变，但其浅黄、薄而半透明的纸质，符合我国传统雕版印刷时单面印刷的要求，成为清代书籍印刷的标志性纸种。除此以外，也有一些书籍使用连史纸、元书纸类竹纸印刷，但数量不如毛边纸。同时，有些印书的皮料纸中，也掺用竹料，如部分棉纸。竹料的掺用，除了降低成本以外，其细短的纤维，还可以填补韧皮纤维的空隙，使纸张显得更加细腻。这使不少中国棉纸印本与和纸、韩纸印本呈现出不同的面貌，一望便知。而纯用皮料，特别是纤维较粗的楮皮、桑皮的云贵地区的皮纸，则与和纸较为相似。竹纸还有一个重要用途，是用于日常书写，如簿记、信笺等，特别是清代，可以说普通的日常书写，多使用竹纸，特别是毛边纸。这从保存至今的大量档案、手稿、文书用纸中可以得到印证。而较为考究一些的，则使用白度较高的连史纸、贡川纸，还有经过染色、彩饰加工的笺纸。

作为书写、印刷用途的竹纸，其全盛期在清代至民国时期，而印刷用竹纸，在清末即已开始走下坡路，除了洋纸的输入以外，主要还是印刷方式由雕版印刷向西方金属活字印刷术的转变。而书写用竹纸，在民国时期还广泛使用，其衰落主要是由于书写方式由毛笔向钢笔的转变。机制纸配钢笔的书写方式使竹纸逐步被淘汰，但过渡时间较长，一直延续到新中国成立以后。竹纸的勃兴，缘于印刷、书写对纸张的大量需求；而其衰落，特别是连史纸、毛边纸等代表性竹纸的衰落，也是缘于印刷、书写方式的转变，可以说兴也在兹、衰也在兹。

（2）书画用纸。严格来说，书画用纸也可以归于文化用纸的一类。书画创作，本来并不是竹纸的主要用途。竹纸的湿强度较低，不耐笔墨皴擦，而且，书画用纸的需求量较小，质地较好的皮纸和以皮料为主要原料的宣纸，始终是书画用纸的首选。当然，竹纸既然可以用于日常书写，作为书法用纸也无不可。实际上，现在也有部分书画家，为了追求某种艺术效果，使用毛边纸、甚至更粗的竹纸进行书画创作，但这并非主流。连史纸等高档竹纸，在书法、拓印等方面也有使用。随着竹纸在书写、印刷方面用途的萎缩，夹江、连城等不少优质竹纸的产地，开始转向书画纸的生产，一般是在竹料中加入少量皮、麻纤维以提高强度。但近年来，龙须草逐步成为书画纸的主要原料。龙须草作为草本植物，易于大量

种植和收获，也较竹子更容易处理。现在有年产数万吨龙须草纸浆的企业。因此，造纸作坊即使没有蒸煮漂白设施，只要购入龙须草纸浆板，也可以生产书画纸。另外，廉价的书画纸比之竹纸，更有与宣纸类似的水墨效果。以竹和韧皮纤维为原料的书画纸，从成本等方面来考虑的话，难以和龙须草书画纸竞争。在中低端书画纸市场，竹纸的前景并不乐观。

（3）生活用纸。它主要是指除书写印刷以外用途的竹纸，如作为包装用纸。其包括江西、安徽的表芯纸，福建的节包纸、永利纸，湖南的白果纸等低档竹纸。其实，一般较为粗厚的低档竹纸，均可以作为包装之用。竹纸还有一个重要的用途是作为卫生用纸，如福建的厚八刀连纸，以及前面的节包纸、永利纸，均同时可作为卫生纸。浙南的屏纸，其重要用途之一也是作为卫生纸。由于其使用老竹，比较松软，入水易化，在上海等较早使用抽水马桶的城市还曾受到欢迎。① 粗厚的竹纸，如表芯纸还可作引火之用，即"纸煤"，主要是利用其松软的纸质，卷成小卷，点燃以后吹灭明火，即可阴烧。需要点火时，对其吹气即可再燃用于点火。竹纸也可用于纸盒、纸篓等日常用器的裱糊，只是强度较低，不如皮纸。而书画的装裱，也常用到连史纸、毛边纸等竹纸。

另外，它还有一些特殊的用途，如在湖南等地，粗厚的竹纸还用于制造爆竹，如顶炮纸。可以说没有当地丰富的低档竹纸供应，也就没有浏阳花炮的繁盛。宋应星的《天工开物》介绍竹纸的制作时，也提到江西铅山所产的厚竹纸，最上者名官柬，大户人家制名片用，还有染红作婚帖之用。福建浦城的顺太纸可用于制造复写纸和金银箔纸。而福建所产的上等毛边纸、玉扣纸曾大量出口安南（今越南）、暹罗（今泰国）等地，用途之一即是作为卷烟用纸，据说是因玉扣纸含在唇边不易湿断，且卫生无毒，无咽喉火毒发炎之虞。② 另外，还有作餐巾纸、烹调制作盐焗鸡之用者。尤为奇特的是，竹纸还可以用于治病。李时珍的《本草纲目》"服器"部记载了不少用纸入药的方子，一般纸入药，多为烧灰，起止血之用。其中，即有："竹纸：包犬毛烧末，酒服，止疟。"③

（4）祭祀用纸，或称迷信用纸，旧称火纸、烧纸。它主要是用于制作纸钱、锡箔，在祭祀时焚化，也可以算是生活用纸的一类。《天工开物》中记载："盛

---

① 据郑加琛：《瓯海屏纸史话》，《瓯海文史资料》第1辑，政协温州市瓯海区文史资料委员会，1986年，第159-163页，以及萧山顾家溪村王如仁的口述。

② 黄马金：《长汀纸史》，中国轻工业出版社1992年版，第35页。

③ （明）李时珍：《本草纲目》卷三十八服器部，据《本草纲目点校本》第3册，人民卫生出版社1978年版，第2194页。

唐时鬼神事繁，以纸钱代焚帛（北方用切条，名曰板钱），故造此者名曰火纸。荆楚近俗，有一焚侈至千斤者。"[1] 据考证，焚烧纸钱的历史要早于盛唐。据宋人《爱日斋丛钞》记载："南齐东昏侯好鬼神之术，剪纸为钱，以代束帛，至唐盛行其事，云有益幽冥"[2]；《新唐书》卷一〇九《王屿传》："汉以来葬丧皆有瘗钱，后世里俗稍以纸寓钱为鬼事，至是玙乃用之。"[3] 祭祀用纸在竹纸中所占的比重很大，时至今日，仍是产量最大的竹纸品种。有些竹纸，从名称上即可知其为祭祀之用，如浙江的黄烧纸、贵州的钱纸等，福建的海纸、湖南的火纸、四川的印纸等也主要是用于祭祀焚化之用。而有些主要用于书写的竹纸，如毛边纸、玉扣纸、元书纸等，有时也作为祭祀用纸。例如，玉扣纸除了出口南洋作为卷烟用纸以外，也被海外侨胞用于制作祭祀祖先用的金银花、纸花边，主要是玉扣纸焚烧以后纸灰少，呈白色，而且能随风远扬，寄托海外游子的思乡之情。竹纸用于祭祀，除直接焚化以外，一般要贴上锡箔以模仿金银的质地。美国纸史专家达德·亨特在其著作 *Chinese Ceremonial Paper* 中专门介绍了中国的祭祀用纸，并附有大量纸样，应该缘于其在考察中国和东南亚地区造纸时，华人文化圈在祭祀祖先神灵时大量使用纸张给他留下的深刻印象。[4] 其在另一本著作 *A Paper Pilgrimage to Japan, Korea and China* 中，在夸赞了日本手工纸制作精良的同时，说到中国纸，则表示这个发明造纸术的国度，虽然曾经产出过优质的纸张，但其现状却不令人满意。同时，他又说：中国现在转向生产大量的烧纸、香纸、爆竹纸，用于多种仪式的需要。[5] 达德·亨特由于未全面考察当时中国手工纸的制造，对于中国纸的评价不免有偏颇之处，但也反映了当时中国市场上低档竹纸，特别是祭祀用纸大量流通的情况。而当时手工纸出口的统计材料，也反映了这一现象。[6] 新中国成立以后，随着书写方式的转变，竹纸的用途更是多限于卫生纸、包装纸、迷信纸领域。虽然新中国成立后，特别是"文化大革命"时期，有些地区祭祀用纸表面上禁止生产，但实际仍有使用。[7] 近年来，由于竹纸市场的极度

---

① （明）宋应星著、钟广言注：《天工开物》，广东人民出版社 1976 年版，第 327 页。

② （宋）佚名：《爱日斋丛钞》卷五，据《丛书集成·初编》，商务印书馆 1936 年版，第 202 页。

③ （宋）欧阳修、宋祁：《新唐书》卷一〇九《列传第三十四》，中华书局 1975 年版，第 4107 页。

④ Dard Hunter. Chinese Ceremonial Paper，the Mountain House Press, 1937.

⑤ Dard Hunter. A Paper Pilgrimage to Japan, Korea and China, Pynson Printers, New York, 1936, 8, 11.

⑥ 据澄秋：《中国土纸之出口贸易》，《国际贸易导报》，1933 年第 5 卷第 8 期，第 151-166 页，民国二十年（1931 年）前后，纸箔的出口额要占到土纸输出总额的 30% ～ 50%。

⑦ 如浙江萧山戴村镇顾家溪，以前主要生产祭祀用的元书纸，但"文化大革命"时只好改称卫生纸。

萎缩，祭祀用纸更是成为竹纸最主要的用途。

综上所述，明清以来，竹纸曾经渗透到人们生活的各个方面，在手工纸制造中，其产量占绝大多数。但由于纸张的韧性不高，也形成了外界认为中国纸薄而脆弱的印象。在有些方面，如书画创作、雨伞、窗纸、裱糊等方面，一般仍使用皮纸或麻纸。随着竹纸逐步退出书写和印刷领域，其发展方向只好转向书画用纸和祭祀用纸。但由于人们祭祀风俗的逐步变化、机制祭祀用纸的排挤，其前途也并不乐观。年轻人日益远离手工造纸这一劳动强度大、收入低的行业。可以想见，随着竹纸用途的进一步萎缩，曾经在南方各地随处可见的竹纸制造会逐步消失，竹纸传统制作技艺面临着失传的危机。作为一项传统技艺，丰富多彩的竹纸制造技术，是在总结了千年生产经验，结合当地的环境条件逐步形成的，是重要的非物质文化遗产；同时，除了作为祭祀用纸，竹纸在书画创作、文物修复等方面仍有不可替代的使用价值。而本书对于竹纸传统技艺的调查和研究，也是基于上述价值，是这一传统技艺的抢救和保护工作的第一步。笔者希望在此基础上，今后继续挖掘传统技艺的科学价值，拓展竹纸的用途，实现传统手工竹纸的可持续发展。

第二章

竹纸制作技艺的现状调查

　　手工竹纸的制作技艺，作为一项重要的非物质文化遗产，已经日益引起重视，有些还被列入国家、省、市、县级的非物质文化遗产名录。从各地现存的传统造纸技艺来看，大多为竹纸的制作技艺。而实际上，竹纸生产的衰退极为严重，绝大部分的传统产区已经停产，尚存的一些竹纸作坊，大多数生产低档的祭祀用纸，还面临着后继无人的局面，将"一代而亡"。其原因已在上一章有所涉及，但是，从来源丰富、再生性强的竹原料，制造出连史纸这样的高档纸，反映了我国手工造纸技术的最高成就。不仅作为重要的非物质文化遗产需要保护，而且，对其技术的科学记录和分析研究，可以为今后造纸技术的发展提供参考。有些竹纸的制作技术，还保留了较为传统的工具、设备、工艺，对于竹纸制作技艺的发展变迁，乃至造纸技术史的研究，都具有重要价值。对竹纸制作技艺的调查，首先可以摸清其保存的现状，为以后的价值评估、保护措施的制定提供依据。同时，这又是一项抢救性工作，对于一些价值较大、濒临灭绝的传统技艺，如作为书写、印刷用纸的连史纸、毛边纸等中高档竹纸的制作技艺，进行重点调查，可以为后续研究和传统技艺的恢复提供第一手材料。

　　从竹纸制作技艺的研究现状来说，虽然有不少文献资料，但都较为简略，缺少具体的技术记录、图像信息。长汀、富阳等少数地区有一些地方纸史的专著，只涉及当地的竹纸制作技艺。近年来，我们对浙江、江西、福建、湖南、云南、贵州、四川等地的竹纸制作技艺进行了较为系统的考察，尤其是对福建、江西的

毛边纸和连史纸制作技艺进行了重点调查。本章是对部分竹纸制作技艺现状调查的简报。

第一节 江西铅山传统连史纸制作技艺的复原

江西是我国重要的纸产区，历史上以生产高档皮纸和竹纸著称，尤其是赣北地区。明代后期，王宗沐的《江西省大志》专设《楮书》一篇，介绍江西广信府玉山、永丰、铅山、上饶一带的造纸业。至少在明洪武年间，玉山即有纸槽，嘉靖后遍及三县。其所产纸有皮纸、竹纸，名目繁多，如榜纸、开花纸、呈文纸、毛边中夹纸、玉版纸、连三、连史（又称"连四"）、连七纸、奏本纸、户油纸、白绵纸等，所造各种纸定期解运进京以供御用。[①]该文还详细介绍了皮纸的制造工序，是最早具体介绍造纸原料天然漂白工艺的文献。其工艺繁复，不计成本，所造皮纸应该主要是供宫廷、官府之用。连史纸是江西出产的高档竹纸，从生产区域及工艺来看，应该与优质皮纸的制造有一定的技术渊源。可以认为，赣北及相邻的闽北地区，是天然漂白竹纸的发源地。当然，江西省的大部分地区，还是以生产中低档竹纸为主，尤其是毛边纸和表芯纸，其产量可与闽、浙鼎足而称。

优质皮纸的生产在江西早已绝迹，而连史纸作为高档漂白竹纸，其传统制作技艺，在原产地江西铅山，以及福建邵武、光泽、连城也绝迹已久，坚持到最后的江西铅山1989年以后也未再生产过传统工艺的连史纸。我们在调查工作中发现，铅山南部的天柱山乡、篁碧乡等地，还保留有较为丰富的传统连史纸生产设施遗存，更为重要的是，还有一些熟悉传统做料、抄纸工艺的技术工人健在。只是造纸遗存破坏严重，纸工大多已经高龄，如不及时抢救恢复，则有失传之虞。对此我们依据调研结果，在报刊上呼吁抢救"铅山连四纸制作技艺"这一被列入国家级非物质文化遗产名录的传统工艺。[②]2008年，在铅山县政府的政策与资金的支持下，江西含珠实业有限公司在连史纸的传统产地天柱山乡浆源村投资建设了连史纸的生产性保护示范基地——铅山连四纸制作技艺传习所，经过几年的努力，已基本恢复了连史纸的传统制作技艺，为这一代表竹纸传统制作技艺最高水平的重要文化遗产的传承提供了可能。2010年5月，我们对工艺恢复情况进行了

---

① （明）王宗沐：《江西省大志》，万历二十五年（1597）刊，（台湾）成文出版社1989年影印本，第915-958页。

② 参见：《竹素守望》，《东方早报》，2006年8月5日；苏俊杰：《铅山连史纸制作技艺的现状及保护初探》，《中国文物报》，2007年5月4日。

考察。

该传习所又名千寿纸坊，设在一所废弃的小学内，在邻接的周家祠堂内还有一个小型展示厅。

一、纸厂设备

纸厂主要有备料间一间，抄纸间一间。其中有一个木制踩料池、一个木制抄纸槽、一个木榨正在使用。另外，还有两个石制的抄纸槽、两个石制的踩料槽和一个木榨处于闲置状态，这些是生产毛边纸的设备。烘纸间一间，其中有两条焙墙，一条正在使用，另一条由于制作存在问题无法使用。一口蒸料锅，旁边设有两个腌料池和一个洗料池。一套水碓，带有两个碓头，其中一个因存在问题而无法使用。

纸厂还有一处专门用于叠塘的场地，距纸厂大约步行 15 分钟的距离。在附近山坡上设有晒料的场所。

二、纸厂人员

（1）厂长：石礼雄，曾在石塘担任过石塘造纸厂厂长。石塘造纸厂，1956年公私合营，由多个小纸厂合并，1959 年转为国营，生产土报纸。开始都为手工生产，20 世纪 80 年代以后，改为机械生产，20 世纪 90 年代中期因山洪，纸厂被毁。他共担任厂长 18 年，其中 12 年进行手工纸生产，6 年生产机械纸，有丰富的造纸经验，并尝试进行造纸技术的改良实验。

（2）备料工人：两人。其中一人为翁仕兴，原在篁碧林场工作。20 多岁开始从事造纸生产，从事造纸生产 20 多年，掌握了备料制浆的一系列技术。

（3）制浆工人：一人，负责用水碓打浆，以及踩料、洗料等工作。

（4）抄纸工人：两人。掌帘人为章仕康。

（5）晒纸工人：两人。雷乃旺师傅 15 ～ 19 岁从事晒纸工作，之后 44 年没有做过相关工作，现在负责晒纸，另一人为他带的学徒。

纸厂现在没有找到合适的检纸工人，对纸张的拣选、分类等工作不能很好地完成。另外，最后的纸张剪裁工作也缺乏专门的人员和特定的工具。

三、工艺恢复情况

据石礼雄、翁仕兴的介绍及现场调查，现在采用的工艺包括以下几个步骤。

1. 备料

1）砍竹

立夏前后 10 天，毛竹长出 3 个芽的时候将其砍下。砍下的毛竹并不是放在山上，而是直接运往叠塘的地方。2010 年共准备了 3 万斤[①]原料，合 10 锅，100 斤原料能抄 1000 张纸。福建竹的纤维比当地毛竹的细，竹子品种不同。

一根直径 1 尺的毛竹单价为 14 元，但现在嫩竹也是这个价格。一担（100 斤）竹丝 500 元，可以做 10 刀纸，每刀纸原料成本 50 元，造纸原料成本太高。生毛竹的得浆率为 1.3%（1 根竹子 50 斤左右，3 根竹子 1 刀纸），制成竹丝后的得浆率为 25% ~ 28%。

2）叠塘冲浸

将竹子成堆摞起成长方体，中间插数根棍子。然后用水泵将旁边河里的水抽上来，并洒在竹堆上方的大石头上，这样使水四散溅开，均匀地洒在竹堆上。如果水洒得不均匀，就会导致有的竹子烂掉发黑，如果不能有效去除，成纸之后会成为纸上的黑点，水不需要一直淋。叠塘一般需要 3 个月的时间，使竹丝与竹青易于分离，并将纤维之间的胶结物去除，之后就可以把竹丝剥下，外表的青皮废弃不用，竹丝并不分等次（但石灰蒸煮后的竹丝分为粗细两等）。然后把竹丝晒干。当时叠塘的竹丝为 5 月 20 日开始堆起的（图 2-1）。

图 2-1　叠塘冲浸

（天柱山乡浆源村，2010 年 5 月）

---

①　1 斤 =500 克。

2. 制浆

（1）腌头道（图2-2）：将剥下的竹丝放在蒸锅旁边的方形坑里，加入石灰腌，具体时间要根据气温而定。夏天只需 12～15 天，冬天需 20～25 天。还要根据竹丝的质量和柔软度来确定，与竹丝取自竹子的部位也有关系。

一池料约 1500 斤（干料重），传统做法是 3000 斤一锅，但是纸厂场地太小，受到限制，也导致产量受到制约。目前，制浆工作无法满足抄纸的需要。

图 2-2 腌头道

（天柱山乡浆源村，2010 年 5 月）

腌料池旁边有石灰做的台子，将竹丝捞出来叠在上面，然后再放回池中浸一下。

（2）漂洗：在旁边的池子里清洗。洗料的时候，要将发黑的料砍掉（原料加工过程中，泡水会发黑）。

（3）捶料：将竹丝捶松。

（4）晒：将竹丝挂在竹架上晒干。

（5）石灰再腌：时间与第一次相同。

（6）蒸：蒸锅为圆形，里面放有算。蒸锅一侧有一个孔用来加水，另一侧有一个出水孔。蒸两天（包括自然保温时间），燃料为柴。

（7）洗：要在料还有一定温度的时候就洗，否则不易洗掉。而且石灰不洗干净容易使料发硬，皮料尤为如此，影响质感。

（8）晒干：对纸厂外面挂着的竹丝进行晒干处理（图2-3）。但是由于一直在下雨，已经过了 20 多天都没能晒干。不晒干的竹丝不能进行下一步的碱煮处理，因为潮湿的竹丝对碱的吸收不好，达不到最佳效果。晒的时候将竹丝分为粗细两种，细的竹丝做出来的纸质量比较好。

图 2-3 晒竹丝

（天柱山乡浆源村，2010 年 5 月）

图 2-4　蒸锅
（天柱山乡浆源村，2010 年 5 月）

图 2-5　漂黄饼
（天柱山乡浆源村，2010 年 5 月）

（9）纯碱蒸煮：先煮后蒸（图 2-4），然后洗、晒、做饼。先煮的目的是，使碱吸收到纤维中，蒸是使纤维软化，排除杂质。

将碱加水煮竹丝 2 ～ 3 小时捞起，然后放掉碱水，将竹丝蒸一天。蒸好之后不需焖，而是趁其还热着的时候，就赶紧用水冲洗干净，等竹丝凉了再冲洗，效果就会变差。

蒸煮锅旁边有一个椭圆形的池子用于洗竹丝。该池子一侧有进水孔，另一侧有出水孔，便于换水。

（10）黄饼：将蒸好的竹丝盘成黄饼。

（11）漂黄饼（图 2-5）：将黄饼放到山上自然漂白。朝上的一面变白较快，漂 20 多天将饼换一次朝向，直至两面都变白为止。一般需要 40 多天至近两个月的时间。夏天自然漂白的时间比冬天的时间短。漂白没有严格的时间规定，只要白度达到要求就可以。

当时在漂的褐色的竹丝饼由于采用的是 20 多年前的竹丝（已经过石灰腌制），现在经过纯碱蒸煮，制成饼，也漂白了 20 多天，但其中的灰尘太多，已经无法使用。周家祠堂存放的 20 多年的竹饼，经过处理还能用，但是质量比较差。

我们调查时看到的是在平地田间搭些竹架子，将饼放在上面漂白。平时一般将饼放在山上漂白，将山上的灌木顶部折断，但是要保持相连，以便有水分，然后把饼放上去。其实这两种漂白取得的效果差不多，没有显著的区别，可能山上早晨露水比较多，效果会更好一些。另一种漂白法是放在河边的石滩上，据说这样处理的原料所抄出的纸张会更有光泽，但铅山当地并没有采取这种漂白方法。

（12）蒸饼（碱蒸）：将碱水放在池子里，将漂好的饼折好在碱水池中浸一下，然后摞起来放在锅里蒸，蒸 20 多个小时。总体来说，一共需要蒸料 3 次。

（13）漂白饼：将蒸好的白饼再次放到山上去漂白。20 多天翻一下，一共需

要 50 多天。第二次漂可做可不做。现在纸厂用的料一般不经过二次漂白处理。

（14）挑选（图 2-6）：处理好的白饼要经过挑选处理。将比较粗的竹丝拣出来，把竹丝分为粗细两种。打料的时候要将两者分开，粗竹丝打料时间长一些，细竹丝打料时间短一些。

（15）打料（图 2-7）：采用水碓，不过水碓的转速比较慢，效率低（频率：5 转 / 分，碓打 6 秒一次）。这是由于当时河里的水位较高，落差小。大约耗时一个上午，4 个多小时。将快打好的料取一点放在笤子里，加上水，如果看没有一条一条线一样的竹丝就是处理好了，否则就要继续打浆。

图 2-6　挑选
（天柱山乡浆源村，2010 年 5 月）

图 2-7　打料
（天柱山乡浆源村，2010 年 5 月）

（16）踩料（图 2-8）：踩料池为长方形，用木头制成，底部是平的，没有棱。踩料时将一个长竹竿搭在踩料池的沿上，两手扶着竹竿，脚用力踩。先纵向踩一遍，再横向踩一遍。然后用脚将池子里的料翻过来，再继续这样踩。一共需要两个多小时。踩料的过程中要不时用笤子加些水，以免竹料太硬不好踩。觉得踩得差不多了，就取一些放在笤子里加水稀释，看有没有纤维块，有的话就继续踩。

图 2-8　踩料
（天柱山乡浆源村，2010 年 5 月）

然后，向踩好的料里加水。由于引的是旁边的河水，有杂质，所以要用布袋将杂质过滤一下。加入水的竹料成黏稠状，用竹竿用力划打，或者用一头带方

图 2-9 洗浆
（天柱山乡浆源村，2010 年 5 月）

图 2-10 抄纸
（天柱山乡浆源村，2010 年 5 月）

图 2-11 榨纸
（天柱山乡浆源村，2010 年 5 月）

形木板的杆子搅拌，也可以用电动的搅拌机。

（17）洗浆（图 2-9）：将一块大白布四角吊起，形成布兜，将踩料池里的料放入其中，然后加水，前后摇晃这个布兜，以起到清洗纸料的作用。

3. 成纸

（1）纸药：当时采用水卵虫（乔木）的根，主要是根皮上面有黏液，产自福建。夏天用猕猴桃藤的比较多，清明的时候猕猴桃藤的汁还比较少。鹅湖地区用六利菁的叶子，时间为春天以后，立秋以前，冬天用毛冬瓜的根。有的纸药会对纸张产生影响，使纸张发红。

（2）抄纸（图 2-10）：抄纸槽为木制。两个人对立抬帘，合抄大纸，纸帘要左右两次入水。

纸帘买自上饶，一张帘要 1000 多元。一般一张纸帘能用半年，纸帘上过漆。抄纸帘一头缝有一条线，抄好的一摞纸可以沿着这条线分成两部分，将线外那一条湿纸边沿该缝取下，扔回抄纸槽里打碎继续做纸浆。

在抄纸槽的一侧放着几根编在一起的竹片，起到压水花的作用，防止纸浆在抄纸的时候荡出去。

抄纸工作每天 8 小时，早上 7 点多开始工作，一天能抄 800 张。

（3）榨纸（图 2-11）：纸槽旁边有木榨，先在抄好的一摞湿纸上面放一张废弃的纸帘，然后在纸帘上面压上一块木板，再加上一块块木头，然后将一根长圆木的一头搭在上面，另一头用绳子和一个圆柱形木质转轮连在一起。以一根木棒插入转轮上的孔，压下木棒以转动转轮，压力通过绳索传导至长圆木，对湿纸加压以榨去水分。

根据湿纸滴水的情况，每隔一段时间将木榨加紧一些。要循序渐进，否则会影响纸张的质量。

4. 晒纸

晒纸（图 2-12）用焙墙，在屋外烧木柴加热。焙墙上面要加明矾、桐油，使墙面光滑。经过一段时间就要上一次桐油，以保证焙墙光滑。一般在有裂缝的时候会加鸡蛋清填补一下。焙墙并不是垂直的，侧面成梯形。焙墙的火候不好控制，火太大纸张会发脆，一般温度控制在 50℃以下比较好。

晒纸之前需要先用菜刀将湿纸块的边缘裁齐。刷纸上墙时采用的是松毛刷。

图 2-12　晒纸
（天柱山乡浆源村，2010 年 5 月）

晒纸的时候，一张张地贴在焙墙上，3 张纸叠在一起晒，焙墙的两面都可以晒纸。纸张的干燥速度比较快，在 10 分钟之内。一般情况下，一面的湿纸贴好了，另一面的纸也就晒干了，可以取下了。

一天之中，废品率少的时候二三十张，多的时候达上百张。这主要与抄纸工序有关，与制料打浆也有关系。整个造纸环节，工艺是相互影响的。

将晒干的纸取下来放在一旁叠齐，并压一块石头。之后纸张还需裁剪。整纸工作现在放到县城去做，利用现代切纸机，但切纸机会导致纸张粘连在一起。目前，纸厂缺乏检纸工人，不能进行纸张划分等级和剪裁等工作。

成品纸张尺寸为 108 厘米×60 厘米，1 刀纸为 100 张，目前，对外售价为 3.5 元 / 张。该厂与西泠印社合作，年产 1500 刀，实际上由西泠印社全部包下，用于印刷，例如，仿制古籍。其与国家图书馆也有合作。

四、面临的问题

经与石礼雄厂长等人了解，该纸厂现在处于起步阶段，从 2009 年开始，生产流程等的恢复工作才步入正轨，但是还存在一定的问题。

（1）纸厂的地理位置不是很理想，水源不好，偏酸，pH=6.1。雨水大的时候，水源含沙量大，纸张上留有粗纤维和小沙粒，看起来稍显粗糙。另外，纸张过薄，影响纸张的均匀度。纸张的物理性能不好，影响消费者的评价。如果利用现代机械设备进行筛选，可以提高纸张的质量。

（2）在毛竹的收购方面，之前没有考虑到毛竹的大小年，没有进行两年的竹料储备。由于2010年毛竹是小年，生笋不多，在当地收购到的毛竹比较少（50担左右），从陈坊收到毛竹100多担，从福建买进竹丝20 000斤。但是进行大量原料储备将面临资金难以周转的问题，可以考虑建立毛竹基地，保证造纸原料的供应。年产1000担纸张，需要4000～5000亩[①]毛竹山。最好政府能够介入，予以支持，共同承担。

（3）前期制浆能力不足，只能满足半个槽的生产需要。例如，水碓等设备设计得不是特别理想，转速太慢，影响工作效率。最好是在篁碧等毛竹丰富的地区设立制浆中心。另外，采用传统做法，人工消耗大，劳动力成本过高。纸张生产周期长，需要一年左右的时间。如果在蒸料环节采取提高温度的方法，可以缩短蒸料的时间。

（4）生产规模太小。只有一个纸槽在生产，也就是只有一条生产线。一天1000张纸（10刀），3000元左右，目前年产量1500多刀，产值不超过五六十万元。需要扩大产量，先争取年产10 000刀，设想将浆源作为古法生产点，在此基础上，在交通较为便利的地方设立生产基地，引入机械化。争取年产量1000担（20 000刀），产值600万元左右，以产生规模效应。

（5）县里虽大力支持这一非物质文化遗产，但是财政资金支持毕竟有限，主要靠企业自身的力量。环保局认为，造纸为污染性行业，因此采取不支持的态度，虽然不加以干涉，但是同样不愿出具环评证明。

五、发展方向

（1）连史纸以少量、精品的方式满足社会要求，因此追求的不是效率，不需要完全追求机械化，但在部分步骤可以引入机械化。在恢复传统工艺的基础上，对于不会影响纸张质量的工艺步骤引入机械设备，提高生产效率，同时也能够改善纸张的性能。既不能追求完全机械化，也没有必要墨守传统。对于打浆等处理应适当进行改革，例如，将水碓改为电动碓，使用沉沙盘、筛浆机、锥型除砂器

---

① 1亩≈666.7平方米。

等，同时对传统工具进行保留，作为展示。但是化学处理过程如若要改变，应该慎重。应对古法造纸的关键技术，进行科学研究，加以总结提高。总而言之，对化学处理过程宜保持传统方法，物理过程可采用现代机械方法。

（2）丰富纸张品种，开发多种用途的纸张：①可以丰富纸张的规格，基本规格是目前的3.2尺×1.8尺（108厘米×60厘米），在此基础上可以开发多种规格。应在现有基础上生产一些厚度更厚的纸张，以适应书法等的需求。②丰富浆料配比，同时可以开发加工产品。

（3）设立示范性工厂，建立造纸基地，将文物修复、书画用纸等需求集中起来，形成一定的规模，将纸厂与消费者联系起来，使销路得到保证。同时，也便于监督，保证纸张的质量。

（4）发展连史纸在文物修复、小型拓印、书法等方面的功能，并打出品牌，吸引有这方面需求的顾客，而不是模仿宣纸的模式。应该确立纸张的特定用途，逐步将其发展成为高档手工纸。

（5）制定工艺标准，即规定什么样的纸张才能叫作连史纸，制定量化标准（物理指标、化学指标），避免质量良莠不齐。但是如纸张耐老化性能等方面是无法限定的，可以对纸张某些理化指标加以限定，如氯的含量等，尽量把连史纸应保持的特点加以量化，避免伪劣产品的冲击。

（6）对于普通消费者来说，是否用了传统方法进行原料处理，在纸质上很难分辨，因此当地连史纸面临着其价值不被认可的问题，消费者不清楚其所具有的价值。在这种情况下，要宣传其采用传统工艺的价值所在，需要利用品牌效应，打出自己的品牌，赢得消费者的信任。对于连史纸如何定位十分重要。

（7）在国内市场稳定之后，争取打开国外市场，同时申请原产地的保护。

第二节　江西铅山鹅湖镇毛边纸制作技艺

历史上毛边纸的著名产地有江西南部的泰和、石城、宁都、瑞金，以及福建的将乐、顺昌、长汀等地。[①] 2006年7月、10月和2007年5月，我们在对江西省铅山县进行连史纸调查的过程中，发现铅山县鹅湖镇闷石村[②]保留着一处从制作工艺到作坊设备基本保持传统的毛边纸作坊。该处毛边纸的制法具有典型的熟料

---

① 王诗文：《中国传统手工纸事典》，（台北）财团法人树火纪念纸文化基金会，2001年版，第42页。

② 闷石村的"闷"字音"撑"（chēng）。

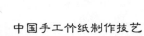

法特征。

鹅湖镇位于江西省铅山县境东北部，信江南岸，因著名的"鹅湖书院"在此而得名。鹅湖书院位于峰顶山北麓，南宋淳熙二年（1175），朱熹、陆九龄、陆九渊、吕祖谦同会于此，展开了一场别开生面的理学辩论会，辩论"性理"之道，史称"鹅湖之会"。

鹅湖镇地势南高北低，南部多山，中部为河谷丘陵。据文献记载，该地明朝中期便是铅山境内著名的手工纸产地，据鹅湖镇门石村村主任董连旺称，明朝时候鹅湖镇便开始了手工纸的生产，主要产品为毛边纸和表芯纸，即为粗细不同的两种竹纸。清末民初时期，鹅湖镇造纸达到鼎盛，有100多张纸槽从事生产，直到新中国成立初期。"文化大革命"时生产陷入困境，20世纪70年代以后，村中只剩下40多张纸槽，20世纪80年代以来，造纸设备和做纸人都开始大量减少，剩下约20多张纸槽，如此减少到20世纪90年代勉强生存中的10多张纸槽。据门石村80多岁的何金生称，民国时期门石村一带主要生产书卷纸和毛边纸，而新中国成立后主要生产毛边纸。书卷纸又称"经卷纸"，亦为竹料所制，质薄色白，多用作毛笔书写，如描红纸，新中国成立后很少制作。毛边纸自古为闽赣特产竹纸，门石村历史上亦多产该纸，新中国成立后由于社会需求的降低、机制纸的冲击和原料涨价，纸农多生产色泽淡黄、质量稍差的毛边纸，主要用途仅仅是迷信纸、花炮纸和少量的书法练习用纸，在纸张紧缺时期，也曾加以改良生产土报纸和钢笔书写纸。

鹅湖镇目前只有门石村还有手工造纸活态技艺遗存，尚有5张纸槽仍在生产，制造质量较为粗糙、颜色淡黄的毛边纸。其尺幅较小，仅作毛笔练习和迷信、修谱等用纸，主要供于本地、赣东北等地，也有部分销往广东和江苏等地。我们的重点调查对象有曾节荣、李文虎、董连旺（村支书记）、付小林、暨细芽、何金生等人。

熟料毛边纸的具体制法如下。

一、备料

1. 砍竹

砍竹（图2-13）工序在立夏之后几天内完成，其时竹子大多已经有10个左

图2-13　砍竹
（鹅湖镇门石村，2007年5月）

- 32 -

右的分枝。砍下的竹子先静置在原地几天，然后由工人手持长刀将其砍作2～3段，每段3～4米长。

2. 叠塘

毛竹砍下后，将竹段彼此平行地堆放在竹山山坡的平地上，四角用竹子插在地上固定，堆叠到一米多高的时候，上面放置一块石块，用竹枧将附近的山泉水引过来流淌到石块上，使得水花四溅，保持整个竹堆湿润不干，如此历时60～70天，待到竹料发软变色后，将竹子取下开始剥竹丝（图2-14）。

图2-14　浸塘
（鹅湖镇门石村，2007年5月）

3. 剥竹丝

考虑到当前的经济成本，除了竹丝之外，剥下的竹皮也一律作为造纸原料，并且还要加入一定量的稻草。据了解，只有少数生产较优质毛边纸的人家（如门石村暨细芽家）才纯用竹丝做料造纸。

4. 晾晒

竹丝竹皮剥离后，分别挂在竹架上晾晒1个星期左右，然后打捆运送下山。如果当年不用于造纸，可以堆放在仓库中留待以后使用。

二、制浆

1. 浆池

石灰池为2.2米见方的石块砌筑的池子，与漂塘、王锅等设备建设在抄纸坊的周围，至今仍旧可以看到3套还在使用中的做料设备。经初步观察，石灰塘为平地挖掘而成，表面由于长时间的石灰浸泡已经硬结，漂塘与王锅为石块砌筑，由于年代久远，不少地方被后世的水泥修补过（图2-15）。

石灰塘内一次可以装1000斤竹料。每次将约500斤干石灰放入塘中加水调为浓稠浆液，把成捆的竹丝放入塘中浸泡一个晚上约12小时，然后第二天将黏附石灰膏的竹丝取出堆放在旁边的平地上，用塑料布覆盖表面，腌制4～7天（图2-16）。一锅料5000斤，需要分5次才能将其全部腌制完成。浸过石灰的竹丝不需要进行漂洗，直接进行蒸煮。

图 2-15　石灰腌浸
（鹅湖镇门石村，2006 年 11 月）

图 2-16　堆腌
（鹅湖镇门石村，2006 年 11 月）

图 2-17　蒸煮窑
（鹅湖镇门石村，2006 年 10 月）

2. 蒸煮

门石村的王锅为条石砌筑（图 2-17），里面多为石灰或水泥抹面。装水的铁锅直径 1.5 米，深 0.4 米，重达 200 斤。外面的石砌王锅高 1.4 米，内径 2.8 米，深 1.1 米。竹料在装锅过程中需要预先在中间留出一个通气孔，高度大约为竹料堆高的 2/3，然后再用竹料填满剩下的 1/3 空间，最后用塑料布盖住王锅，以避免热气散失。

竹丝摆放好之后，在王锅下面的灶口烧柴，加热铁锅中的水进行蒸煮，历时 1 天 1 夜。

3. 漂洗

门石村的漂塘在王锅旁边的平地上，是一个长 9 米，宽 6 米的石砌椭圆形池子。将同一锅蒸煮好的约 5000 斤竹丝全部放入内，灌入清澈的溪水进行漂洗，然后将污水放走，再灌入清水，如此反复 5～6 次。

稻草料的加工：将稻草采集来后先用清水浸泡约半个月，晾干后用石灰浆浸泡稍许取出，然后堆放在漂塘内发酵 4～5 天（图 2-18），之后直接灌入溪水漂洗。

4. 过碱

第二次蒸煮在王锅内的铁锅中按照500斤竹丝消耗15～20斤烧碱的比例（从前使用纯碱同等量竹丝消耗20～30斤纯碱）将碱液调匀，然后将5000斤竹丝放入王锅内，用碱液蒸煮约10个小时。

稻草的处理方法有两种：一种是和竹丝混合浸入烧碱，然后按照4000斤竹丝搭配2500斤稻草的比例同时放入王锅内蒸煮；另一种由于竹丝量较多，把竹丝和稻草分开进行蒸煮。

图 2-18　稻草的发酵
（闪石村鹅湖，2007 年 5 月）

5. 漂洗

将冷却的竹丝和稻草取出放入漂池中，用清水进行漂洗5～6次。

洗干净后的竹丝需要放入料窖发酵数天。料窖在纸坊附近挖掘而成，用石灰或者水泥砌筑，呈正方形，新蒸煮好的竹料需要将其堆放在窖中保存，10天以后便可以随取随用。如果当年不做纸，可以盖上塑料膜存储。

6. 踩料

闪石村竹纸制造技艺中较有特色的是脚踩打浆方式，用"V"形石槽作为容器，在靠外的壁内侧刻划锯齿状刻槽，然后将竹料放入其中，依靠人光脚来回在刻槽上践踏竹丝，使其切断成为细腻的纸浆。每次脚踩取料150斤，一人手

图 2-19　踩料
（鹅湖镇闪石村，2006 年 11 月）

持绳索稳定身体位置，一手撑拐杖，用一只脚在槽中踩踏约两个小时（图 2-19）。

三、抄纸

1. 打槽

抄纸槽与焙墙建设在同一间房间内部，有土墙隔开。房间不大，里面却有4

张抄纸槽，4 台榨纸机和 4 张踩料槽。纸槽都由巨大的青石板拼和而成，长 1.8 米，宽 1.4 米，观察其表面的磨损程度，结合当地老人的介绍，该处纸坊建筑包括纸槽、料槽、碓槽等固定设备，至少已有 100 年的历史。

第二天一早就将头天晚上踩好的纸浆加入纸槽中，大概 150 斤纸浆可以抄造 1500 张毛边纸，约为一天一人一张槽的工作量。纸浆加入后，用竹枧引入山泉水，交替使用一端带板的木杆和毛竹竿打槽约 1 小时，然后加入纸药。纸工依据时令采用不同的纸药，4 ～ 10 月采用六立小（也有文献称琉璃肖[①]等），其效果最好；10 ～ 12 月用鸡屎柴（图 2-20 和图 2-21），但是该种纸药一年四季都可采到；12 月至翌年 3 月可以用毛冬瓜，造纸人称其有一定的漂白作用。

图 2-20　纸药——鸡屎柴
（鹅湖镇门石村，2006 年 11 月）

图 2-21　捣碎后的纸药
（鹅湖镇门石村，2006 年 11 月）

2. 抄纸

门石村的抄纸帘子从上饶等地买入，帘架左右和下方的压帘框[②]是连在一起的，需要将框卸下才能取出抄纸帘子。帘面长度为 88.5 厘米，宽度为 57 厘米，成纸的尺寸也较小，一般为 73 厘米长，50 厘米宽。历史上当地的毛边纸是用作文化用途的，后来随着市场需求的变化而退化为迷信用纸。因此，纸的尺寸不仅适应了市场，也节约了劳动力和成本。

抄纸时，首先将纸帘子放在横架于抄纸槽上方的竹架上，取出漂浮在抄纸槽中的压帘框，装到帘架上固定住纸帘，然后双手持纸帘，首先从前方入水，舀取纸浆少许，然后从后方入水，舀取较多的纸浆，接着再从前方第二次入水，舀取少量纸浆，然后再次从前方第三次入水，舀取少量纸浆，并让多余的纸浆从纸帘

---

① 井上陈政：《皖赣造纸考察日记》，荣蚁译，《中国纸业》，1941 年第 1 期，第 5-7 页。

② 其他地方的压帘装置多为两根木棒，抄纸时压住纸帘左右，称镶尺。

左边流出。完成之后，把纸帘架放到竹架上，取下框架放在抄纸槽水面上，取出纸帘，将其移至湿纸堆。整个动作持续约 15 秒（图 2-22）。

　　每抄造 100 张纸需要打槽一次。每个工人一天工作约 12 小时，可以抄造 1800 张纸。

　　3. 榨纸

　　黄昏时候，把一天抄造的湿纸堆放在压榨机上，压榨机的构造如前一节连史纸

图 2-22　抄纸
（鹅湖镇门石村，2006 年 7 月）

制造所用设备。在湿纸堆上面堆放木块，先利用其自身重力脱水，然后在木块上加上杠杆，利用力矩作用脱水。接着，把杠杆后端的竹绳系到下面活动的滚轮上，用竹棍插入滚轮孔洞中，将滚轮旋转使得竹绳拉紧。最后，利用人工将长杠杆的前端缓慢向下压，从而使得叠放木块的湿纸堆在外力的作用下脱水（图 2-23）。

　　4. 干纸（焙纸）

　　门石村现存完好的焙墙主要集中在山坑自然村的纸坊中（图 2-24），一共有 4 座，其他还有分散在村中各处的，均较为完整。其中一座经测量，焙墙总长 4.5 米，通高 1.9 米，灶门狭窄仅 40 厘米宽，门口烧柴。

图 2-23　榨纸
（鹅湖镇门石村，2006 年 11 月）

图 2-24　焙纸
（鹅湖镇门石村，2006 年 7 月）

每天早上5点半，工人在焙墙的烧柴口点火，待旺火燃烧1个小时后将灶门关闭，利用余热干纸，不再加柴，此为"闭焙"法。如果天气炎热，也可以不用烧柴，直接把湿纸贴在墙上阴干。目前，所见的干纸工作都由妇女完成。

目前，门石村的毛边纸依据原料不同而价格不同。2006年时，李家用竹皮、竹丝、稻草生产的毛边纸25元一刀（100张），付家用竹丝和稻草生产的毛边纸30元一刀。

门石村现今所用的焙纸砖墙是相当古老的，应该与整栋纸坊建筑一样历经了长年的使用，且其形制保存完好，在江南地区已经非常少见。由于面临生存危机，江南地区绝大多数纸坊的焙墙在10余年前都改为铁板墙，内部利用水蒸气管道加热，而门石村不仅完整地保留了夹巷砖墙，其柴火加热、刷纸贴墙等工艺及其使用工具均延续至今，实属珍贵。

另外，鹅湖镇门石村一带的传统竹纸制作技艺属于较为原始的造纸技艺遗存，仍然保留有较多类似于明代宋应星所著《天工开物》中关于闽赣地区竹纸制作的记载，尤其如浆灰、蒸煮、过煎、抄纸、焙纸等过程均表现出与明代造纸技术较大的相似性。同时，经过实地调查，门石村一带所遗留的造纸相关现场、设备、工具、作坊等均较为古老，尤其是山坑自然村一带的做料、打浆、抄纸、焙纸全套设备及其外围建筑均为旧物，具有一定的文物价值。

第三节　福建连城姑田镇连史纸制作技艺

连史纸的原产地分布在闽赣武夷山区南北麓的江西省铅山县天柱山乡一带和福建省光泽县、连城县等地。福建连城县是历史上连史纸的主产地之一，1993年的《连城县志》记载明嘉靖年间（1552～1566），连城姑田镇元甲村蒋少林到福建邵武学得漂料纸生产技艺，此后在连城开创了漂料纸的生产，其中"大连纸"和"宣纸"质优色白，畅销海内外。[①]但我们通过实地调查得知，连城姑田镇连史纸制作技艺第12代传人邓金坤的家谱曾有记载，连城漂料纸第一代师傅蒋少林乃是1596年生人，其于明代天启六年（1626）去往邵武县禾坪乡学习天然漂白法竹纸制作技艺，并于崇祯二年（1629）回到姑田镇，利用当地的毛竹试制成功天然漂白竹纸。邓氏家谱有序地记录了从1626年起连史纸技艺传承人的情况，应该是可信的。据此推断，福建连城的连史纸制作技艺当是1629年左右

---

① 邹日昇等：《连城县志》，群众出版社1993年版，第253页。

由闽北邵武一带传入的。

姑田镇是连城连史纸的原产地，位于连城东部，姑田镇虽不似闽北光泽一带山险林深，但同样拥有丰富的毛竹林资源，保证了闽西连史纸的原料。当地民间有"金姑田，银莒溪"一说，是指姑田镇所产的连史等漂白熟料纸的质量优于莒溪、曲溪等地所产的竹纸。[①]据《邓氏家谱》等资料记载，自1662年蒋少林在姑田镇开始生产连史纸以来，上堡村一带便成为当地的漂白熟料纸产地。

根据2006年7月、11月和2007年5月的田野调查，我们发现连城姑田镇尚存一家民营纸厂还在继续生产连史纸。现福建连城姑田宣纸厂（又名闽西美玉堂）的前身便是当地有名的邓氏家族自古经营至今的纸坊，自1629年元甲村的蒋少林自邵武学得漂白熟料纸的制作技艺回乡后，便开创了当地的漂白熟料竹纸生产，包括连史纸、大连纸、粉连纸等，传到现今纸厂老板邓金坤是第12代。[②]据调查，传统连史纸制作技艺1982年以前便在当地衰落，我们2006年7月至连城姑田镇考察时，当地尚有6家手工造纸厂，但是具有一定生产规模的仅为两家，即本文提到的邓金坤的"连城姑田宣纸厂"，另外一家为华琳的"福建省连城皮宣纸厂"。2006年年底，其他3家纸厂都已经停止生产连史纸这类纯竹料漂白熟料纸，而主要制造连城宣纸、玉版、皮宣纸等混料竹纸，只有邓金坤一家尚有少量现代连史纸制造。因此，本节连史纸制作技艺的考察，主要是针对福建连城姑田宣纸厂（又名闽西美玉堂）展开的。

其现在使用的主要工艺流程如下。

一、备料

连城姑田宣纸厂生产的连史纸的原料并不是用本地毛竹加工制成的。考虑到日益上涨的竹材价格和竹材利用的经济性，连城姑田宣纸厂主要从福建省宁化县治平乡坪埔村一带采购竹料。由此，我们首先调查了福建省宁化县治平乡坪埔村的连益亮，向他了解连史纸竹丝原料的备料工艺。

---

① 莒溪位于闽西梅花山腹地，连城县中南部。与姑田相距120里，是与姑田纸业同时兴起的产纸大乡。明代嘉靖（1522～1566）年间，莒溪铁山罗地人罗李崇从浙江学习造熟料纸的技术，开始在青石坑建纸寮生产京庄纸，以后生产的品种有加重、福贡、行重、川贡、色纸等。后来共有26个自然村生产这些纸张。

② 根据资料显示，姑田镇漂白熟料竹纸的传人依据姓氏依次为：蒋氏（1626年～清顺治年间），邓氏（1632～1948），罗氏（1948年～20世纪70年代），邓氏（20世纪70年代至今）。又据邓金坤口述，邓家自明代天启年间从沙县迁至姑田镇上堡村后，继承蒋少林的造纸技艺开始从事漂白熟料纸（包括连史纸）的生产至今。其间虽有罗氏加入生产，但是邓家的连史纸生产始终没有中断。

据连益亮介绍，连城姑田宣纸厂自1979年开始就从治平乡采购竹料。1993年的时候价格较好，原料卖出价格为200多元一吨。当时运输原料多采用"龙马"牌农用车。1993年左右，邓金坤订购了200～300车的竹料造纸。进入21世纪以后，竹料价格一直上涨，比如，2006年12月邓金坤纸厂只向连益亮订购了8吨去皮的精制竹料，每吨价格为800多元。而同时期还生产带皮的粗制竹料，价格为500～600元每吨，主要销售到龙岩、上杭、沙县和三明等地的机器造纸厂。

原料价格和劳动力价格极大地影响着毛竹竹丝的生产。大约从1998年以来，治平乡里砍毛竹卖造纸原料的农户数量迅速减少，一般情况下都是将自家竹山的毛竹直接砍下做建材或是运往乡里的民办加工厂进行竹材初加工，然后卖出去。闽西连城一带只有长汀和宁化两个地方大量砍竹做料，而姑田宣纸厂等当地仅存的手工造纸作坊的原料也主要来自宁化和长汀两地。

在当地农户以造纸为生的时代，砍竹都在立夏时节进行。选择砍伐的竹子都是山上生长健壮的竹材，一般竹山上除了最好的大竹留作竹种外，有60%～70%的优质竹材被砍下作为造纸的原料。这个时候砍下的竹材纤维细嫩，但是其收获率较低。最近10多年以来，造纸已经成为当地农户的副业，且砍竹的农户人数极少。如今立夏10多天后才开始砍竹，均以竹山上生长状况较差的竹子为砍伐对象，比如，那些生长迟缓、植株矮小、颜色偏黄、尾段有虫洞等的竹子，而生长较快、竹节较疏的优质竹材多留作建材卖出或者送到当地加工厂作

图2-25 砍竹
（宁化治平乡 2007年5月）

初加工材料。现今只有大约20%的劣质竹材被砍下作为造纸原料。但由于此时砍下的竹材较老，反而纤维收获率较高。

据连益亮所述，结合现场观察，具体砍竹做料工艺如下。

1. 砍竹

立夏之后10多天开始砍竹（图2-25）。砍竹之前先上山巡视，规划好待砍的竹子和预留的竹子，必要时做好标记。砍竹前几天，需要每天上山观察，当竹子上段开始分出4～5个枝的时候将其砍下，然后顺势将其放置在原地，静置10多天。据连益亮称，1个人一天可以砍竹料6000斤，大约合180根毛竹。

2. 下塘

竹山山脚下的平缓地带挖有方形料塘。待到小满的时候，将竹子运下山坡，砍作1.5米一段的竹条，一段一段地放入料塘中。具体方法是：平铺一层竹子，铺撒一层石灰，再放一层竹子，铺一层石灰，直至放满。石灰的用量大约为100斤竹料耗用50斤干石灰，一塘料能放入竹料5000～10 000斤。竹料放满料塘后，将山泉水引入塘中灌满，然后静置大约50天。

3. 洗料

将料塘中的水放掉，再灌入洁净的山泉水，人工漂洗5～6天，然后放掉污水，再灌入清水，再次漂洗5～6天。如此反复冲洗大概5～6次，持续漂洗1个多月。另外，如果造纸竹料行情不好，就不换水，再加入适当的石灰进行保存，可以放置约两年的时间。

4. 剥竹丝

待竹条腐烂，竹节脱落，便可以开始剥皮。做较好的手工纸需要将竹皮和竹节剥除，留下竹肉。不用将其晒干就可以捆扎好运送出山，售卖到制作竹纸的单位。

上述制料方法，应该是毛边纸的制料法，和连史纸等熟料纸先水浸再灰腌的制料法有所不同。宁化本地，就是著名的毛边纸、玉扣纸产地。

二、制浆

1. 蒸料

成品原料到达造纸厂以后，经过简单的处理就可以进行下面的蒸料工艺。蒸料有两种方法，在生产中均有使用，分别介绍如下。

方法一：

将大约500斤干竹料放入蒸料锅（图2-26）中，下面的铁锅中加入约20斤烧碱（氢氧化钠），然后加水用柴火作燃料加热蒸煮竹料，历时1天1夜。蒸煮之前，下面铁锅和上面铁桶之间有竹片作为支架，竹料即放在其上。堆放竹料的时候，锅内立有数根竹竿作为预留的通气孔，待料填满后将其取出以便形成气孔，然后最上面用竹篾片编织的竹席覆盖竹料。

图2-26　蒸料锅
（连城姑田，2007年5月）

方法二：

先将 20 斤烧碱用水化开，从竹丝上淋下，再用铁锅装入清水对竹料进行蒸煮，时间同样为 1 天 1 夜。竹料的堆放方式和数量如同方法一。

据姑田宣纸厂前厂长邓炎章称，自民国时期以来，当地就采用纯碱蒸煮，1982 年开始逐渐改用烧碱，20 世纪 90 年代以来，全部改用烧碱一次蒸煮法，以便提高蒸煮效率、降低生产成本。

2. 出料

将蒸煮过的竹料取出放在水泥漂料池中，引入河水灌入漂洗 3 次。一次大概可以放进约 500 斤竹料。

3. 漂白

1982 年以前，当地主要采用日晒雨淋的"天然漂白"工艺，1982 年至今使用工业漂白粉漂白，1995 年之后较多地使用效率较高的氯水（图 2-27）。

使用漂白粉时，先在第一个小水池中加水化开，然后继续加水，使得漂白粉

图 2-27　竹料的漂白
（连城姑田，2007 年 5 月）

杂质逐步沉淀到池子中，而带有漂白剂的清液随水流动到后面的第三个小水池中，以备使用。漂白的时候，舀取上层的澄清漂白粉溶液加入盛放待漂白纸浆的料池中，浸泡 2～4 个小时，再将其洗净。

使用氯水漂白则方便得多，将洗净的竹料放置在漂料池旁边的漂白池中，然后直接使用含量为 30℃ 的氯水注入其中漂白 3 次。约浸泡 4 小时达到漂白效果后，灌入河水洗净竹料，漂去黄色和泡沫等。

4. 榨干

用木质料榨将洗净的竹料压掉一部分水分。料榨呈四方斗形，上面装有一个千斤顶，类似于当地榨干笋干水分的料榨。

5. 晒干

在制料场的平地上搭起竹架，将榨干的竹料一把一把地晾晒在竹架上，历时 1 个月，使得氯气挥发，杂质除去。偶尔对晾晒的竹料有几次翻动。注意竹料需要避雨，只能接受日晒，以防竹纤维被雨水冲走。

6. 打浆

将竹料撒上适当的水，放入室内的荷兰式打浆机中打料。一天可以打浆 70～80

斤，可以供1个纸槽1天的抄纸量。

打浆机安放在抄纸房一侧的高台上，配套使用的有一系列除渣设备，具体工艺流程如下。

1）机器打浆

将原料直接加入荷兰式打浆机中，开动机器打浆（图2-28）。在机器运转过程中，需要有人手持工具对水池中的纸浆进行搅拌。

2）过滤纸浆

打浆完成后的纸浆由传输管道运送到一台自制的过滤器设备中。先由电动机带动的水车式送料器将打好的纸浆盛入竹筒中，逐次将其加入到水泥制作的一台回形设置的"沉沙盘"中。在水流的带动下，纸浆连同其中夹杂的泥沙和杂质沿着迂回盘绕的水道前行，经过多重的铁栅栏和沉沙横沟，逐渐将纸浆过滤纯净（图2-29）。

3）筛浆机除渣

过滤后的纸浆又通过管道进入机械筛浆机中。机器将较粗的纸浆和纸浆中较粗的纤维除去，留下的细净纸浆纤维再通过管道运送到抄纸间中的一台除砂器中。

4）除砂器除渣

锥形除砂器通过水流的淘洗将纸浆中较细小的杂质从纸浆中除去，并将其沉淀到一口形似纸槽的水泥池中，然后通过管道将过滤的洁净纸浆抽到抄纸房间中的每个纸槽旁边（图2-30）。

图 2-28　打浆
（连城姑田，2007 年 5 月）

图 2-29　过滤纸浆
（连城姑田，2007 年 5 月）

图 2-30　纸浆除砂
（连城姑田，2007 年 5 月）

三、抄纸

1. 抄纸

首先需要制备纸药。先将榔树根洗净，切成段，用锤子将其敲碎，放入纸药池中，加水浸泡1小时，然后过滤杂质，取其上层清液备用。如果没有榔树根，则采用聚丙烯酰胺作为纸药。据说，如果在夏天使用榔树根会使得纸张颜色泛黄（或者红色）。如果出现此种情况，一般要加入少量的漂白粉进行校色。

姑田宣纸厂抄纸的竹帘由两根麻绳、两根铁丝平行悬吊，上结点四处，下结点两处。下结点在左右帘框的前1/3处，左右皆有铁钩连接。往上离开帘面高约1米处有一绳结点，以上分为4股吊绳：两股铁丝绳垂直悬吊在屋架的内檐檩上，两股麻绳约与地面成45°夹角，悬吊在前上方的屋架内檐檩上。纸帘静置时，两绳结点以上部分的铁丝、麻绳与木檩条基本构成等边三角形。

连史纸使用专门的纸帘，编织比一般纸帘细致，规格也更小。在美玉堂见到用来抄造连史纸的帘子，帘子长度为130厘米，宽度为82厘米，上端的木杆直径为2厘米，下端没有木杆。初步测量纸帘的帘纹密度为13根/厘米。据邓金坤说，该纸帘现在只有龙岩市万安乡附近的村子才有人制作。

图2-31　抄纸
（连城姑田，2006年7月）

准备抄纸之前，首先在纸槽中加入7～8桶纸浆，打槽，开始抄造。抄纸所用之水为山泉水，由竹枧从山里引入。在抄纸过程中，每次加入约3桶纸浆（大约够做40张纸）和5桶纸药（每桶约25斤）。相比抄造其他纸，连史纸的纸浆一定要稀。连史纸的抄造动作向前向后一共入水捞两次（图2-31）。

2. 榨纸

每当抄到500～600张纸时，就进行榨干。榨纸设备为简易木架，上下有木板和木块叠压，利用千斤顶使其产生压力，从而使湿纸脱水。

3. 干纸

湿纸榨干大部分水分后就可以上墙烘干。现在利用的是铁板烘墙，每面墙壁内通有3根水管，里面有水蒸气通过，由此为铁板墙加热。烘墙的一端是燃烧口，加入柴火（图 2-32）。据邓金坤说，墙面的温度不能太高，一般在 60℃ 左右。连史纸贴到墙面上几分钟之内就可以揭下，然后进行整理、裁边（图 2-33）。

连史纸所要求的成品质量较高，需要剔除成品纸中刷纸痕迹过重、有水泡、有残缺的纸张，大概只有 70% 的纸张可以出售。

2006 年，连城姑田宣纸厂生产的连史纸 1 刀（100 张）售价为 130 元，主要销往杭州西泠印社、上海和北京的古籍印刷单位和书画店，另有部分出口到日本。相比江西、福建等其他地方的手工竹纸，这里的连史纸的销售是比较稳定的，市场前景也比较好。

现在的连史纸制作技艺和连史纸传统制作技艺相比较已经有了相当程度的改变，尤其是蒸煮和漂白、打浆等工艺，因此引起纸张相关性能的下降，这也同时影响到连史纸在市场上的价格。20 年前，连城姑田宣纸厂的连史纸卖给上海朵云轩价格为 10 元每刀。2006 年，这种早年以传统工艺制作的连史纸在朵云轩虽然已经卖到 250 元每刀，但是由于库存很少，并且连城姑田宣纸厂并没有恢复传统的制作技艺，所以已难以买到。

图 2-32　干纸
（连城姑田，2008 年 12 月）

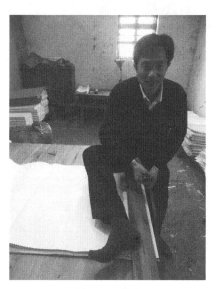

图 2-33　裁边
（连城姑田，2008 年 12 月）

第四节　福建将乐、顺昌毛边纸制作技艺

福建是可与浙江并称的我国最主要的竹纸产区，竹纸制造的历史悠久。明代李时珍的《本草纲目》引北宋苏易简的《纸谱》在谈到造纸原料时说："蜀人以麻，闽人以嫩竹，北人以桑皮，剡溪以藤，海人以苔，浙人以麦藁稻秆，吴人以

茧，楚人以楮为纸。"[①]而且福建所产的竹纸品种极为丰富。除了前面所介绍的连城连史纸以外，主要还有毛边纸。将乐和顺昌是毛边纸的著名产地。福建建阳地区，宋代以后成为重要的刻书地，所刻之书称"建本"，以价廉量大而著称。明朝的胡应麟在《少室山房笔丛·经籍会通》中就说："凡印书，永丰绵纸上，常山柬纸次之，顺昌书纸又次之，福建竹纸为下"，并称"顺昌坚不如绵，厚不如柬，直以价廉取称"[②]。当时，顺昌的纸业发展与建阳的刻书业密切相关。《闽书·风俗志》中说："顺昌，介东广之冲，溪山秀丽，煮竹为纸，纸曰界首，曰牌，行天下。"[③]清代，相关的记载就更多了，原料与品种也有所增多。在经历了咸丰年间镇压民众起义对纸业的严重打击以后，同治年间又有所恢复，但纸工主要来自汀州。1940 年，顺昌毛边纸产量达到 45 万刀（约 1800 吨）。[④]将乐的情况与顺昌类似，所制毛边纸也主要是作为印书用纸。

2007 年 5 月，我们对闽西北的将乐、顺昌、邵武一带进行了田野调查，结果发现邵武一带的手工造纸在很早以前便已经停止，除了可以在邵武市图书馆、邵武市博物馆看到民国年间用连史纸和毛边纸印刷的古籍之外，没有打听到手工造纸的遗迹。顺昌的手工造纸目前只有元坑乡曾庆贤家纸厂还有生产毛边纸的能力，但是 2006 年已经停止造纸，并且也没有继续生产的迹象。目前，在将乐、顺昌和邵武三地中唯一可以观察到毛边纸生产的，只有将乐县白莲乡龙栖山国家级自然保护区刘仰根家的纸厂。福建将乐县号称有"三绝"：西山纸、龙池砚和擂茶。而所称的"西山纸"，就是历史上龙栖山一带生产的毛边纸。1975 年和1976 年，国家出版局还从将乐调去毛边纸三四百吨以印制线装本《毛泽东诗词》和相关历史资料。[⑤]

将乐县在 10 多年前还有很多纸坊，遍布整个白莲乡一带。1987 年以后，本地手工造纸大面积停产，1990 年年初，便只有龙栖山一个纸槽还在勉强维持生产，但是一直处于亏本状态。2001 年，刘仰根将其承包经营，自产自销，但依旧亏损严重，每年亏本 4 万～5 万元钱。2006 年，龙栖山管理局曾经补贴过

① （明）李时珍：《本草纲目》卷三十八"服器部"，据《本草纲目点校本》第 3 册，人民卫生出版社 1978 年版，第 2194 页。苏易简《文房四谱》通行版本作"江浙间多以嫩竹为纸"。

② （明）胡应麟：《少室山房笔丛》上，中华书局 1958 年版，第 57 页。

③ （明）何乔远：《闽书》卷三十八风俗志，《闽书》第一册，福建人民出版社 1994 年版，第 944 页。

④ 曾万文：《顺昌纸业古今》，《顺昌文史资料》第 6 辑，顺昌县政协文史资料工作委员会，1988 年版，第 51-57 页。

⑤ 李长庚、姜桂森：《将乐毛边纸概述》，《将乐县文史资料》第 1 辑，政协将乐县委员会文史资料编辑组，1982 年版，第 67-74 页。

1万元钱，但没有长久的政府资助计划，基本上靠刘家自家的竹山经济林和承包经营的"龙栖山庄"进行补贴。据刘仰根说，刘家自爷爷一辈开始便从长汀迁居此地，在龙栖山一带造纸至今。由此可见，将乐一带的毛边纸与闽西长汀一带的毛边纸、玉扣纸制作技艺有关系。

一、将乐县龙栖山毛边纸制作技艺

1. 备料与制浆

据纸厂工人说，从前造纸都是立夏时节开始砍竹，但是现在推后到了立夏之后。从第一天砍竹开始，连续砍竹两天，预计刘家的竹山将有20%的竹子被砍下做纸。由于刘家的竹山不是很大，砍下的竹子也不多，但由于目前已经不是每天都造纸，所以还是够一年之用。

工人称，砍下用作造纸的竹子一般为分5～6个枝，周长为9寸以下的较差竹子。现在已经改用机械打浆机，所以虽然目前的竹子纤维较老，但是适合于机械打浆并保证了较高的纤维收获率。实际砍下的竹子规格不一，有未发枝的嫩竹，也有长度达9米分了15枝的竹子，没有统一的要求。

竹子砍下以后，在山上静置5～6天，然后将竹子破成竹片，准备放入浸塘中。浸塘前，先在水塘底部放置低矮的木架或者竹架，防止污染竹料。浸塘过程中需要放入石灰，方法是铺一层竹片，撒一层石灰，交替进行，最后灌入清水，压上石块，进行发酵。

大约两个月之后，需要引入清水清洗掉石灰，然后再次灌入清水将竹片浸泡，进行清水发酵。1～2个月之后，就可以将竹片捞出进行剥皮。根据需求情况，需要适当地加入竹皮进行打浆造纸。

由于目前龙栖山已经开放为旅游景点，因此，刘家的手工造纸也列入游客参观的项目，如果有游客参观，纸厂会用传统的赤脚踩浆方式来演示，如果没有游客，则用省时省力的荷兰式打浆机打浆。赤脚踩料的方式与在江西铅山鹅湖镇门石村看到的基本一致，只是设备规格不同。龙栖山的打浆槽为木板拼接而成，槽底水平，为竹篾条编织。打浆的时候，一人一脚踩在槽中（图2-34），另一脚踏在外面，左手拉住悬吊的竹

图2-34 踩料槽
（将乐龙栖山，2007年5月）

图 2-35 抄纸槽
（将乐龙栖山，2007 年 5 月）

图 2-36 压榨机
（将乐龙栖山，2007 年 5 月）

绳，用脚在竹席上由近及远摩擦滑动，踩踏纸浆。

2. 抄纸

龙栖山的抄纸槽为厚重木板拼合而成的正方形，中间有一道木栅栏隔开，使得纸槽分为前后两个部分，后面的纸浆较浓，前面的纸浆较稀薄，工人在前面的半个纸槽中抄纸（图 2-35）。当抄造到一定数量以后，用竹制工具搅动纸槽使得纸浆浓度保持稳定。

龙栖山毛边纸抄纸时已经采用聚丙烯酰胺代替植物汁液作为纸药，其抄造方法基本和福建长汀的一致，为双人抬帘一出水法。即两个抄纸师傅，并排站在纸槽一边，徒手持纸帘的左右端，然后将纸帘从前往后插入纸浆中，向后方舀起纸浆并使其在纸帘上均匀流过，从纸帘右后方流出。然后把纸帘架在纸槽上的竹架上，揭下纸帘，两人配合一致将湿纸转移到湿纸堆上。据工人称，如果正常开工，两人1 天可以抄造 2000 张纸，约 11 刀。

等一天的抄纸完成后，进行榨纸。这里的榨纸比较有特色，先将湿纸堆固定在压榨笋干的木质压榨机上（图 2-36），装好杠杆，然后工人双手抓住悬吊于屋顶的草绳，双脚踩在杠杆的一端，用自身的重量把压榨机压紧，使得纸张脱水。

湿纸榨干后，用长弯刀剪裁毛边，然后准备进入焙纸室上墙烘干。

焙纸室在抄纸室旁边的屋子里，投柴口开在室外的墙面上，以防污染室内空气。室内正中是一堵焙墙。以前这里和福建其他地方一样，焙墙都是用泥土制作的，而现在已经改成用钢板，效率加倍。

由此可见，龙栖山毛边纸作坊由于同时面临着经济压力和旅游开发的需要，保留了比较有观赏性的抄纸等步骤，而对制浆过程进行了较多的现代化改良。有游客的时候恢复传统方法，没有游客的时候就利用半现代化的设备进行生产。

目前，龙栖山毛边纸（西山纸）成品 1 刀 200 张，卖 60 元。但据刘仰根说，其实际成本已经超过 50 元。当前的西山纸主要销往广东等地和出口，多用作迷信纸。

二、顺昌县元坑乡毛边纸制作技艺

福建顺昌县一带的毛边纸制作主要集中在元坑乡一带，2007 年我们考查时了解到，目前只有元坑乡光地纸厂 60 多岁的曾庆贤老人还能制作毛边纸，但是实际已经停止生产。

顺昌县一带的毛边纸又名"洋口毛边纸"，早在明代就著称于全省。当时以谟布（今谟武）"同顺星"牌毛边纸最为驰名，明末至清代以池坑纸为佳，近代则以光地纸称雄。民国时期，由于全县毛边纸都由洋口纸行转输外地，故称洋口毛边纸。新中国成立初期至 20 世纪 80 年代初期，是毛边纸生产的鼎盛时期，当时仅光地就有 30 多家近 400 人规模的手工作坊，仅向东南亚一带的年均出口量就达 3 万～ 5 万刀。当时，还有不少广东、浙江人来这里学手艺。[①]

由于考察时曾庆贤不在纸厂，只能从与纸厂杨马生厂长的访谈中了解 2007 年之前顺昌光地纸厂毛边纸的生产情况。据杨厂长介绍，纸厂分为手工纸厂和大厂。手工纸厂是 20 世纪四五十年代由槽户组成的，为"半岭"小厂，目前已经没有造纸。之前小厂的工人主要都是长汀造纸工，工资 50 ～ 60 元一天。大厂现在称为"光地纸厂"，于 20 世纪三四十年代建立，为当地最早的纸厂，后来成立了纸业联社，20 世纪五六十年代由顺昌手工业局管理。80 年代以前，当地有 20 多个小厂，后来统一规划到大厂管理，于是 20 世纪 80 年代以后就少有小厂。而现今的大厂（光地纸厂）也没有手工纸生产了，只是承担着管理竹山的任务，纸厂实际上名存实亡。

现如今，当地只有曾庆贤一家纸厂还有生产毛边纸的能力，但是 2006 年已经停止造纸，现在也不再做。曾庆贤，60 多岁，20 世纪 50 年代从福建长汀策武一带迁居此地做纸。他的厂房是历史上遗留下来的老房子，有很长的使用历史。据杨厂长称，2006 年曾家的备料还有 2 ～ 3 池，还可以做 600 ～ 700 刀，但除非有客户预订，否则一般不会再做了。以往生产的毛边纸卖 50 元一刀（200 张），20 世纪 80 年代以前主要出口作为迷信纸，现在零星售卖或者有客户少量订货，也是作为迷信纸或者书法练习用纸。

关于顺昌县毛边纸以前的制作技艺，杨厂长介绍如下。

---

① 见《手工毛边纸最后的传人》，载于《福建日报》2003 年 9 月 29 日。

（1）砍竹：立夏之后开始砍竹，此时竹子已经有数个分枝。

（2）腌料：将竹片放入灰塘中用石灰水进行腌料，历时1个月。

（3）洗料：在石灰塘中灌入清水漂洗，然后浸泡1个多月。

（4）打浆：将竹丝取出，进行打浆处理。据杨厂长说，1980年以前都是用脚踩，现在只有机械打浆法。

（5）抄纸：抄纸槽尺寸为4米×3米×1米，中间有一道木栅栏隔开，使得纸槽分为前后两个部分，后面的纸浆较浓，前面的纸浆较稀薄，工人在前面的半个纸槽中抄纸，此法与福建西北大多数毛边纸产地一致。抄纸帘的尺寸为1.7米×0.7米，帘架的尺寸为1.7米×0.8米，均购自福建长汀一带。

现今所用的纸药为"榔叶"和"小叶"，前者效果较好。两种纸药全年都能采到，都是采用其叶子进行蒸煮榨汁。

抄纸的时候，纸帘一角用绳索悬吊在屋顶，两人抬帘进行抄造。

（6）焙纸：焙墙目前改用铁板干燥，以便加快效率，节省能源。

第五节　福建长汀玉扣纸等竹纸的制作技艺 [①]

玉扣纸属于毛边纸范畴，都是以毛竹为原料制作的不经过漂白工艺的文化和生活用纸，主要出产于江西瑞金、石城和福建的长汀、连城、宁化等地。它在纸质方面的主要特点是比毛边纸厚，尺寸较大。

玉扣纸名字中的"玉"是指其纸质洁净，"扣"是当时纸张的计量单位，类似于现在的"刀"。有文献称玉扣纸南宋末年即在福建宁化的治平乡开始生产，而长汀一带尤其著名。[②]2007年5月，我们对福建宁化县治平乡坪埔下村进行了田野调查，但在当地只见到连益亮家还在进行砍竹工作，没有造纸。由于当地农户家中所留极少，只采集到了玉扣纸样品。该纸色黄，质厚，纤维较粗，系连益亮自家于1998年手工制作的。

连益亮家1998年玉扣纸的制作情况如下。

（1）砍料：立夏时节开始砍竹。

（2）下塘：用石灰腌制50多天后，放水进行冲洗。

（3）回塘：放入料塘中静置发酵1个半月至50天（夏季），待其腐烂。

（4）踩料：一般用脚碓将其踩烂。

---

① 根据2006年7月、2007年8月、2008年12月的调查整理而成。

② 王诗文：《中国传统手工纸事典》，（台北）财团法人树火纪念纸文化基金会，2001年版，第41页。

（5）抄纸：放入一种叫"小叶"的树叶熬制的纸药，每抄纸 10 多张就要打槽。

宁化县西南面的长汀为福建玉扣纸的著名产地，我们在 2006 年 7 月对铁长乡芦地村的玉扣纸生产进行了调查。

据铁长乡乡长介绍，铁长乡海拔 500 多米，矿产丰富，出产的木材如杉树、松树、红木，也出产绿茶。该乡距离长汀市区 15 公里[①]，有 4 个村。在 20 世纪 70 年代仅有一条山路通入，2008 年通高速。铁长乡是长汀造纸最大的一个乡。

芦地村因以前芦姓多，故名"芦地"。以前村中有 40～50 家做纸，现在只有 10 多家。考察时因为是农忙时节，只见芦良寿一家造纸。芦良寿 64 岁，父辈、祖辈都会造纸，他年轻时做过本村的生产大队队长。现在虽然已年过六旬，仍然身体硬朗、思维敏捷，相当健谈。

芦家的纸坊目前有工人 6 名，是从长汀各个乡、镇请来的造纸工：一个负责挑选竹麻，一个负责打浆兼管理工人，两个负责造纸和后期裁纸，另两个负责烘纸。芦良寿负责监工并且为工人们提供食宿。工作时间从早 6 点到晚 6 点，包吃包住，每人每天的工资为 80 多元。抄纸工张定华，40 岁。以下关于当地竹纸制造技术的记述，主要来自对上述二人的访谈和实际操作。

造纸工序：

（1）砍竹：清明前后三四日，竹子开始分叉生两枝的时候，砍竹麻。然后裁短成 1.5 米左右的竹筒，再剖开成 2 厘米左右的竹片。

（2）落湖：将竹片放入腌料池，池底垫上竹筒。一层石灰一层竹片浸泡 70～100 天，100 斤竹麻需 70～80 斤石灰，上压以石块，如碱度不够，可以再加石灰，放一两年都可以，但池中不能没有水。石灰为本地产，水需要用山溪水。

（3）漂洗：灰腌完成后，放水清洗石灰，然后再用水浸泡发酵 40～50 天，至竹麻腐烂（图 2-37）。

（4）剥青皮：将发酵后的竹麻洗净后，剥去外层竹皮，一般由女工做。此时，竹麻已很柔软，竹节处自然会分成一

图 2-37 水浸发酵
（长汀芦地，2006 年 7 月）

---

① 1 公里 =1 千米。

图 2-38　打浆
（长汀芦地，2006 年 7 月）

图 2-39　抄纸
（长汀芦地，2006 年 7 月）

段一段的。

（5）打浆：将剥好后的竹麻放入打浆机打浆（图 2-38），50 ～ 60 分钟可打烂。原先打浆是双人脚踏式，根据脚感判断打浆程度的适合与否。20 世纪七八十年代后，开始使用机械打浆方法。

（6）抄纸：将打好的纸料放入纸槽的水中搅拌，加纸药榔粉（用榔树树叶煮成的汁），抄纸时使用双人并立吊帘法，抄造速度很快，每 15 秒钟即可完成一个抄纸周期（图 2-39）。两人一组每天可抄纸2000 余张。

（7）烘纸：用压榨机将抄出湿纸中的大部分水分榨出以后，将湿纸一张一张地贴在加热的铁板墙上烘干，一次可烘 14张（一面墙 7 张）。

（8）包装：将烘干的毛边纸 200 张为 1 刀，用特制的大弯刀切去纸的毛边，包上一张较粗厚的纸，用竹篾绳捆扎好即可。

毛边纸纸色偏黄，如需漂白，一般是将运下山的已用石灰浸烂的竹麻，放在锅里加烧碱煮 12 个小时，然后水洗，再加漂白粉浸 2 小时，即可打浆抄纸。

在这次调查中，我们还与《长汀纸史》一书的主编黄马金进行了座谈。出版于 1992 年的《长汀纸史》是改革开放以后出版的第一部地方纸史专著，虽然篇幅不大，但资料丰富，内容翔实，至今仍有较高的参考价值。当时长汀县还为此专门成立了编纂领导小组和办公室，黄马金为该书的主编。其本人为此受到了中国造纸学会纸史委员会的表彰，并曾为《中国造纸技术简史》一书的主编戴家璋提供纸样，如乾隆、道光年间的纸、房契等。

我们从黄马金处得知以下信息。

（1）以前东南亚地区的华人多用长汀纸焚烧祭祖，因为长汀纸的焚烧程度好，纸灰白而飘向祖国大陆，对海外华人有心理安慰作用。

（2）长汀造纸都用毛竹，不用其他原料。选料的竹材分九等，纸质等级也就

不同。玉扣纸与毛边纸的区别在于选料，"玉扣"之名，"玉"指纸色白，"扣"指纸张的尺度。长汀现仍有生产玉扣纸，但数量不多。

（3）一个纸槽所涉及的各道工序工人约11人，除烧饭1人为女性外，其他均为男性。以前造纸男工工作时不穿衣服，唱山歌。长汀虽然是两人抄纸，但用吊帘，开始的时间不会很久。因为这样抄纸速度快，便被运用开来。烘焙纸的墙壁用铁板，约在20世纪50年代改进而成，因为铁板传热较快。以前的墙壁是竹篾条编成的，外加黄泥、石灰和沙（三合土，现在一些老民居的墙仍是如此），墙内烧木柴传热。

2008年12月，我们又对玉扣纸的传统产地庵杰乡庵杰村的竹纸生产进行了调查。据陪同的当地手工纸经营者朱联敏介绍，长汀的竹纸主要产于庵杰、铁长芦地、大同乡。长汀是一家一户做，庵杰乡有二三槽，庵杰村只有1槽。铁长有四五槽，大同有3槽（主要产毛边纸）。2008年，芦地里面还有2槽，但质量较差。毛边纸大同产的最好，靠近江西这边，销售大部分走泉州文房用品批发。长汀当地还产节包纸，尺寸较小，一帘抄3张，作为迷信纸（烧纸）和包装纸，与元书纸类似，为生料纸。原来是用小帘做，一帘抄一张。节包纸质量较差，有1/3是破的，但还是用纯竹做，主要是打浆粗，可以用来练字。庵杰的水好，以前收购时等级要加一号，2007年有一槽还是用脚踩打浆，现在没有了。其榨纸方法也有改变，以前是用杠杆式压榨机在中间施压榨，现在在两头施压榨。烘纸用的焙墙也很重要，铁与土不同，这些变化在最后牵纸时会感觉到。2008年，当地节包纸价格90元500张，1680张一捆，去除过分残破的，可以挑到1500张，一捆270元，用于书画的漂白201纸为220元每500张。

我们调查的庵杰乡庵杰村的抄纸户名叫雷鸿辉，50岁，他十八九岁时开始造纸，原先做玉扣纸，现在做连史纸，或叫漂白201，写字用，实际上是类似于连史纸的漂白毛边纸，尺幅为52厘米×142厘米，以前的玉扣纸为62厘米×138厘米。漂白201改良纸是后来才有的，现主要出口日本。

据其口述，当地竹纸的制作工序如下。

一般在4月份砍竹，竹料先切断，大约1.5米长，与人的身高有关，要便于操作。然后再剖开，打掉中间的竹节，以前要削皮，皮不削去脚踩不烂，现在用机器打浆则不用削皮。竹剖开后用石灰浸，不用水浸，一般在石灰水中泡3个月，再用清水泡100天。清水泡得时间长会太烂，而用石灰腌渍则不会烂，一般从石灰水中洗出来就要做掉。1湖料约25 000斤竹子，可做300刀纸。从水中洗出来的料用烧碱液煮8个小时，1锅料约可以做45刀纸（200张1刀，六七斤

图 2-40　竹料的漂白
（长汀庵杰，2008 年 12 月）

1 刀），要用 80 斤烧碱，而实际用烧碱的多少要看腌的时间长短，燃料用竹废料。取出洗净后即可供打浆，如造漂白 201 纸，还要再用漂白剂漂白（图 2-40）。荷兰式打浆机打浆以后供抄纸。后续的抄纸、干燥（图 2-41）等工序，与芦地村相同。抄纸从早 5 点到晚 8 点，可以抄 2000 多张，抄纸法同毛边纸。该户 1 年做 3000 刀纸，1 天 10 刀纸，普通毛边纸 200 张 1 刀。白纸为 250 张 1 刀，这样 2 刀即 1 令纸。

在附近的上赤村，我们考察了已经废置不用的传统造玉扣纸设备，历史上，上赤村曾是庵杰乡最大的产纸村，20 世纪 80 年代，其产量几乎占全乡产量的 40%。[1]漂白 201 书画纸即为该村造纸专业户詹泰贤于 1980 年冬试制而成。当地还保留有传统的土焙笼（图 2-42）和踩料槽。

图 2-41　烘纸
（长汀庵杰，2008 年 12 月）

图 2-42　废弃的土焙笼
（长汀上赤，2008 年 12 月）

土焙笼高约 1.75 米，内用泥、石灰、竹麻料的青皮涂抹而成，表面涂桐油，在焙笼的一端有加柴的口。烧了以后焙笼表面呈土红色。

---

① 黄马金：《长汀纸史》，中国轻工业出版社 1992 年版，第 22 页。

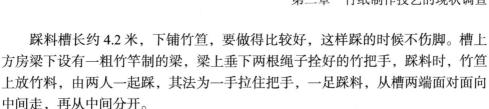

踩料槽长约 4.2 米，下铺竹笪，要做得比较好，这样踩的时候不伤脚。槽上方房梁下设有一粗竹竿制的梁，梁上垂下两根绳子拴好的竹把手，踩料时，竹笪上放竹料，由两人一起踩，其法为一手拉住把手，一足踩料，从槽两端面对面向中间走，再从中间分开。

通过对上述两处长汀玉扣纸主要产地的调查，对照文献中当地传统玉扣纸、毛边纸的制作工艺，我们发现当地现存的竹纸制造，与传统工艺相比已经发生了较大的变化，主要表现在以下几个方面。

（1）纸种变化。当地传统的竹纸为毛边纸和玉扣纸，尤其是玉扣纸，从现存纸样来看，色带淡黄，温润匀净。实际上，当地玉扣纸和毛边纸的制作工艺差别不大，相对来说玉扣纸的选料更为讲究，尺寸和厚度也较毛边纸为大。而现在当地所产，至多只能算是普通的毛边纸，即便是这样的纸张制造，也难以为继，如我们所调查的芦地抄纸作坊，后来也已停产。而不少则转向外观类似于连史纸的漂白 201 纸的生产，这主要是由于漂白 201 纸的制造，引入了较多的现代工艺，在选料等方面不必过于讲究，这样就可以降低成本。因此，实际上我们并没有看到真正玉扣纸的制作工艺，最多只能算是毛边纸的现代制作工艺，这是比较遗憾的。

（2）蒸煮、漂白法的引入。长汀的竹纸制造，其最大的传统特色是采用生料法制造优质竹纸，某种程度上也代表了传统竹纸制造的最高水平。而我们在上述两处均看到了煮料用的设备。在芦地，虽然一般仍采用生料法制浆，但有时为了缩短处理时间，或是生产漂白竹纸时，会采用蒸煮的方法。而在庵杰，则已基本使用加烧碱蒸煮法制浆，失去了原有的特色。更为严重的则是，为了得到类似于连史纸的白度，采用漂白粉等漂白剂对原料进行漂白处理，一般来说，氧化性漂白剂会对纸张的耐久性产生不良影响，而市场需求这一推手，以及降低成本的动力使漂白竹纸的制造在当地泛滥。从保护传统玉扣纸制造技艺的角度来说，这种情况应该尽量避免。

（3）新造纸设备的导入。其主要为荷兰式打浆机和铁板焙墙的采用。传统毛边纸制造的一大特色是使用脚踩打浆，虽然这种方法劳动强度大，并且容易引发足部的职业病，但对于保持传统的纸张外观有一定的作用，而铁板干燥方便快捷，但容易引起纸张板结，纤维间的内应力增大。因此，这些设备的导入，多少会对纸质产生影响，但完全摒弃、回到传统的方法，似乎也有难度，采用电动碓打浆、改善铁板烘纸的条件，对传统工艺进行适当的改良比较可行。

第六节　浙江富阳、萧山的元书纸制作技艺

浙江省是我国手工竹纸最主要的产区，而且从文献记载和考古发掘成果来看，很可能是竹纸的发源地之一。①浙江多丘陵地带，历史上可以说几乎县县产纸。竹纸产量巨大，品种也很丰富。但总体而言，与江西、福建二省主产的毛边、关山、连史类竹纸相比，浙江竹纸的质量较低，多为中低档书写用纸和迷信、包装、卫生用纸。富阳元书纸即为浙江竹纸的代表。

富阳属浙江省杭州市，是浙江最重要的手工纸产地。富阳的手工造纸历史悠久，可远溯魏晋。而至宋代，则已以竹纸名扬天下。2008年在高桥镇泗洲村凤凰山北麓发现的宋代造纸作坊遗址即为明证，该遗址也是我国迄今发现的最早的古代造纸作坊遗址。而明清以降，乃至近代，富阳的造纸，尤其是竹纸、草纸的制造可说是长盛不衰。

另外，富阳地区造纸技术的多样性在全国也是罕见的。从著名的元书纸，到桑皮纸、坑边纸，种类繁多。其原料有竹、桑皮、构皮、山棉皮、稻草等，加工制作工艺也各不相同。而诸如元书纸制造中的人尿发酵技术、皮纸制造中独特的浇注法，均有别于他处。

富阳的手工纸具有巨大的产量与影响力。富阳土纸之产量，在民国时期，几乎占全国的1/4，占全省之40%以上②，及至20世纪80年代亦不稍减。现在，富阳竹纸的制造技术被指定为国家级非物质文化遗产。但是，富阳传统竹纸为尺寸较小的元书纸，是带黄色的粗糙的纸，被作为一般的书写纸和迷信纸大量使用，古代即有所谓"京都状元富阳纸，十件元书考进士"之说，现在也作为书法练习用纸。而富阳宣纸的异军突起，则为富阳手工纸在书画创作，以及古籍印刷用纸方面拓展了用途。所谓的"富阳宣纸"，又称富阳书画纸，其生产历史是从20世纪70年代末开始的，开始主要以竹为主要原料。现在"富阳宣纸"的原料几乎全是龙须草纸浆，也有添加木浆的。一般直接从河南、湖北纸厂购入处理好的龙须草纸浆板，打浆后抄纸而已，方法简单。富阳宣纸的用途是书画纸和古籍复制用纸，现在经常被作为宣纸的廉价代用品使用。由于使用现代制浆技术处理龙须草造纸，富阳宣纸的耐久性与传统手工纸相比要逊色一些。2005年，富阳宣纸的生产工厂有二十几家，书画纸产量约2298.3吨。③

---

① 见第一章中关于竹纸起源的讨论。
② 富阳市政协文史委员会编：《中国富阳纸业》，人民出版社2005年版，第40页。
③ 周关祥：《富阳传统手工造纸》，自刊本，2010年版，第151页。

采用较为传统的方法制造元书纸的作坊现在已经不是太多，主要是在南部山区的湖源乡新二村、新三村，以及灵桥镇的蔡家坞等地。技术传承人有新二村的国家级非物质文化遗产项目代表性传承人李法儿，以及李文德和蔡家坞的蔡玉华等人。我们分别在2007年10月、2008年4月及2011年12月数次对上述作坊进行了调查。

其中，李法儿的作坊规模较大，现名湖源新三元书纸品厂，2011年时，共约有60名工人，砍竹时则需要招一二百名工人。共有抄纸工人8人，晒纸工人8人。该厂准备扩大生产规模，增加至15张纸槽。李文德作坊在附近的李村，现在也成立了大竹元宣纸有限公司，有十几张纸槽，主要从事元书纸等书画纸的生产、收购、销售。而蔡玉华所在的蔡家坞，当地只有他一家生产元书纸，除此之外，他家还生产迷信纸。蔡玉华家有两张纸槽，一个用于做大纸，一个用于做小纸。其根据客户的需求生产相应的纸张。家中备有不同型号的纸帘，用于生产不同的纸张，并与制帘厂关系密切，可定制纸帘，该村另外还有四五十家生产迷信纸。尚有一名木匠能够制作帘床，帘床为杉木所制。

根据对上述三家元书纸作坊的调查，现在元书纸的主要制作工艺如下。

（1）砍竹。每年五六月间砍竹，小满节气，砍竹时间共20天左右，嫩竹开始分叉。生长在平地上的竹子使用砍竹刀，生长在山坡上的竹子使用砍竹斧。

（2）截断。使用断刀将竹子裁成1.8米长的长段（图2-43）。

（3）削竹。使用削刀和鸟嘴削去竹子的外皮（图2-44）。

（4）拷白。用锤子捶碎竹子的竹节，并将整个竹筒砸破（图2-44）。

图2-43　裁断
（富阳蔡家坞，2006年6月，蔡乐群提供）

图2-44　削竹与拷白
（富阳蔡家坞，2006年6月，蔡乐群提供）

（5）水浸。将竹料放入水中浸泡 7 天左右。

（6）砍断。使用断刀将竹子断成小段，并捆成捆。

（7）灰腌。将竹料放入石灰中腌制。此处腌制的时间可长一些，能起到储存的作用。用石灰腌后需要清洗，一般要洗 5 ～ 6 次（图 2-45）。

（8）蒸煮。据李文德说，现在煮一锅有 10 000 多斤。在锅内堆起来，一捆 20 ～ 30 斤，一层层用石块打平，蒸煮液用液碱，不用纯碱，主要是因为纯碱容易掺假，标 99.6% 可能只有 80%，加多少料不易控制。液碱放在汽油桶中，用时洒在上面。烧开后煮 2 小时，烧的时候要烧 1 天，原先起码一个生产队砍 1 天柴才能烧 1 锅，要烧 7 天。而蔡玉华处 2011 年已不再进行蒸煮，只是延长腌料时间（50 天以上），其家附近有 4 口大型蒸煮锅，但大多已废弃不能用（图 2-46）。

图 2-45　灰腌
（富阳湖源，2007 年 10 月）

图 2-46　蒸煮
（富阳湖源，2007 年 10 月）

（9）清洗。将竹料放入池塘中清洗，直至将碱液洗净，10 天左右。

（10）淋尿。将蒸煮好的竹料一捆捆浸入盛放在大木桶的人尿中，随即取出，放在架在木桶边沿的木板上，稍滤去多余的尿液，随后堆放起来，并用茅草或塑料布覆盖（图 2-47）。现在使用淋尿堆腌发酵的地方已经很少，我们 2007 年 10 月在蔡家坞看到该工序。但李文德等处已不用尿浸。

（11）水浸。将竹料泡在水中，用时取出即可。

（12）碾压。使用电动碾将竹料碾碎。以蔡玉华处为例，使用电动碾碾料（图 2-48）。生产元书纸一次碾十五六捆，需要十几分钟至半个小时。生产迷信纸一次碾 10 捆，需要碾半个小时。

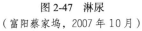

图 2-47　淋尿

（富阳蔡家坞，2007 年 10 月）

图 2-48　碾压

（富阳湖源，2007 年 10 月）

（13）清洗。将碾过的原料放入清洗池中，加水清洗，以去除杂质。如果需要生产白色的纸张，在此处加漂白粉或漂液进行漂白。生产普通元书纸则不用漂白。过去曾经用荷兰式打浆机进行纸浆的清洗打浆，现在购入清洗池，不再使用荷兰式打浆机。

（14）抄纸。纸槽为水泥制，一人抄大纸，使用吊帘，一次可抄元书纸 3 张，不加纸药（图 2-49）。现在在竹料中也有加入废纸边，主要从福建、江西运来。据蔡玉华说，纸槽夏天大约半个月换水一次，冬天大约一个月换水一次，但不完全根据时间来定，主要是根据水质，如果纸槽内纸浆变质粘在纸槽壁上，则需要换水和清洗纸槽。

（15）压纸。现在普遍使用金属架和千斤顶，而不再使用传统的杠杆式木榨。

（16）晒纸。普遍使用铁板，内部通水，用木柴烧火加热，5 张一叠，相互略错开，贴在铁板上烘干（图 2-50）。以前则使用砖墙。

图 2-49　抄纸

（富阳湖源，2007 年 10 月）

图 2-50　晒纸

（富阳湖源，2008 年 4 月）

（17）剪裁。将纸张捆扎好，边缘磨齐，盖上产地、等级等标志才能出售。元书纸的计量单位为刀，100张为1刀，50刀为1件，2008年4月的售价为400元每件。

以上是生产高级元书纸的工艺，使用竹肉造纸，竹皮也能生产迷信纸，但是在前期的备料工艺上有所差别。

在蔡玉华处，我们也看到了迷信纸的制造过程，其主要特点如下。

（1）原料。竹皮、老竹、废纸，有时还要加入废棉。

（2）尺幅。一抄四或一抄五的小纸，也使用吊帘、一人抄纸。

（3）染色。将纸浆用姜黄染成黄色再抄纸。

（4）晒干。5张左右的湿纸交叠在一起，然后挂在屋顶的竹竿上阴干（图2-51和图2-52）。

图 2-51　迷信纸的分纸
（富阳蔡家坞，2007年10月）

图 2-52　迷信纸的晾干
（富阳蔡家坞，2007年10月）

现在，湖源等元书纸产地所造之纸品种繁多，主要根据客户要求而定，除元书纸外，其他还有纸质、尺寸等要求，如毛边纸者。纸张品种不同，处理方法也有所不同，有的需漂白，有的不需漂白。另外，在生产加入龙须草的书画纸时，有的还要加入皮料纤维。

在富阳，我们还访问了对元书纸的生产、购销比较熟悉的姜加兰、周关祥等人。姜加兰，1937年生，其父姜昌柳，为著名的纸号姜芹波生记传人。其本人1958～1968年做纸，主要做二级、三级元书纸。级别是按光洁度、白度来划分的。当时一级一件30多元，二级一件20多元。他主要是晒纸，其父也是晒纸。他们生产的纸实际是昌山纸。姜加兰在山基村，与菖蒲坑所产之纸，合称昌山纸。该纸比一般元书纸小，原料一样，用途也差不多，主要工序可以概括为浸塘

浸、石灰化、皮镬煮。他造纸时一张纸帘一次可抄两张，当时还未使用吊帘，焙壁也是烧柴烘干。昌山纸一件 8000 张，主要卖到湖州等地。

民国时期至新中国成立之初，在富阳附近的萧山、临安、余姚均有元书纸的制造。现在，富阳以外已很少见到元书纸的制造。据我们 2013 年 7 月的调查，在杭州萧山市戴村镇顾家溪村，还有元书纸的制造。

从地理位置看，顾家溪村与富阳元书纸的传统产地里山镇、大源镇只隔一座山，直线距离不过 10 公里，因此可以说属于同一纸产区。在 20 世纪 60 年代以前，村民生产的元书纸销量很好，90% 以上的村民靠土法造纸维持生计，造纸也成为村里的主要经济来源。20 世纪 70 年代后走向衰落，现在只有两户人家造纸，王如仁家是其中之一。目前，其主要制作迷信用纸，销往绍兴等地。现在的造纸原料已不直接从毛竹开始制料，而是从绍兴买回造锡箔纸剩下的边角料，以省去制料工序，节约成本。王如仁一天可以抄 1000 张纸，或分 2000 张纸，所有工序靠一人支撑，只是有时会有村里的老人前来帮忙。其纸 100 张为 1 刀，1500 张为 1 件（也有 2000 张 1 件的），270 元 1 件，原料 0.7 ~ 1.2 元 1 斤，1 天可以有200 元的收入，1 年可以获得 4 万元的收益，但是如果雇佣工人来帮忙，利润只够用来为工人发放工资。2008 年，村委会请人将传统元书纸 20 多道工序录制在光盘里，以便永久保存。目前，该项手工造纸法已被列入杭州市非物质文化遗产名录，并正在向上一级申报非物质文化遗产。

顾家溪村传统元书纸的制作工序与富阳元书纸的制作工序相差无几，主要如下。

砍竹（农历七月半[①]前 10 天，若是制作文化用纸需在小满前 3 天左右）→斫竹（砍成 1.5 米左右）→削竹（削去青皮）→拷白（在硬木桩上拷碎、捶裂竹节、在阳光下晒 10 天或半个月）→断料（砍短入水塘浸泡一周）→浆料（用石灰腌渍10 多天）→镬煮（烧 3 天左右，闷 3 天）→出镬→翻滩（洗 3 次）→收拢→浆尿（尿浸后堆蓬 7 天）→入塘（加水，等料变成淡白色即可）→舂料（脚碓或水碓）→抄纸→晒纸（图 2-53）→掀纸→捆纸。

图 2-53 路边晒纸
（萧山顾家溪，2013 年 7 月）

---

① 这里的"七月半"特指中元节、鬼节，即七月十五。

现在所制元书纸，由于主要作为迷信用纸，与富阳湖源的元书纸相比，更为粗厚，因此1件只有1500张。由于其对纸张的平整度没有太高的要求，现在已不在焙墙上烘干，而是直接摊晒在草地上晒干或是在室内晾干，与其他传统粗纸的干燥方式一致。其他设备，如电动碾、吊帘则与富阳相同。

附：富阳书画纸的制造

中国古代造纸印刷文化村位于富阳市江滨东大道21号，该文化村隶属于华宝斋富翰文化有限公司，是其下属子公司，不仅进行手工纸生产，也从事线装书的印刷。此外，该地也已被开发成旅游景区，游客可以参观和体验手工纸生产和雕版印刷车间。

文化村内设有1间陈列厅，用图片展示当地手工纸的生产过程，并且展示了一些当地生产的纸张。

杭州富阳古籍宣纸厂也是华宝斋的子公司，共有3间抄纸车间，9张抄纸槽，供游客参观。另有1间房间内有两个小型抄纸槽，游客可以自己操作。其制作古籍印刷专用纸的工序如下。

（1）原料。直接购买纸浆，不需要自己备料，因此，该村无备料等情景的展示。在公司创始人蒋放年20世纪80年代试制古籍印刷用纸之初，还是以竹料为主要原料。现在主要是使用龙须草纸浆板，并无竹料成分

其法为先将纸浆板放在水中泡软，然后用电动碾充分碾碎，水洗以后再用荷兰式打浆机打浆，即可用于抄纸。

（2）抄纸。使用水泥纸槽，单人吊帘抄大纸，尺寸基本同宣纸。富阳宣纸的抄造，纸浆中以前不使用纸药，而是用电动搅拌机，根据每抄几张需要搅拌一下，现在也有使用纸药的。抄纸方法为一出水法，即由远身处将纸帘斜插入水，向内舀取纸浆，水平提起后，向外倾去多余纸浆。湿纸积至500～600张时，即用设在纸槽边的压榨机压榨，采用千斤顶加压。如果生产古籍封面的染色纸，则将纸浆染成需要的颜色，然后抄纸。

工作时间：早上5点至晚9点，两班倒，1名工人一天工作十几个小时。1名工人1小时可抄纸100张，工人工资按张计算。一般一天抄纸量在1200张左右。

（3）晒纸。华宝斋有1间晒纸车间，1堵晒纸墙，为铁板墙，用热水蒸气加热，车间外部设有锅炉。

工作时间：凌晨1点至下午1点，下午1点至凌晨1点，两班倒。一班工人共6名。

产品种类与价格：产品主要为四尺宣、五尺宣。四尺宣价格为 2.3 ～ 2.8 元（2011 年 12 月）。但其产品并不外销，主要供本厂印书和印信笺用。

华宝斋还有雕版印刷车间（图 2-54）、线装书生产车间（图 2-55）。雕版印刷车间主要是采用传统的雕版印刷方法印刷仿古书籍。另外，还用多色木板套印、饾版、拱花等工艺生产传统的彩色信笺，可供游客参观，并销售信笺等产品。

线装书生产车间规模较大，有印刷、折页、分页、裁边、打孔、订线、做书钉、包角、贴标签、检验等工人，进行流水线生产。原来使用传统套色石印技术仿制古籍，现在则使用多色胶印技术，并根据宣纸的特性加以改造，印制仿古线装书籍。

图 2-54　雕版印刷
（富阳华宝斋，2005 年 4 月）

图 2-55　线装书装订
（富阳华宝斋，2008 年 4 月）

富阳书画纸的著名生产厂家还有位于大源镇庄家村的富春江宣纸厂、兆吉村的兆吉书画宣纸厂等，主要生产书画用纸、古籍印刷用纸。据《中国富阳纸业》记载[①]，富阳书画纸的发源即在 1980 年大同公社的朱家门、兆吉、庄家等大队（今属大源镇），当时以竹浆为主料，以桑皮为辅料。1988 年，将原料改成竹浆和龙须草混合制浆，1992 年开始，基本已使用龙须草浆板，机械打浆后直接抄纸。这样降低了劳动强度，减少了污染，并改善了书画纸的外观纸质。富阳书画纸产生的原点，仍与元书纸有关。大源镇为传统元书纸的主要产地，在 20 世纪 70 年代中期，随着元书纸市场的萎缩，以及书画纸等文化用纸需求的增加，当地开始了对竹纸的改良。通过对泾县宣纸的考察，富阳书画纸是从竹料加稻草，到竹料加桑皮，进而研制成功的。

---

①　政协富阳市文史资料委员会：《中国富阳纸业》，人民出版社 2005 年版，第 75-82 页。

第七节　浙江其他地区的竹纸制作技艺

一、浙江温州市泽雅镇横垟村屏纸制作技艺[①]

泽雅镇地处温州市西南部，瓯江支流，戍浦江上游，东邻藤桥镇，南毗邻瑞安金山乡，西与北林洋接壤，北倚崎云山脉，距离市区18公里。

"泽雅"本是温州话"寨下"的译音。其境内有素有"温州西雁荡"之称的泽雅湖、金坑峡、七瀑涧、崎云山等风景名胜，以群瀑、碧潭、深峡、奇岩为特色。

这里水源洁净，清流湍急，利于浸渍漂洗纸料；浙江又多产竹，具备了清水和青竹这两大要素，因此，手工造竹纸便在此地发展起来。

（一）历史沿革

"屏纸"又名"南屏纸"。一说是因为温州称山为屏，因而温州山区生产的土纸便被称为"屏纸"[②]；但更可靠的说法是，因来源于闽地的造纸技术而得名。据史料记载，宋宣和年间福建南屏人为避战乱而迁居泽雅。因当地水力、毛竹资源丰富，遂将南屏造纸术运用在泽雅，进行生产，所出纸品依旧叫"南屏纸"，具体还分四六屏、六六屏、六九屏、提屏等不同的尺寸。也因其主要以三溪（瓯海区的瞿溪、郭溪、雄溪）为集散地，又称三溪土纸。竹纸按其用途，可分为文化用纸、生活用纸、迷信用纸等。在屏纸中，四六屏是有名的"温州卫生纸"（可日用，也可包装、引火），也有如六九屏、提屏等是作为迷信用纸，只销本地的。[③]四六屏的兴起在20世纪30年代。当时土纸市场上流行的还是方高、大九寸等，但因四六屏的制造取材更便利，成品更坚韧，利润较大些，瞿溪的东泰纸行便力主推行四六屏，由此促进了其生产和发展。[④]

20世纪三四十年代，是温州造纸业的兴盛时期，产品运销我国的上海、天津、青岛、苏州、厦门、台湾，以及东南亚等地。据说，全盛期有纸农6万余人（一说10万人），水碓1800多所，纸槽10 000多座。新中国成立后，政府对屏

---

①　2006年7月25日调查。

②　王诗文：《中国传统手工纸事典》，(台北)财团法人树火纪念纸文化基金会，2001年版，第44页。

③　俞雄，俞光：《温州工业简史》，上海社会科学院出版社1995年版，第39页。

④　陈宝仁：《东泰纸行》，《瓯海文史资料》第7辑，政协温州市瓯海区委文史资料委员会，1991年版，第77页。

纸生产和销售也有过规范和扶持。据称，直到 1995 年，屏纸生产都还算稳定[①]，但随着现代造纸业的发展，手工造纸生产日渐萧条。

屏纸曾是当地人引以为豪的"送人的好东西"：用作卫生纸，其以吸水性强、容易破碎而免于堵塞的特性，受到欢迎。南北货商店也可用来包装糖果、杂货。

泽雅的周岙、西岸、水碓坑、垟坑、唐宅、林垟、五凤垟等村都从事造纸。时至今日，泽雅生产的纸张主要卖给乐清，这些纸型较小的手工纸用途即为迷信纸。

（二）生产环境和竹料种类

我们到泽雅镇横垟村正是雨天，山间色彩湿润，鲜明如画，村中溪流湍急。水道两边，可见接连着排布的用来浸竹料的石砌池子；或者，是高低错落的民居和抄纸坊、水碓房，以及堆放和储存竹料的地方，浸料、蒸料的地方和烘房……总之，都是顺着地势坡度，在需要水流的地方顺应了水势。

据了解，横垟村有 120 户，720 人，现有 50 户仍在手工造纸。一般 1 户1 纸槽，十几户人家共用一个水碓和烘房。

自然环境是泽雅造纸业兴盛的重要因素。泽雅山区少地多林，并不如平地那样易于发展农耕，却使得泽雅山民靠天吃饭，依赖造纸为重要副业，也利用环境条件形成了较大的规模，得以将此技艺传承。而清初禁海迁界，使泽雅山民增多，屏纸生产发展；"抗战"初期，只有温州与上海还能保持航运，温州纸的运销业务大为发展；20 世纪 40 年代，温州海运受阻，纸业销售陷入困境……[②] 这些又都与泽雅所处的地理位置条件相依辅。

泽雅山间生长着毛竹，但并不用来造纸。屏纸的主要原料为水竹，主要是从安吉买来的。有这样的说法，原先都是就地取材的水竹，后来政府封山育林才从温州、福建各地购入。但据当地村民讲，毛竹可作为建筑用材卖，更能卖出好价钱，所以并不用来造纸。

（三）生产技术流程

据相关记载可知，泽雅地区手工造纸生产流程大致如下：砍竹—浸料—翻塘—煮料—捣刷—抄纸—压纸—晒纸。

为了节约燃料成本，泽雅造纸现在已不用惶锅煮料。同时，用水碓舂捣纸

---

① 黄舟松：《温州泽雅四连碓造纸作坊遗址》，《东方博物》第 16 辑，浙江大学出版社 2005 年版，第 38-42 页。

② 黄舟松：《温州泽雅四连碓造纸作坊遗址》，《东方博物》第 16 辑，浙江大学出版社 2005 年版，第 38-42 页。

料，也是泽雅地区的一个特色。

1. 砍竹[1]

以砍伐3年生或4年生的水竹为宜。每年立冬起至翌年立春时间是最适宜的砍伐期。[2]用老竹制纸生产成本低，抄成的纸质也松软，适于用作卫生纸等。

将砍下的竹子剔枝除叶，截成1米多长，破成竹片，捶裂晒干，去除粗壳与青皮，然后绑扎成捆，俗称"刷"。

图2-56　浸料
（温州泽雅，2006年7月）

图2-57　废置的蒸煮设备
（温州泽雅，2006年7月）

2. 备料／浸料

将"刷"一层一层地排叠在石灰水塘中（图2-56），每铺一层加一部分石灰，到最表面一层时均匀地撒上石灰，用石头压住，使之完全浸泡，几个月之后因腐蚀而变松软，称为"腌刷"。

3. 翻塘

"刷"在塘中要浸泡50～60天才能沤熟，其间要上下翻动。要把塘中的"刷"全部搬出，搅动石灰水，上下层"刷"的位置换动，使之均匀受腐。沤熟后的刷便称为"熟刷"。翻塘是重活，石灰水的腐蚀性很强，因此，翻塘者的腿上要涂上自制土药，如菜油。

4. 煮料

为了使竹料更易捣烂，还要装入楻桶烧煮（图2-57）。其后取出漂洗干净。如今将沤熟的竹料晒干后，用塑料薄膜包起来闷着，会继续沤烂，可节省燃料成本。

5. 捣刷／打浆

泽雅地区利用水力资源作动力，用水碓来冲捣，将刷捣成纸绒。1间水碓房一般有两根捣杆，用水的冲力带动捣杆，交替捣刷（图2-58）。旁边需要有专人

---

① 工序部分参考了林长春：《卫生纸的制作过程》，《瓯海文史资料》第4辑，政协温州市瓯海区文史资料委员会，1991年版，第129页等相关资料。

② 王诗文：《中国传统手工纸事典》，（台北）财团法人树火纪念纸文化基金会，2001年版，第105页。

添刷，活不重，老人或妇女、十几岁的孩子都可帮忙，但需专心和小心。

6. 抄纸

大多是1户1纸槽。纸槽分大、小两槽，小槽储料。抄纸前，先在小槽踏刷，把水碓冲捣成的纸绒放在小槽中加水用脚踏糊。约1小时后，将小槽里的水放掉（小槽底部铺有竹片，便于漏水），把纸料转入大槽，加足清水，用竹竿等工具把纸浆用力搅拌均匀，然后即用纸帘在大槽中抄纸。初成形的湿纸一张一张重叠在纸槽边的木板上，被称为"纸岸"（图2-59）。

图 2-58　水碓捣刷
（温州泽雅，2006 年 7 月）

图 2-59　抄纸
（温州泽雅，2006 年 7 月）

7. 压纸

压纸的目的是压干"纸岸"中的水分。使用的工具主要是1根3米多长的粗木棍（压杆），1条以篾编成的缆绳，1个擂杆，利用杠杆原理，将纸岸中的水分慢慢压出来。到一定程度，即可按照成品需要，将纸岸分成3或4段。

8. 分纸

将纸岸的纸一张一张分开（图2-60），七八张叠成一叠，土称为"一薄纸"，然后按"薄"叠起来放。分纸工具俗称"纸枏"，由一小段质地较硬的木头和一截弯月形的铅笔粗细的钢筋制成。纸岸的分纸面被它压过后，纸张就容易被揭起了。

9. 晒纸

在晴天的时候，将一叠一叠的湿纸分

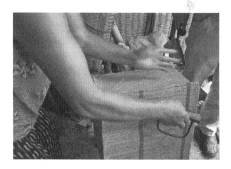

图 2-60　分纸
（温州泽雅，2006 年 7 月）

晒在山坡草地上。由此，满山覆盖金黄色的竹纸，被形象地称为"纸山"。如果日晒强烈，三四个小时即可晒干。要预防风雨，因为刮风会吹走纸页；被雨淋湿的纸张质量也会变差，需再加工。在阳光不足时，也采用火焙法使湿纸变干。

10. 拆纸／整理

一叠一叠的纸晒干后，还要一张一张地拆开、计数，进行整理。

在此次调查中，我们对其中一些步骤有了进一步的具体认识。

在泽雅，纸张的计数单位为"头"。一头（或摞、条）纸分40刀，每刀100张，每张可再分成不同数目的小张。生产一头4000张的纸，要2～3天才能完成。

在备料过程中，以前是用蛎灰沤（蛎灰：以牡蛎等贝类的壳锻烧成石灰。泽雅一带实际上用的是熟石灰与贝壳的混合物），一池料可存放几个月至4年。一池石灰水所浸竹料可供生产竹纸150头。因此，一家有3池便可储备1年所需的竹料。

村里有些专门用来储料的屋子，用大小不同的石头砌成，屋顶由水泥板铺就。留有门窗通风，里面整齐地堆满了"熟刷"。

现在抄纸用的纸帘的规格都是统一的。在一纸农家获取的纸帘样品尺寸为：109厘米×25厘米（外框132厘米×32厘米）。村中尚有一户会制作纸帘。纸帘质量好的可用2～3年，差的仅能用2～3个月。

纸帘中有较粗的纵向弦线分隔，将纸帘平均为3或4部分。这样压纸后，即可将纸岸自然压断分成几段。

目前，从事抄纸的年轻男性已经不多，女性还有一些。此次在泽雅见到的纸农也多为中老年人。

纸槽有屋檐，能遮蔽风雨。在横垟村，屋架结构通常是一面是用石砌的墙，靠墙摆放着棒、棍、竿、绳等各类简便的造纸工具，随取随用，另三面没有墙壁，整个"抄纸房"便是空透的。由此，摆纸槽的那面成了"正面"，而墙面被称为"后面"，一侧是摆放抄出湿纸的木板和压纸工具，一侧留为出入口。而备料池（腌塘）多半就在房前屋后。

现在的纸槽用水泥板砌成，将竹竿对半劈开，连接成竹枧，从山上引下清水注入纸槽。抄纸的大纸槽里并不加纸药。纸帘帘架两边的锓尺、用竹竿，或成"T"形的简单木质工具，都可用来搅动纸槽内的纸浆，使之均匀分布。甚至搅动纸料时，纸帘及其框架仍留在纸槽中，也可荡动槽中的水和纸料，用作搅拌工具。也有不少人家，已经用了电动搅拌纸料的装置。

在纸槽边，靠近站立抄纸的那一边上沿，有可让人倚靠的圆弧形的突出部分；向内，有突出部分可供从槽中捞出的纸帘暂搁。抄纸时，双手执纸帘两端，推开搁置纸帘框架的竹竿，先向自己的身体一侧倾斜插入纸槽，水平浸没在纸槽里。经过极简短时间的停留后，仍水平举出水面，上下抖动掉竹帘上的水分、平衡纸料，随即又朝刚才的相反倾斜方向将纸帘插入纸槽，重复水平浸没和出水的极简短过程，将纸帘的框架搁在纸槽边，取下抄纸帘，反扣到身边的木板上，湿纸便层层吸附叠压起来。纸帘比帘架略小，空出部分，就可在槽中捞出的时候自然、快速地漏去水分。

将抄出的竹纸叠放好，榨去水分，切割好，大小合适后，会将边沿刷上不同的颜色或条纹标记，以便晒纸时区别各家的纸张。

将一块块尺寸合适的湿纸块搁在长凳上，纸农握着纸枬（一种分纸时使用的工具）的木炳，钢筋在纸面上重重地划过一道道斜线，纸与纸之间就有了细微的松动。放下工具，用手直接就可从一角掀起一页纸。到了 8 张左右，一起拉离纸块，搁到一旁。而每张纸之间，都已经有了些上下层叠的偏差，不会完全重叠。

（四）关于水碓

泽雅地区屏纸制造的特色之一是，现在仍普遍使用水碓打浆，全盛期有 1800 多所水碓。至今，水碓捶打在捣坑中发出"嗵、嗵"的声音仍在山间回响。此次在横垟村，我们走访了两处水碓房。四连碓造纸作坊，如图 2-61 所示。

图 2-61　四连碓造纸作坊
（温州泽雅，2006 年 7 月）

水碓房距离抄纸的地方不远，用石块就近搭建在溪流旁的屋棚，地面有石砌的捣坑。水碓的结构主要由水槽、木轮槽、轮轴、支杆、碓杆、碓头等部分组成。[①]倾斜的水槽将水流引下，落到木轮槽上，木轮槽在水流的冲击下转动，轮轴上伸出的一前一后两块木板轮番敲打在碓杆上，一下一下地带动碓头抬起、落下，重重地砸在捣坑里。一个轮槽能够带动两套锥杆运动，两处碓头交替起落。轮轴不停地转动，它的一端是固定在两块石间的金属轴头。为了给不断进行金石摩擦的金属部分降温，水槽一侧会分出一支细竹槽，引出一股细流浇淋上去。横垟村的水碓房设备是在泽雅源口村制作

---

①　名称使用见王诗文：《中国传统手工纸事典》，（台北）财团法人树火纪念纸文化基金会，2001 年版，第 94 页。

中国手工竹纸制作技艺

图 2-62　碓房中的碑刻
（温州泽雅，2006 年 7 月）

的，是整套买来的。碓头有铁质的，也有石质的，铁质的碓头，就大约能有 10 多年的使用寿命，而木质的碓杆，则只能用 1～2 年。

纸料在送进水碓房之前，要清除附着的石灰。其工序为：将竹料从石灰水中捞出，覆盖上塑料薄膜，晒干，再用清水浸 2～3 天。

用水碓打浆，还必须不停地翻动竹料，使打浆均匀。同时，还要经常补充一些水，挑拣出粗筋和杂物。在四周已经堆起土黄色纸绒的捣坑旁，老纸工坐在一边，赤着脚，不时地用手或脚去拨弄。竹料在水碓房经过约 3 个半小时的捶捣，基本能成为用于下一步抄纸工序的纸料。

清代，泽雅属永嘉县。至今仍在使用的一处水碓房里，布满青苔的黄褐色石块间，还有一条长方形的黑色碑石，刻着如下文字（图 2-62）：

> 子玉、子任、茂九、子光、子金、茂金、茂同。
> 众造水碓一所，坐落本处土名曹路下馱潭。廷附税完口当。为兴之日，共承七脚。断过永远：不许□脚，不乱随人。捣剧不乱（论）粗细，谷机启，先捣米，不许之争，争者罚一千串吃用。各心允服。
> 乾隆五十五年二月潘家立。

按解释，这样由 7 家合建的水碓，主要用来捣竹制纸，但是捣米优先。

从古至今，合建水碓捣竹料，都是泽雅纸农生产合作的一种方式。

为了借助地势条件，充分利用水力落差，当地会依山势高低建二连碓、三连碓，让经过高处一间碓房的水流再顺势冲到低处的那一间。而泽雅地区的造纸作坊更是以"四连碓"为代表。四连碓造纸作坊位于泽雅镇石桥村，南靠南斗山，北临龙溪，顺流分级建了 4 座水碓房。现在见到的水碓作坊与在横垟村中见到的相同，都是就地取材的简洁造型，石砌墙面，黑瓦顶，沿山路而列，一侧是茂林修竹，一侧是岸壁湍流，与天然山水成为一体。山势高处的水流从第一个水碓流出来后，因地势落差，又可为第二个水碓所用，依次循环，其相连设计使水力得到了充分利用。2001 年 6 月，已有 400 多年历史的四连碓造纸作坊被国务院列为全国重点文物保护单位。

二、浙江奉化萧王庙街道棠岙的竹纸制作技艺 [1]

奉化生产竹纸的历史悠久，据《奉化市志》记载，棠溪（即今天的棠云）竹纸最早记于史书的时间为明正德九年（1514），距今近 500 年，同时也生产皮纸。奉化的竹纸主要为作为卫生用纸和迷信纸的低档竹纸，文化用纸仅占 20.45%，其他主要为卫生用纸占 56.82%，迷信纸占 20.45%。[2]

现在，棠岙仅有袁恒通一家还在生产竹纸。袁恒通，1936 年生，17 岁开始做纸，已经有 50 多年，抄纸人为四女婿江仁尧，约 42 岁。烘纸工为四女袁建恩，41 岁。如果雇人造纸，一天要给 100 元工钱。据袁恒通介绍，该地做纸从明代嘉靖时开始，新中国成立前做迷信纸、锡箔纸，最盛时该乡 3 个村里有 1000 多户造纸，有槽 300 多。新中国成立之初，1950 年前后因为新闻纸缺乏，杭州某造纸厂的马主任来此，开始建厂做手工报纸，规格与现在所做相同，100 张重 3.5 斤，尺寸比 58 厘米×80 厘米稍大一些，因为要裁切。《浙江日报》、《宁波日报》都曾使用过。报纸的原料是纯竹料。新中国成立后，袁恒通先在造纸社，1958 年成为地方国营文化纸厂的工人，1963 年后下放，在生产队造纸，开始做防风纸。防风纸比较厚，尺寸大致与前相同，100 张重 2 斤，30 多年前每张 3.5 分，有些利润。防风纸 20 世纪 90 年代以后就不做了，此后有一段时间不做纸。1997 年开始做修复用纸。现在所生产的纸张主要供应国家图书馆、天一阁博物馆等众多古籍修复单位。其规格为 50 厘米×80 厘米，100 张重 1.5～1.6 斤。现在 1 张纸一般至少要 0.6 元。

袁恒通所造手工纸的原料与工序如下。

纸张的主要原料为毛竹和构皮。

（1）竹料的制浆。竹子从附近山上砍，每年 5 月中旬到 6 月底砍下。将其切断为约一人高，用刀劈开（图 2-63）。竹料的处理方法有两种：一种用石灰腌 60 天，5 年也不会烂，用于做本色纸。另一种是不用石灰腌，切断敲碎干燥后，使用前泡两三天，铡短，直接用烧碱蒸，比用石灰腌过的要多烧三四个小时，一般一早开始蒸，晚上再加些柴，早上再烧一点（图 2-64）。一般要漂白的不泡石灰，直接用烧碱煮得更白一些。竹子蒸煮时烧碱用量要大于竹料干重的 60%。一锅可煮干重 1000 斤的竹子，现在一般 5 天蒸一锅，用完即煮。以前用的液体烧碱只

①　调查时间为 2008 年 11 月 21 日。

②　袁代绪：《浙江省手工造纸业》，科学出版社 1959 年版，第 27 页。

有 33℃，现在用的片碱有 96℃。

图 2-63　劈竹成条
（奉化棠岙，2013 年 7 月）

图 2-64　竹料的浸泡
（奉化棠岙，2008 年 11 月）

图 2-65　电动碓
（奉化棠岙，2008 年 11 月）

（2）皮料的制浆。造纸所用的皮料以前用桑皮，从土产公司进，10 多年前供应断绝后，改用构皮。一般比例为竹料 85%，构皮 15%。构皮现在从广西进，10 多元一斤。构皮的处理首先要用水泡软，再切，然后直接用烧碱加水煮，一般用量为皮干重的 50%，一次可煮皮料 500 斤，煮 1 天 1 夜，然后取出用山坑水洗。

（3）打浆与漂白。用打浆机打浆约半小时，洗涤后用漂白粉漂，再洗净即可。头级漂白粉一般漂 1 小时，二级、三级的时间要长一些。本色纸则不用漂。皮加上竹料混合后再打 20 ～ 30 分钟，经调浆池混合，再放到沉淀槽里除去杂质。沉淀槽以前做防风纸时不需要。过去的竹料打浆用脚踩，即在石臼中用一只脚踩，一手撑拐，至少要 1 个小时。桑皮采用脚碓，碓头为木制，下有石板，此法十几年前被放弃。现改用打浆机、调浆池。防风纸中含桑皮约 20%。抄纸、调浆、沉淀用水均用自来水，而洗涤一般用溪水。

（4）抄纸。用打浆机打浆完成后的混合纸料，即可放入纸槽用于抄纸，纸槽中还要放入纸药。纸药秋冬天用野生猕猴桃藤（图 2-66），夏天用梧桐梗和叶，春天用冷饭包藤。猕猴桃藤采来后一端浸在水中，使用时将其敲扁浸泡一夜，浸出的液体用纱布过滤。现有一个槽需要 4 个人配合工作，一天工作 12 个小时可抄纸 1000 张。一般抄纸从早 7 点到晚 7 点，夏天可以更长。帘子是 3 年前集中买的，现在制帘的老人已经 80 岁，不再做纸。一张要 500 元，可以用一年，3 个月左右要维修。帘框用杉木，龙骨用芦苇秆，帘子近身一端比帘框稍短，便于水流出去。帘子用竹丝、尼龙绳编制，然后再上漆，上漆是最难的，漆要纯净，上得均匀，没有颗粒。当地的吊帘是 20 世纪 90 年代开始使用的，形制比较简单，上部为一根扁担状的竹片悬吊在与之垂直伸出的竹竿上，呈

图 2-66　猕猴桃藤
（奉化棠岙，2008 年 11 月）

十字交叉，竹片两端分别与抄纸帘框的左右两边相连。抄纸时采用三出水法，即先斜向外稍舀取纸浆，后迅速再向内（近身处）舀取较多纸浆，停顿片刻，再斜向外稍舀取纸浆，流过整个帘面即告完成（图 2-67）。抄 30～40 张要加一次纸料。压榨以前用杠杆式木榨，现用千斤顶，200～300 张榨一次。

（5）烘纸。烘纸用石灰夹墙，墙用砖砌成，里面有钢筋钢条，以前是用瓦砌。墙表面抹石灰加墨汁，要磨光 20 天。烘纸时要每隔一段时间用竹麻丝团浸稀糨糊擦一遍。墙里烧柴火。刷子为自己做的松叶刷，烘纸时将湿纸一张张错开数厘米重叠刷在墙上烘干（图 2-68）。烘纸工序也是对前面工序质量的监督。

图 2-67　抄纸
（奉化棠岙，2008 年 11 月）

图 2-68　烘纸
（奉化棠岙，2008 年 11 月）

棠岙的竹纸，实际上是一种混合原料纸。其制作方法，与传统作为迷信纸的竹纸制法有较大的不同。但这种改变，是渐进式的，并非一朝一夕的。这种手工纸，现在主要作为古籍、书画修复用纸，也有其技术基础。远则我们可以看到，浙江地区有生产混料竹纸的基础，实际上，用于古籍印刷的所谓白棉纸，有的即是掺入竹料的皮纸，而棠岙在新中国成立以后有一段时间也生产防风纸，这种纸对于强度有较高的要求，因此需要在竹料中加入皮料以提高强度。在棠岙纸的制作工艺中，竹料的打浆工艺比较特别，是采用在石臼中脚踩的方法，而脚踩打浆的方法，常见于毛边纸的制作工艺中，竹皮不加以去除，显然是属于粗纸的制作方法。而在缸、臼等容器中踩料，很少见于竹纸，倒是在益阳皮纸[①]和宣纸制造的传统工序中可以看到，带有一定的原始性。而现在，其打浆工艺已基本实现机械化，引入了打浆机、调浆池和沉淀槽，使用漂白粉漂白。这些措施，有助于提高纸张的均匀度、白度等指标，但是否会对纸张的耐久性产生影响，则要加以研究。

棠岙手工纸的主要优势在于其不拘泥于传统，运用以往的制造土报纸、防风纸的技术，并加以改造，生产出符合当前市场需要的纸。例如，在生产纯竹纸的同时，大量制造混料纸以提高纸张强度，同时还生产染色作旧的仿古纸，生产出符合古籍、档案修复等多种要求的纸张。

三、浙江台州黄岩区半岭堂村千张纸的制作技艺

黄岩的手工造纸在历史上负有盛名，特别是北宋时期的藤纸和玉版纸。清末，随着机制纸的兴起，手工造纸渐渐衰落，尤其是优良的书画用纸。清末至民国时期以来，黄岩的竹纸生产，大多转为生产"千张"，即冥纸。因为半岭堂村地处峡谷之中，水源充足，竹资源丰富，适合竹纸生产，因此新中国成立以前，做千张是半岭堂村农民的主要经济来源，20世纪80年代，半岭堂村近400名村民从事手工纸生产，占全村劳力的64%，全村投入20余万元，每户收入1000多元。而新中国成立后，因破除迷信，"千张"销路低落，但半岭堂一带的手工纸生产仍在延续，并保持了手工造纸的历史风貌和传统技艺。

目前，全村只有两个造纸作坊，25人进行造纸，造纸工人每天需要工作12个小时，每人同时还要兼顾几道工序，在这样高强度的劳动下，手工纸的价格却十分低廉。由于半岭堂所制作的竹纸很厚，所以1刀只有20张，而1刀只能卖出6元的价格，主要销往台州市临海区等地。为了节约成本，当地已不再使用本地的竹子，而是直接从温州购买，以减少砍竹的劳动强度。有村民甚至从温州泽

---

① 根据2012年7月17日对湖南益阳市新桥河镇水口山村皮纸制造法的调查结果。

雅地区购买现成的手工纸，裁剪打捆后直接转卖。戴姓师傅告诉我们，他已经做了30余年的手工纸，造纸十分辛苦，赚来的钱也只能自给自足，所以村里800余人，一半以上的人都选择外出打工。自己之所以还在继续做纸，主要是考虑到自己的文化水平有限，外出打工也很辛苦，可能无法适应外面的社会。当谈到造纸后继无人的问题时，他也很无奈，认为这也是没办法的事。

据了解，2007年，当地的竹纸制作技艺被列入富山乡宁溪镇非物质文化遗产调查项目，并入编《台州市黄岩区非物质文化遗产普查项目汇编（宁溪镇卷）》与《台州市黄岩区非物质文化遗产普查项目汇编（黄岩区卷）》。2008年4月，竹纸制作技艺被区政府列入黄岩区第二批非物质文化遗产保护名录，2008年5月，被列入市政府第二批非物质文化遗产保护名录，2009年6月被列入第二批浙江省非物质文化遗产扩展项目名录。尽管如此，纸农们并未感受到有何扶植措施，村委会也未出台相应的保护措施，半岭堂的竹纸制作技艺仍处于任其自生自灭的状态。

半岭堂村竹纸的制作工序如下。[①]

（1）断料。造纸的原料为毛竹，现在一般在11～12月砍，砍下以后将竹子断成约1.4米长。

（2）捣料。将断好的竹料，放在水碓的碓头敲破、敲匀，此时水碓下部为平底石板，将敲碎以后的竹片系成捆。

（3）浆料。在浆料池中放入水，投入石灰，一般100斤竹料用60～70斤的石灰。将捣好的竹料浆过石灰以后，堆置起来（图2-69和图2-70），需3～4个月。

图2-69 腌料池
（台州半岭堂村，2013年7月）

图2-70 堆腌发酵
（台州半岭堂村，2013年7月）

---

① 主要据李岩青的口述。

（4）起料冲洗。造纸时，将石灰腌过的竹料逐捆放入水中漂洗（图2-71），一个下午即可。

（5）捣浆料。将洗净后的竹料放在水碓的碓臼里捣细，此时放置竹料的为碗形石臼，形体较大，以石块砌成，一般要捣10小时左右（图2-72）。

图 2-71 漂洗
（台州半岭堂村，2013 年 7 月）

图 2-72 捣浆料
（台州半岭堂村，2013 年 7 月）

图 2-73 捞纸
（台州半岭堂村，2013 年 7 月）

（6）搅料。将捣细的浆料搓成团，投入已放入水的槽池里，用棍棒搅匀，不放纸药。

（7）捞纸。用纸帘捞起纸浆，然后一张张地放在纸床板上（图2-73），纸帘构造与温州泽雅的几乎相同，为狭长形，长 127 厘米，宽 27 厘米，但纸帘表面未用绳子等作区隔，帘架长 135 厘米，宽 34 厘米。抄纸方法为简单的一出水法，将纸帘向前（远身处）斜插入水以后，缓慢地水平抬出水，然后持帘双手以长边为轴转动纸帘（约 20° 角）2 次以后即成。由于未加纸药，在抄纸过程中，需要不时以手持电动搅拌机搅拌，以前则采用竹竿人力搅拌。一般每天从早 7 点到晚 8 点，能抄纸 1000 余张。

（8）压干。待床板上的纸堆到 1.5 米左右高后，将纸压干，采用传统的杠杆式压榨机。

（9）晒纸。采用露天日晒干燥的方法（图2-74）。

（10）切纸。纸张干燥以后，用特制的切纸刀将长条状的纸张约500张一叠切成小张，1大张可切10小张。切纸刀形体较大，为斧头状，刀身长约50厘米，刃部宽约25厘米（图2-75）。

图 2-74　晒纸
（台州半岭堂村，2013年7月）

图 2-75　切纸
（台州半岭堂村，2013年7月）

切好的纸根据需要还要经过裁切等，传统的黄岩千张尺寸为10厘米×3厘米，即切好的小张还要再裁切，即做小纸。以竹篾打捆销售，一捆约15斤，售价70～80元。现在一般3～9月为抄纸季节，秋冬季在家做小纸。

半岭堂村的千张纸制作技艺，是比较典型的生料粗纸制作技艺，主要表现在以下几个方面。

（1）选料。现在一般采用生长半年的老竹，纤维的获得率比较高，但处理起来会比较麻烦。另外，在造纸过程中，也不将外层坚硬的竹皮去除，这样所成之纸比较粗糙，不适合书写之用，只能作为迷信纸。

（2）腌料。竹料的处理，仅采用浸石灰水堆腌的方法，虽然时间较长，但在灰腌前后没有专门的发酵工序，再加上竹子较老，所成纸料比较坚硬，不适合采用其他地区常用的脚踩或脚碓的方式，只能用水力驱动的水碓长时间打浆。

（3）抄纸、晒纸。抄纸时不使用纸药，所成的纸张均匀度不理想。而且采用在地上摊晒的方法，会影响纸张的平整度。

但是，半岭堂村的千张纸制造，仍有其特点，如浆石灰平地堆腌的方法，较为简单易行，便于大量处理老竹料，又能防止原料储存过程中的过度发酵，是适合制造粗纸的腌料方式。而打浆所用水碓，石臼的容积较他处为大，这可能与需要大量处理较老的竹料有关。另外，切纸也是千张纸制造的重要步骤，与温州泽雅等地在纸帘上即作区隔的方式不同，千张纸的裁切主要靠专门的切纸刀。其他

地区的切纸刀多为镰刀式样，用于裁去纸张的毛边，一次一般裁切 50 ～ 100 张薄纸。而这里的切纸刀为刀身较长的斧头状，形制较为特殊，可能是为了适合一次切开数百层厚纸。

第八节　湖南的竹纸制作技艺

湖南为我国手工纸的另一个重要产区，造纸术的改造者蔡伦即为湖南耒阳人，当地还有传为蔡伦造纸的遗迹以供凭吊。湖南多山，气候湿润，造纸原料丰富。所产之纸包括皮纸、竹纸、草纸等，其中又以竹纸为大宗。"湖南制纸之原料，80% 以上为竹，竹类之生产，最喜红壤土，据地质调查所之调查，湘东南境内遍地皆为红壤土。"① 这一点与江西类似。因此，竹纸的产地主要在湖南省东南部，其中主要的产区为邵阳、隆回、武冈、浏阳等，所产竹纸主要有贡纸、官堆、老仄、时仄、湘包等。

一、浏阳张坊道管冲的竹纸制作技艺

浏阳是湖南竹纸的主要产区。民国时期（1941 年），浏阳手工纸的产量在全省处于第 11 位，而其产值却仅次于邵阳居第 2 位。浏阳主要生产上等文书印刷类用纸，纸张的质量较高。② 浏阳地区所产的贡纸（包括漂白二贡、元色二贡、漂白大贡、加重大贡等）品质为全省之冠。

传统上，浏阳竹纸的产地主要集中在浏阳东部的大围山一带③，后来扩展到西部。张坊镇上洪社区，靠近浏阳的东端，与江西省铜鼓县相邻，为竹纸的传统产区。此次调查④ 的上洪社区道管冲，据社区居委会主任黄光猛介绍，有居民 60 余户，300 多人，其中 34 户做纸。黄光猛之父黄成南做纸已近 50 年。浏阳的竹纸，以前可供书画，一般加明矾以防渗水。漂白的竹纸还供出口之用，其法为用漂白粉漂白。近 10 年来，这里的竹纸全部作烟花用纸，虽然也有机制烟花纸，但效果不好，太脆，所以还是以手工纸为主。另外，现在当地的竹纸也作为迷信纸，一般要将纸浆染成黄色。

---

① 张受森：《湖南之纸》，《湖南经济》，1948 年第 3 期，第 76-88 页。

② 张人价：《湖南之纸》，湖南省银行经济研究室，1942 年版，转引自曾赛丰，曹有鹏编：《湖南民国经济史料选刊 3》，湖南人民出版社 2009 年版，第 642-651 页

③ 张人价：《湖南之纸》，湖南省银行经济研究室，1942 年版，转引自曾赛丰，曹有鹏编：《湖南民国经济史料选刊 3》，湖南人民出版社 2009 年版，第 706 页

④ 调查时间为 2013 年 8 月。

根据黄光猛和王鲁声（67 岁）的介绍，当地竹纸的制造方法如下。

（1）砍竹。砍竹一般是在农历四月竹子开桠时进行，砍早了纤维获得率低，原料 100 斤做 3 担的只能做 2 担；而砍晚了料制不烂，做出的纸有筋。现在造纸使用的是小毛竹，而且多生在交通不便之处，大的竹子可以直接出售。

（2）塘浸。竹子砍下以后，截为 3 米长的段，在山上找一个有水的地方，挖个坑，将竹子在水里浸 2 个月（50 ～ 60 天），其法是用竹枧通水，有手指大小的水流即可，竹子上面压上大石头。用水冲淋大石头，水花四溅而不间断。竹料逐渐发酵，而略有发热，也叫发烧。

（3）剥丝。用水浸 60 天后，用手工把竹皮剥去，造纸主要用中间的肉质部。现在剥下的渣滓也可以用，一般是 200 斤肉掺 100 斤皮。剥下的竹麻丝一根根要洗得很干净，晒干后折成两段，捆成 1 捆挑回来，1 万～ 2 万斤料放在房中储藏。由于竹子是两年砍 1 次，一般要准备两万斤竹麻，可以做纸 400 担，以前出口时 1 担纸重为 78 ～ 80 斤，现在作为烟花材料，只要纸张不烂即可，2000张一担约 35 斤。

（4）灰腌。使用前取出 3000 斤竹麻丝用石灰腌，石灰放在面上，100 斤竹麻用 100 斤石灰，现在一般是腌 1 个月。腌料池为石头砌成，表面糊上石灰，长 3 米，宽 2.5 米，1 池料 3000 ～ 4000 斤干料。据文献记载，浏阳的另一种方法为：浸过 50% ～ 70% 的石灰一天以后，在一旁堆置发酵 3 天，上下互换再堆置 3 ～ 4 天。[①]

（5）灰蒸。将腌好之料不加清洗，平放在楻甑里，楻甑上部为大木桶，称楻桶。楻桶高 1.9 米，直径约 1.8 米，下面设一口大铁锅以加水蒸煮。装料时要用梯子爬上去装，料的中间要留 4 个大眼（气孔）出气。蒸料时在甑里蒸 7 天 7 夜，一锅约可蒸干竹麻 3000 斤。蒸完以后在楻甑一边的洗料池中清洗（图 2-76）。洗料池为椭圆形，以石块砌成，两头开口以进出水。洗料时需要用活水漂洗 2 ～ 3 天。

图 2-76　楻甑与洗料池
（浏阳道管冲，2013 年 8 月）

---

① 　造纸工业管理局：《我国用竹子制造手工纸的方法》，《造纸工业》，1959 年第 9 期，第 27-28 页。

（6）碱煮。将浸石灰水蒸过洗净之料重新放入楻甑中，再放入纯碱液蒸煮，3000斤用400斤纯碱。蒸煮时料的中间要留一个大眼，蒸煮历时4～5天，一般是烧两晚上火，再在楻甑中放3～5天，蒸煮完以后再放到池中洗，是用流水一天洗完，然后堆在一边滤干。原料的蒸煮一般是集中完成的，蒸完一次可以做一年，要蒸10多锅。据黄称，烧一锅料前后要5000斤柴，现在价格为15元/百斤，因此烧一次连运费约千把元。

（7）储放发酵。碱煮完清洗过的料，即可将其运至抄纸房附近设置的水泥槽中加水储藏。水泥槽为半地下式，料储藏在其中以供一年之用。槽里的纸料要加水、换水，槽下部有孔便于放水（图2-77）。槽的形制原先为圆形石砌的桶状，在表面用石灰加泥糊，上面盖上盖子，取半地下式据说是为了便于取放纸料。

图 2-77 储料池
（浏阳道管冲，2013年8月）

图 2-78 抄纸
（浏阳道管冲，2013年8月）

（8）打浆。也称踩麻，以前用脚在石槽中踩。踩料槽形制较宽大，便于揉搓竹料。它由4块石板拼成，长约2米，宽约50厘米。石板上刻有间距约1.5厘米的凹槽。槽边墙上有扯绳，供右手拉住借力，左手拿棍子，踩一槽料要两个小时，一槽料可造纸1000张。近几年，均已改用打浆机。

（9）抄纸。将打浆机打好的料放入纸槽（图2-78）。纸槽原先由松木板制成，现在为水泥砌成，横为2.1米，纵为1.9米，槽口沿处覆有竹片。在纸槽站人的一边镶有一块木板，以防衣服磨损。纸料加入纸槽以后，加入纸药①，再用木棍打散，然后即可抄纸。抄纸时，是将长方形的纸帘架短边的一端，悬吊在远身处设置的两个挂钩上，手持另一端的竹竿把手，在纸浆液中左右晃动。

---

① 据黄光猛介绍，当地使用的纸药主要有两种，一种为胶叶树的叶子，在4～9月使用。摘下后放在锅中加纯碱和石灰煮两个小时，煮一次可以用10天，煮好后用竹筐过滤。9月以后用猕猴桃藤，敲扁以后浸于水中，黏液用白布袋过滤后即可使用。

这里抄纸的方法是采用二次出水法，即先由左向右舀取纸浆一次，再由右向左舀取纸浆一次，然后将多余的纸浆向前方倾出。这里的帘架尺寸较大，为136厘米×92厘米，框以杉木制成，上面有竹片作为龙骨以承纸帘，在龙骨之下有杉木条制成的纵三横三的栅格起支撑作用，支撑木条较他处的帘架为多。纸帘价格较高，要1000多元1张。在抄纸时，纸帘上并不需要用镊尺压住，而是以纸帘自重贴合帘架。转移湿纸时，抄纸工需要转到纸槽另一边手持纸帘的长边，将湿纸转移到纸床上。

（10）压榨。仍以传统的杠杆式压榨机榨去湿纸中的水分，套索使用钢丝绳。一般在每天抄纸完成以后进行压榨，1000张1榨，为1天抄纸的量。压榨时，表面要盖上用竹篾编成的席子，慢慢压榨以防水分冲破纸张。

（11）烘纸。一般由家里的妇女完成。将湿纸块搬到抄纸房隔壁的烘纸房，放在纸架上，将湿纸块的边缘打松，用竹镊子钳起一角，然后掀起整张，贴在焙墙上。焙墙高约1.75米，长约5米，以地面高度为界分上下两层，下层烧火，烧火口在烘纸房外的另一小屋，一般60斤柴可烘1000张纸，前一天晚上就开始烧。上层的焙墙以竹篾为架，用河沙与很细的泥混合，4个人在桶里将泥、沙用棍子打一天，弄熟以后糊在竹架上，表面涂上石灰，另外还要刷桐油，一般等三五年效果不好时就要刷一次桐油。烘纸时墙表面还要刷米汤，每天下午刷上一点即可。

（12）整理。将烘好的纸剔去破张等，按100张1刀理齐，2000张为1担。以前包装时还要用榨子压得很紧，以竹篾捆扎。现在王家的黄纸为32元1刀，黄家的白纸为35元1刀。

原先造纸一家一个槽的造纸作坊需要4人做，1人踩麻打杂，2人扛帘抄纸，1人烘纸。现在改用打浆机和吊帘以后，只需2人，1人抄，1人烘。夫妻两人每年可以赚10万元，一天做11～12个小时，早上5点起，5点半开始工作，到下午四五点收工，冬天为早7点做到晚上七八点。

道管冲所见竹纸的制法，从前后发酵和二次蒸煮过程来看，是一种制造较高档的熟料书写纸的方法，与江西铅山的熟料毛边纸的制法比较相似。而且所成的纸张虽未经漂白，但白度明显较毛边纸要高。但现在的制法与浏阳传统的制法比较，又有所简化，主要表现在以下几个方面。

（1）选料。优质竹纸的选料一般都比较讲究，如选用肉质部比较厚实的大毛竹。而现在大的毛竹本身可作建材等用，造纸只能使用较小的毛竹。在制造优质书写纸时，应尽量去除竹皮，更不要说掺用了。现在这里的竹纸主要供烟花之

用，因此掺用竹皮关系不大。

（2）后发酵。据记载①，浏阳传统的制作方法是，在纸料经碱煮以后，还要放在发酵桶中，用烧沸的开水浸泡，水要没过料面，并加以密闭，以促进发酵。两天后将污水排出，并将桶中上部与下部的料互相调换位置，再泡满开水，继续发酵。发酵的时间，热天需10天左右，冷天需1个月左右。而现在已省略专门的后发酵工艺，只是在纯碱蒸煮后放在水泥槽中储存。其间也会有一些发酵作用，但已基本省略专门的后发酵工序。这一方面缘于对纸质要求的降低。另外，由于普遍使用打浆机打浆，即使发酵不够完全，纸料较硬，对打浆也不会有太大的影响。

另外，在灰腌及其后的拣选、搥丝、浸洗的工序中，与传统制造高级文化用纸的方法相比，也已大大简化，这应该是因为对纸质的要求降低了。

即便如此，道管冲的竹纸制法中仍有一些值得关注之处，首先，其制造工艺，除了使用打浆机打浆以外，基本工序及设备，如㷍瓮、土焙均保持了传统的样式。使用上面有木制㷍桶的㷍瓮蒸煮原料，是南方竹纸制造中曾经普遍采用的方法，在宋应星的《天工开物》中，有介绍煮竹用的㷍桶并附有插图。直到近代，在江西、四川等地仍使用㷍瓮。其形制与《天工开物》插图中的㷍桶几乎没有区别。但现在，绝大多数竹纸产地，如果需要蒸煮原料，一般均采用水泥砌制或是铁质圆桶盛放纸料。像道管冲这样较为完整地保留传统㷍瓮并仍在使用的已很少见。

图2-79　韩式抄纸

（韩国闻庆金三植工房，2011年9月）

另外，特别的是，这里纸帘的形制与抄纸方式，与一般中国手工抄纸横向持纸帘的方式不同。这里抄纸时，双手握住设在帘床一条短边上的竹竿，纵向持帘，这样势必另一端需要加以悬吊。这种方式与现在常见的韩国手工抄纸方式（图2-79）相同，这种持帘方式，决定了抄纸时，纸帘左右晃动较为容易。而韩式抄纸时，左右舀取纸浆在六七次，甚至12次之多②，比本地抄纸的二出水

————————

①　造纸工业管理局：《我国用竹子制造手工纸的方法》，《造纸工业》，1959年第9期，第27-28页。

②　前者根据京畿道张纸房的演示，而闻庆金三植工房抄纸时舀纸浆的次数达12次。以上均为传统构皮纸作坊。

法要费时费力。从成纸的纤维排列方向来看，其应该与常见的抄纸法相似，均与纸张的短边平行。但韩国的纸帘与我国，包括本地的纸帘结构有所不同。韩国的纵向持帘抄纸法，在编帘时，编成帘皮的竹丝即与纸帘的短边平行，抄好的湿纸在转移到纸床上时，也是手持帘皮的短边操作。本地的抄纸动作看似与韩式抄纸相似，但帘皮结构仍为中国传统形式，即帘皮的竹丝与纸帘的长边平行，湿纸转移时也是手持帘皮的长边。因此，虽然纸张的外形均为长方形，但二者帘纹的方向正好相差90°。这种形式的吊帘，考其来源，据《手工抄纸技术大革新——介绍湖南浏阳单人抄纸吊帘》一文介绍[1]，与之类似的吊帘，为当时浏阳东门造纸社创制。它是从两根吊夹的可调节高度的横梁上垂下一个鹿角形的木杈，木杈吊住呈"人"字形的两根铁丝[2]，铁丝钩住下面一根横棍的两端，再从横棍两端垂下两根自行车的链条钩住帘床中央。上述构造，可以保持吊帘前后左右活动的自由度，其形制在湖南东部地区竹纸抄造中较为常见，与其他地区，包括日本的纸匠站在纸帘长边操作的吊帘有很大不同。与使用橡胶带、弹簧作为吊绳的吊帘，或是悬挂在竹竿上的吊帘相比，其活动的自由度较小，但稳定性较高，应该比较容易掌握。至于它为何与韩国的吊帘相似，应该是出于偶然，没有证据表明二者之间有什么关联。

二、攸县莲塘坳乡泉坪的竹纸制作技艺[3]

（一）历史沿革

据《攸县志》记载[4]：攸县县内有20万亩竹林，清咸丰、同治年间（1851～1874），全县有400多个纸槽，生产湘包、玉版、官堆、老仄、时仄、点张等纸张。攸县生产的土纸纸质细薄，色泽光亮，在省内外享有较高的声誉，产品远销湘潭、长沙及湖北、河南、江西、广东等地。民国时期，攸县土纸常年产量3万担左右。"抗日战争"爆发后，进口纸来源断绝，纸业又趋兴旺，攸县土纸远销四川、云南两省。民国三十三年（1944）日军占领攸县，纸槽全部停产，至1949年，恢复生产的不到1/3。新中国成立后，土纸生产逐渐恢复，1953年全县有纸槽226个，从业人员1284人，生产土纸2.2万多担。1956年，组成鸾山、山关、

---

① 梁特猷：《手工抄纸技术大革新——介绍湖南浏阳单人抄纸吊帘》，《中国轻工业》，1958年第15期，第25、33页。

② 以上的根据是，王鲁声家吊帘的结构。黄成南家的吊帘，则木杈下吊住的是两根自行车链条。

③ 调查时间为2012年7月15日。

④ 攸县志编纂委员会《攸县志》，中国文史出版社1990年版，第253-254页。

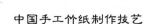

银坑、凉江、白石冲（在酒埠江）、前坪（在柏树下）6个纸业生产合作社。

此次调查的地点为莲塘坳乡居联村泉坪组，该村在县东南部的山区，张受森的《湖南之纸》中记载："攸县之东南部，与茶陵县相毗连，山峦重叠，绿竹参天，邵阳、浏阳、湘乡、衡山之造纸技工，系来此设槽，以鸾山乡为最，计94处，其余云蒸、藻田、凤岭、三江等乡次之，全县纸槽约有460余户。"从县城通往该村的道路崎岖不平，村中目前尚有多户人家在抄纸，而且没有明显的季节性，只是在农忙时期会暂停一段时间，当时正值"三抢"[①]农忙时节，许多人家未做纸。

（二）抄纸户

1. 王建荣

王建荣家中世代抄纸，祖上原来是邵阳地区原宝庆府（现属娄底）抄纸匠，从其曾祖开始到攸县抄纸。"抗战"初期，攸县的大纸行属于他家，日寇炸了攸县城，他家衰落，兄弟9个各奔他乡。其父原来是攸县国营造纸厂的厂长，先造手工纸，后造机制纸。现在家中作坊请当地的工人帮忙晒纸。

王家现在生产迷信纸（在竹竿上晾干）。以前主要生产书写纸（用烘焙烘干）。现在纸张尺寸变小，但纸帘大小未变，一抄九，现在的9张纸相当于原来一张书写纸的大小（约60厘米×90厘米）。每天抄1500～1600大张（每大张可分为9小张），约9小时。其纸张主要销往攸县当地和茶陵部分地区。

2. 宁友民

宁友民（抄纸工），1969年生，曾经是晒纸工人，近10年来开始抄纸。每天工作10个小时，大约抄1800大张纸，每周休息1天。工资按天算，约100元每天。

（三）工艺流程[②]

1. 砍竹（毛竹）

每年小满时节砍竹，把竹子断成1.7～1.8米的竹段（根据人的高矮），削皮，剖开。

2. 沤灰

每100斤竹加10斤石灰（放的时候一层竹子一层石灰），时间约40天即可。沤灰也是长期保留竹料的一种方法，但次年要增加碱水，这样竹料可以继续保存，防止生虫。

---

① 在农业生产上是指抢收、抢种、抢管，特别是在双季稻地区。

② 主要依据是王建荣的口述。

3. 发酵

如果要准备造纸，要先用清水将石灰洗净，并把竹子堆在池中（不加水），大概 1 个月左右，冬季时间会更长。然后将竹料放在清水里浸泡 20 天，放掉黑水，用竹料清洗 1 ～ 2 次，使竹料变白（图 2-80）。

4. 打浆

过去用脚踩的方法，现在用荷兰式打浆机。

图 2-80　水浸发酵
（攸县泉坪，2012 年 7 月）

5. 抄纸

用于抄纸的纸槽为水泥槽，中间无隔栏（图 2-81）。将打浆完成的竹料放入纸槽，同时加入纸药，纸药为香树叶（图 2-82），用该树叶泡水作为纸药。以前曾经用手端帘抄书写纸，20 世纪三四十年代开始使用吊帘，吊帘的大小和端帘相同。纸帘买自衡山县（五六百元，质量较好）和邵阳隆回（价格较便宜，纸帘也比较粗糙）地区。现在的纸帘不如原来的细。一般纸帘可以用 1 年左右。帘床的框为杉木，中间的横档为竹子，一般可以用五六年。

图 2-81　抄纸
（攸县泉坪，2012 年 7 月）

图 2-82　纸药——香树叶
（攸县泉坪，2012 年 7 月）

抄纸时，纸帘纵向放置，一端通过吊夹悬吊在纸槽对面的木制支架的横梁上，吊夹上开有两排交互的孔，通过铁销钉与横梁相连，并可调节高度。抄纸时，两手持两个把手，先从左至右舀取纸浆，再从右至左舀取纸浆，随后将多余的纸浆向远处倾出。

图2-83 分纸
（攸县泉坪，2012年7月）

6. 压纸

将一日所抄放在纸床上的湿纸，压上木板，使用千斤顶压去大部分水分。压榨时使用枕木调节高度，逐步施压。

7. 晒纸

用手将榨去大部分水的湿纸块的纸一张一张地撕开一角，每6张为1叠（图2-83），然后将每叠分别挂在竹竿上晾干。原来制造书写纸使用火焙，现在村子里已无焙墙。

8. 整理

6张为1叠，100叠为1刀（垛），20垛（刀）为1包。

该村的竹纸制造工艺，从制浆步骤来看，是沤灰以后堆腌与水浸相结合的发酵工艺，结合脚踩打浆的方法，应属于比较典型的毛边纸类生料纸的制作工艺。并且所制之纸主要为书写用纸，应属于毛边纸类，《湖南之纸》中介绍攸县所产主要纸种为湘包、毛边、点张、火纸。因此，该村以前应主要生产毛边纸，而随着书写用竹纸用途的萎缩，逐步改为生产迷信纸，但其工艺及纸帘的尺幅，均仍带有毛边纸的特征。

该村所使用的吊帘，与浏阳张坊所用的吊帘相似，但在细部结构上稍有不同，是在上面的一个吊夹上开有两排小孔，以方便调节纸帘悬吊的高度。而与连接吊夹的横棍相连的下部构造，则简化为两个铁制挂钩，吊住帘床短边的两端。由此可见，使用这种纵式的吊帘，是湖南东部地区抄造大尺寸竹纸，如贡纸、毛边纸常用的形制，应源于20世纪50年代的技术改造。

第九节　广东仁化重桶纸的制作技艺 [①]

地处湘、赣、粤三省交界处的韶关地区，是广东省最重要的优质竹纸产区，其竹纸生产的历史悠久，9世纪初李肇在《国史补》中介绍各地所产的名纸时，即已提到"韶之竹笺"，是关于竹纸制造的早期的重要记录。其邻接的湖南、江西二省均为重要的竹纸产区，有较为成熟的竹纸制作技术。而韶关山区盛产毛

---

① 调查时间为2013年8月。

西二省均为重要的竹纸产区，有较为成熟的竹纸制作技术。而韶关山区盛产毛竹，可提供较为丰富的造纸原料。韶关下属的南雄、始兴、仁化均盛产竹纸，其中又以南雄为最，据清道光年间《直隶南雄州志》载：土纸有毛边（即玉扣）、山贝（6斤一刀、薄庄）、油桶（表油笋纸）、京文、表心（信稿纸）5种。民国十九年（1930），有纸厂（即作坊）1285间，年产土纸41 350担。1950～1955年南雄全县纸厂发展到2415间，1952年由供销社收购即达64 764担。[①]仁化县所产竹纸品种也较为丰富，据民国二十年（1931）《仁化县志》载："纸有贡扣、玉扣、山贝、油桶、轻桶、重桶、高方、火纸、表心等名，出城口、长江、扶溪。"[②]

重桶纸是韶关地区较有特色的竹纸品种，在南雄、始兴、仁化均有出产，属于细纸的一种，主要作为书写之用。重桶纸的制造，其洗料和抄纸，均在大木桶中进行，应该是由此而得名。重者，应为加重之意，即纸张较为厚重，与之相对的还有轻桶纸。关于重桶纸的制法，莫古黎（F.A.Maclure）在《广东的土纸业》中有较为详细的介绍。[③]当时其所考察的是粤北茶园山一个叫石和寺的纸场。茶园山在韶关有两处：一在翁源，一在曲江，应以临近始兴县的曲江茶园山的可能性为大。由于竹纸制造的衰退，现在重桶纸的制造已几乎绝迹。我们只在仁化县扶溪镇西溪行政村下属的蛇离村发现有一户还在以传统的方法生产，但时断时续，濒临停产的边缘。该户造纸人名杨九胜，时年45岁，做纸已有约30年。其弟杨才胜以前也曾做纸，现在已外出做生意。据杨九胜介绍，重桶纸以前一般做本子写字，做族谱，此纸吸水能力强，可以在卫生院中用来杀菌吸水。还可以包草药、糕点、茶叶等，没有杂味，冬天家里用来包腊鸭。现在也作为卫生用纸、迷信纸。

近几年来，杨家只在农历七月半前做纸，供中元节之用，2014年由于气候关系，推迟到农历八月底才做。而且，由于2014年使用的是前年备的料，2014年虽逢竹子生长大年，但并未备新料，所以今后两年将不再做纸。

下面即以考察所见及杨九胜、杨才胜所述的制法为主，介绍重桶纸的制作技艺，并与莫古黎的《广东的土纸业》中所介绍的制法进行比较。

①　庄礼味：《南雄土竹纸的沧桑》，《韶关文史资料》（第19辑），政协韶关市文史资料委员会，1993年版，第217-221页。

②　何炯璋，谭凤仪：《仁化县志》卷五物产，民国二十年（1931）年版，（台湾）成文出版社，1974年影印版，第273页。

③　莫古黎：《广东的土纸业》，《岭南学报》，1929年第1卷第1期，第44-53页。

重桶纸的制法与一般生料纸的制法类似，也可分为制料和抄纸两大部分。

一、制料

（1）斩笋。即砍竹，当地把未制成纸浆之前的竹料均叫笋。竹子为毛竹，砍竹在立夏前后3天，竹子开始分二三枝时最好。

（2）削皮断料。先把竹砍成1.3～1.4米长的竹段，这是为了后面便于削皮、劈片。然后把竹皮削去，竹皮可以编竹器。再用刀将竹筒劈成3～4厘米宽的竹片，劈好以后再劈去竹节。劈去竹节是为了后面腌料时可以将竹片排列紧实，节省空间。同时，竹节如果不去除，会在纸张上形成坚硬的小颗粒。莫古黎的文章中所记基本与之相似，是将"二十至六十尺长的笋的青色外皮，用镰刀削去。然后把这些笋截成三尺七寸长，'两只手指阔'的笋块，硬的竹膜，也同时用利刃割去。笋块搬到化笋池去，预备制成纸浆"，是先削皮再裁断。

（3）腌料。又叫化笋，是将竹片放到腌料池中用石灰水来腌浸，当地将腌料池叫作"湖"。具体方法是将竹片在池中堆起，每层15～20厘米高，放一层石灰，一般腌35～40天，然后取出洗净。莫古黎的文章中对腌料有较详细的记载："化笋池是一个十至十二尺阔，十五至二十尺厂的池，四边斜落，池面有六寸高的圆边围者。池底和边是灰砂的，池底叠敷以杉板。笋块一层一层的，放在池里，每层中间，放一层石灰。照当地习惯，每五寸厚的笋，要放半寸厚的石灰。池之四围，敷设薄竹块，免至将来制成的纸浆，因为与池边泥土粘连而变坏。落满了之后，用大石把池里的东西压低，然后放水入池，……池里的东西，这样把石灰水来化合，经过三十天的时间，搬出来，用水把黏着的石灰粒冲去。"现在所见的腌料池较小，一池料只能做10担纸，据称以前的大池，一池料可以做40～50担纸。

（4）水浸发酵。将洗净之竹料，再放入水浸40天，其间要放水洗7遍。多换水则纸料白，少换水则纸料黄。一般纸料在10天左右变色，变成黑黄色。10天左右再变黑，用水泡，整个灰腌水浸过程要70～80天。是否发酵完成，要看竹料是否能用手拉断，灰腌时石灰没有浸到的地方一直拉不断，拉不断就难做。考察时所见竹料是2012年的，保存时用清水泡，时间长了也会生虫，保留些碱性便于保存。而水放得越快越容易霉烂，即多排几次水，纸料容易发酵。造纸时取出的竹料已经很软，呈淡黄色，但仍保留有纤维原形。而在竹料堆边缘与空气接触的部分，纸料过度发酵，呈棕黑色牛粪状，已不能用来做纸。莫古黎的文章中也有类似的记载："笋料再复放入池里，把水漏去，盖上一层稻秆、树皮或

后，每十天换水一次，四十天后，笋料便
可以用了。土人告诉我，这些笋料，在这
里情形之下，保存三年，仍然可以造成很
好的纸。平均计算，八百斤纸料，可以制
成一百斤纸。"

（5）踩料。当地将踩称为"搓"，所以
踩料也可以叫"搓料"或"搓笋"。即将腌
好的竹料从腌料池中取出，挑到纸房以后，
即在踩料槽（又叫踏槽、搓鼓）中用脚踩

图 2-84　踩料
（仁化蛇离村，2013 年 8 月）

踏（图 2-84）。踩料槽靠墙而设，为外侧和上面开口式石槽，下面和侧面有如搓
衣板的锯齿状刻槽，与江西铅山鹅湖的踩料槽类似。下面的搓板立面呈外高内低
的倾斜状，便于踩料时纸料的翻动。踩料槽上部从梁上垂下一根绳，墙上也有一
根，便于手持借力。踩料时讲究力度，要有一点跳起来的感觉，第一脚要踩到
底，将竹料团撩出来，分几次一层层搓，即一层层将撩出的竹料踩进去，力度均
匀很重要。把下面的竹料先踩烂，上面的遇到槽壁自然会翻过去，以循环踩踏。
一担料有 130 ～ 140 斤，约需 1 小时。莫古黎的文章中云："这些踏槽的底，略
为倾斜，是用竹织成的，有很粗的皱纹。笋料每次二三百斤，放在这些踏槽上，
用足摩擦，直至笋料变成很幼细的纸浆。以前说过，竹笋的老嫩对于纸质，有很
大的影响，但是此时践踏摩擦笋料到若何程度，对于纸质的影响更要大些。践踏
够，纸浆幼，纸质当然好。"其所见踩踏槽底部以竹织成，一般称为"竹笪"，是
江西等地制生料毛边时常用的设备，与我们所见略有不同。

（6）洗浆。踩好之料，还要经过清
洗，以去除石灰、砂石颗粒等杂质和竹料
中的杂细胞。其方法为将竹料放入一大木
桶（又称滤榥）中，该木桶呈上大下小的
圆柱形，口沿直径约 130 厘米，高 62 厘米
（图 2-85）。桶内离底约 20 厘米处设有竹
篱以滤水，四周围以稻草围住。清洗时将
踩好的竹浆放在桶内的竹篱上，灌以清水，
并加以搅拌，带有杂质的污水，则通过竹
篱流到桶的下部，并通过木桶下面的出水
口排出。

图 2-85　洗浆
（仁化蛇离村，2013 年 8 月）

篱流到桶的下部，并通过木桶下面的出水口排出。

二、抄纸

（1）加料打槽。将洗净的纸浆放入抄纸桶中，该桶为椭圆形，口沿的长直径为150厘米，短直径为120厘米，高62厘米。在木桶上还设有一个横跨长径高约53厘米的竹支架，抄纸间隙用于靠放抄纸帘。另有一根木棒横跨木桶的短径，纸帘下部的左端可搁于其上。纸料放入盛有水的木桶后，先搅散，再用竹篱将纸浆压在桶底。然后再加入水，用木棍打散，打时要用力，呼呼作响。同时用弯成"又"字形的竹片将纸筋捞出。然后，再加入滑水，滑药用树叶制成，取自滑树，又叫冬青树，据莫古黎考证，可能是细叶冬青，学名（*Hex Pubeseens H&A*），或大叶冬青（*Hex rotunda Thunl*）或白兰香。使用前将树叶煮半个小时，取其黏液。其他可作滑药的还有石别藤，是把藤枝剥皮浸在水中，一个晚上即可用，不需蒸煮。藤主要是冬天用，加滑的量根据抄纸效果而定，如果量不够，则抄纸时，纸料无法扩散至整个帘面。

图 2-86　抄纸
（仁化蛇离村，2013 年 8 月）

（2）抄纸。此处的纸帘构造接近正方形，帘架为木制，横宽64厘米，高59厘米。另有一"U"字形压帘框，用来在抄纸时压帘皮，称纸夹（帘夹），与江西铅山鹅湖的压帘框相似（图2-86）。其抄纸动作与别处相差不大，采用二出水法。先持纸帘向内倾斜，插入水中舀出纸浆，向前方倾出多余的纸浆。然后将纸帘向外略偏右侧倾斜，插入水中舀出纸浆，流过帘面以后向内倾出多余的纸浆即可，然后将帘皮上的湿纸转移到纸床。其间，帘架呈60°角放在抄纸桶上的竹架上。据莫古黎的文章记载，民国时期重桶纸抄纸采用三出水法，是将第二次入水抄纸的动作再重复一次。而莫古黎的文章中也说，抄造火纸时，只要入水一次即可。可见现在的抄纸操作已有所简化，这主要应该是对于纸张厚度、均匀度的要求下降所致。一般造纸分工是3人，一人抄，一人焙，一人踩。一天可造一捆1500张，平均每人每天造500张。现在只有杨九胜一人做，故一天只能抄500张左右。

（3）榨纸。采用杠杆式木榨将一日所抄湿纸块中的大部分水分缓缓榨出。

三、干纸整理

（1）分纸。当地叫钳纸。刮擦压榨过的湿纸块边缘，使之略松。然后用特制的竹镊子小心地将纸的一角掀起，第一张掀起边长约有20厘米，然后再夹第二张，夹起程度依次递减，一次约夹起70张纸角（图2-87）。

（2）焙纸。用松针编成的刷子将湿纸贴到加热的焙墙上（图2-88）。焙墙高出地面约170厘米，两面均可贴纸，每面墙可以贴3行，每行15张。两面走一圈要0.5～1个小时，贴上去不粘时要刷豆浆水，成本较高。加热的火力不必太猛，壁面约50℃左右。焙墙的材料为竹篱笆，在上面糊上黄泥、纸浆、石灰。黄泥、石灰都要过滤好，做墙用泥浆是为了取其黏度，而纸浆可以提高强度、防裂，加少量石灰是便于糊墙材料的硬化。先将糊墙泥料用耙子搅拌均匀，再用脚踩、手擦，配方为笋（纸浆）三泥七。竹篱糊好泥料后，一边用火烤，一边用擀面杖擦，去除细小的裂痕，一直烤到干为止。糊好以后，在表面还要刷鸡蛋和桐油。鸡蛋里要加一点点面粉和水，涂上薄薄一层，再用桐油刷2～3遍。平时最好用桐油保养，但现在桐油难买。焙的构造为所谓"涌焙"构造。[①]此种焙

图 2-87 分纸
（仁化蛇离村，2013 年 8 月）

图 2-88 焙纸
（仁化蛇离村，2013 年 8 月）

墙，内部构造分上下两层，以砖松散排列隔开，下层在地下，需不断烧柴加热，热气通过隔砖传到上层，以加热壁面。焙的另一端有贯通上下的烟囱以通烟。焙上层可以爬进去维修，可将灰、烟尘用扫把扫去，不扫则不易导热，现在所用为

---

① 此种涌焙的构造，在罗济的《竹类造纸学》（自刊本，1935 年）中有较详细的介绍，可参见该书第103-105页。

1989年所制，另一个火墙为20世纪60年代所制，长期不用是要坏的。

（3）打包。将干好的25刀纸打成1捆，便于储藏、运输（图2-89）。现在重桶纸为48~49张1刀，25刀1捆，4捆1担，1刀价格为15元。莫古黎的文章中介绍，当时为60张一刀。打包时，纸张以刀为单位，3折呈长方形，25刀成1叠，两边包上一张厚竹纸，此竹纸的大小与重桶纸相同，一般在每日开始抄纸时抄造，厚度相当于3~4张重桶纸。然后，用竹篾捆上3道，捆时要不断用棒敲打以保持紧实。捆扎的位置以特制的纸尺确定，竹篾最后打成蝴蝶形的结，美观而结实，能确保纸捆很长时间也不会变形。现在对于纸边已经没有打磨步骤，以前边要磨得很光。磨纸工具是用铁皮打孔包在木板上，打光以后再用普通砖头磨。

图2-89　打包
（仁化蛇离村，2013年8月）

从上述工序可以看到，重桶纸的制作工艺仍属于生料毛边纸的范畴，纸张本身及其制作工序并没有多少特别之处。与20世纪20年代莫古黎记载的重桶纸制作工艺相比较，除略有简化以外，没有发生太大的变化，可以说基本上保持了传统的制造方法。但是，仅凭这一点，并不能完整地评价重桶纸制作工艺的价值。因为中低档生料纸的传统制作工艺，在各地仍时有所见，其共同特点是较为简单、粗糙。对于造纸作坊而言，引入现代机械和化学处理并不划算。在为数不少的生料竹纸的制作技艺中，重桶纸的制造显示出了其独特的价值。

首先，脚踩的打浆方法，曾广泛运用于东南地区的毛边纸制造中，由于其劳动强度大、技术要求较高，逐步为水碓打浆法所取代，特别是电动机械打浆的方法出现以后，其消失得很快，现在已经较为少见。我们仅在江西、福建、重庆等少数地方有所发现。这些地方均生产毛边纸类竹纸。脚踩打浆的具体工艺各地也

有所不同，重桶纸制造中的踩料工艺是比较传统而细致的。

重桶纸的最大特点，从其纸名上即有所体现，即在木桶中抄造。抄纸所用纸槽，除了北方普遍采用地下挖坑、内壁砌以石板或砖块，即所谓的地坑式纸槽以外，传统上南方的抄纸槽主要有石砌和木造两种。以大块的石板或木板制成略呈斗形的纸槽。有些地方，如广西大化，纱纸的抄纸槽以整块石料掏制而成。现在，不少地方的纸槽以水泥板或直接以水泥砌成，或是以不锈钢制成。而重桶纸在木桶中抄造的方法极为罕见。虽然其仍属于木造纸槽的范畴，但结构较为独特。在造纸术传入西方的早期，也是采用在木桶中抄造的方法，据达德·亨特分析，可能是借用了酿造葡萄酒的设备，将其从中间切割而成。[①] 在西方，制造木桶的技术比较发达，大型木桶的制造，在我国也不鲜见，但抄纸的纸槽，一般以方形为多，如富阳泗洲宋代的造纸作坊遗址中发现的方形石板，一般认为是纸槽的遗构。[②] 使用木桶作为纸槽，可以借用生活中已有的设备，在造纸术发展的早期被采用的可能性为大。但在木桶中抄纸，必然会限制抄纸动作的活动空间，难以抄造出尺寸较大的纸张，因此，在造纸术发展到一定阶段时，改用较大的方形纸槽，是中外共同的倾向。重桶纸的纸槽，为何还使用木桶，当地也没有明确的说法。虽然也可能是当地疏松的砂岩并不适合制造纸槽，但采用木桶为纸槽的做法，更多仍有可能与技术的源流与传承有关。而且其洗料和盛放纸药的容器也采用木桶，应是一种传统习惯。至于其是否保留了造纸术早期的形态，则还不能下结论。

另外，重桶纸的焙墙制造工艺、纸张的打包方法等均保留了典型的传统工艺，在今天已经较为罕见。

总之，重桶纸的制造，较完整地保留了传统的方法，在工具设备方面，又有其自身显著的特点。其与江西铅山门石村的熟料毛边纸制造工艺一样，具有较高的研究价值，值得重点加以保护。而现在仅存一家又难以为继的现状，是需要及时采取措施加以抢救性保护的。

第十节　四川、重庆的竹纸制作技艺

四川地区历来是重要的纸产区，早在唐代，益州所产的麻纸就很有名，并进

---

① Dard Hunter. Papermaking—The History and Technique of an Ancient Craft, New York: Dover Publications, 1978, 173.

② 杭州市文物考古所等：《富阳泗州宋代造纸遗址》，文物出版社 2012 年版，第 125 页。

贡朝廷作为抄写典籍的专用纸。成书于南宋的袁说友的《笺纸谱》中专门介绍了四川当时所产纸的情况[①]，主要也是麻纸和皮纸。其中介绍广都（四川成都）的纸有四色：假山南、假荣、南村、竹纸，皆以楮皮为之。这里出现了竹纸的名称，但为皮纸。在《四库全书》本中，"竹纸"作"竹丝"，而后面介绍时又称竹纸。因此，《笺纸谱》中的"竹纸"，应该为"竹丝"之误。但同书中，又提到"徽纸、池纸、竹纸在蜀，蜀人爱其轻细，客贩至成都，每番视川笺价几三倍"[②]。因此，当时蜀地应该还未有优质书写用竹纸的生产。考察现存的宋代四川刻本，除了麻纸以外，主要为皮纸，与浙江的皮纸相比要粗厚一些，常见有未打散的纤维束存在。

民国时期，四川主要的竹纸产地集中在夹江、梁山、铜梁、广安四县，其纸产量占全省的80%以上[③]，夹江的竹纸制造，据称始于明末，但早期所产较为粗糙，至清中期始有改善，逐渐成为西南地区竹纸制造的中心。而梁山的竹纸制造，则在太平天国时期，湖南人移居此地之后，才逐渐兴起。铜梁、广安的竹纸制造历史已不可考，据称广安的造纸技术来自铜梁。[④] 因此，四川竹纸的兴起，应在明代以后，优质竹纸的制造，主要在夹江、铜梁等地。但此后，四川地区成为我国竹纸制造的中心之一，主要是由于当地拥有丰富的竹资源，不仅竹纸的产量大，而且其竹纸制造技术对周边的云南、贵州、广西等地的竹纸制造产生了很大影响。"抗战"时期，四川竹纸还为大后方的纸张供应作出了巨大贡献。

一、四川夹江的竹纸制作技艺

清朝时代中期以后，四川省成都附近的夹江是竹纸的重要产地。最初，主要生产普通的书写纸和生活用纸。近代，随着漂白剂的使用，也生产连史纸类的粉连史，粉对方等白色上等纸。特别是"抗日战争"时期，四川、重庆等大后方洋纸的进口骤减，来自江西、浙江的竹纸供给也很困难。夹江的手工纸业迎来了鼎盛时期。1941年的生产量达到近1万吨，造纸户数5000家，为"抗日战争"爆

① 此书长期以来被认为是元代费著所著，后经考证，应源自南宋袁说友主编《庆元成都志》时所编的专业志，相关考证见王菊华等：《中国古代造纸工程技术史》，山西教育出版社2006年版，第294-295页。

② 费著：《笺纸谱》，《丛书集成初编》，中华书局1985年版，第1-3页。

③ 钟崇敏等：《四川手工纸业调查报告》，中国农民银行经济研究处，1943年版，序言。

④ 钟崇敏等：《四川手工纸业调查报告》，中国农民银行经济研究处，1943年，第23、58、101、131页。

发前的 1 倍以上。①其大量生产书写纸和"土报纸"。由于宣纸等书画纸的输入困难，在著名画家张大千的指导下，在竹子中混入麻等韧皮纤维，改良开发了书画纸，被称为"夹江宣纸"（1983年命名为"大千书画纸"）。"抗日战争"爆发后，夹江的手工纸制造业逐渐衰退，只有书画纸 20 世纪 80 年代以来有了很大的发展。2010 年，书画纸的年生产量 5000 吨，成为与泾县齐名的最重要的书画纸产地之一。

此次我们主要调查了马村乡的两家书画纸厂，分别是状元书画纸厂和志康书画纸厂，调查时间为 2011 年 11 月。状元书画纸厂位于马村乡金华村，建于 1982 年，占地 2000 平方米，有可抄 3 尺到 1 丈 2 尺纸的纸槽 10 个，从业人员 22 人，规模较大。老厂长杨占尧是国家级非物质文化遗产夹江竹纸制作技艺的代表性传承人，其厂门口还挂着国家级非物质文化遗产夹江竹纸制作技艺展示基地和培训基地的牌子。在厂附近还有复原的 72 道工序传统手工造纸作坊，2007 年被列为"夹江竹纸制作技艺"培训基地。志康书画纸厂建于 1990 年，占地面积也有 1800 平方米。

据杨占尧（图 2-90）之子杨焱斌介绍，传统竹料的处理工序为：竹料的砍伐，一年中都可以砍料，根据竹种不同，砍料的时间也不同，白夹竹、苦竹一般在 4、5 月间砍，慈竹则是在 11 月砍。现在白夹竹较少，主要是用慈竹。竹子砍下以后，先泡在水里脱青 40～60 天，切断用木槌

图 2-90　杨占尧与其作坊
（夹江马村，2011 年 11 月）

图 2-91　舂料
（据《蜀纸之乡》，2005 年）

在石条上搥打，然后用石灰浆灰，一般要在沤料池的石灰浆中泡 60 天，再浆过后在榥锅里蒸 7 天，用竹耙钩出来臼浆，进一步打碎，其法为用长柄槌在石板上臼碎（图 2-91）。洗了以后要加烧碱再蒸 8 个昼夜，然后取出在池中充分清洗，

① 廖泰灵：《一份特殊的贡献——抗日战争时期夹江县的造纸业》，《夹江文史资料》第 8 辑，政协夹江县文史资料委员会，2006 年版，第 10-14 页。

再打堆发酵，一般要两个月，夏天则快些。打堆时要踩紧，不然要生虫（蛆壳）。堆腌过的竹料即可用脚碓捣制纸浆。如要制白纸，淘洗后还要漂白。

根据民国时期的文献记载[1][2]，传统夹江竹纸（主要是贡川、对方等优质竹纸）的制浆法如下。

（1）砍竹。制造好纸的竹料，要用白夹竹，时间为立夏后10日左右，主要是看其分枝状况，以发三四枝时为宜，分5枝即嫌老，会影响后续的漂白，纸筋也多。

（2）水浸。砍下的竹料，要整理成捆，然后称重，因为以后灰浸、蒸煮处理时石灰和碱的用量要据此计算。然后，将其放入泡料池中，用清水浸泡，上面还要压以石块，以防竹料上浮。浸泡时间为1个月左右，使竹子表面的竹青褪去。

（3）捶碎。将池中的污水放出去，取出竹料，用木槌将竹子敲碎，捣破竹节，制成竹麻。此时可将竹麻晒干，供储藏、出售之用，也可直接供下一步浸灰之用。

图 2-92　头锅蒸煮
（据《蜀纸之乡》，2005 年）

（4）灰浸。将捣碎之竹麻重新放入池中，一层竹麻，一层石灰，用量约为生竹料100斤加30斤石灰，或干竹麻100斤加80斤石灰。浸灰时间少则六七日，也有泡二三月者。

（5）灰蒸（图2-92）。放去池中污水，用铁钩将竹料取出，放入楻锅中，下部锅中加水，用强火煮二三日至六七日，冬季气温低时也有煮十四五日者（图2-92）。熄火放水，人立锅顶用力捶捣竹料，再用铁钩钩出，在池中清洗，一般要洗四五次，至池水不污为止。

（6）碱蒸。再将竹麻放入楻锅中，上面以麻袋盛木灰，灰上铺纯碱等碱类，从锅顶注水。也有直接用纯碱溶水浇在竹料上的，一般纯碱和干竹麻的比例为干竹麻100斤用纯碱8斤。蒸煮时间为六七日，冬天要十四五日。

（7）漂洗。将煮好之料，重新放入池中，用清水泡，以除去碱液和污物，并初步发酵。浸泡时间为夏季约10天，冬季则要40天以上。

---

① 梁彬文：《四川纸业调查报告》，《建设周讯》，1937年第1卷第10期，第15-30页。

② 《四川夹江县之纸业》，《蜀评》，1925年第4期，第35-40页。

（8）腌料。采用堆腌的方法，将泡好之料取出堆于清洁之石或三合土坝上，压紧，防止雨水浸入，三四日后，即可取用。

上面是制料过程，造纸时，还要选料以去除竹皮和杂质，再经舂捣、淘洗才能用于抄纸，干燥过后的纸一般还要用硫黄熏白整理。

由此可见，传统的竹料纸浆过程，与福建、江西熟料法制造文化用纸的方法大致相同，即采用水浸初步发酵，再灰浸，灰蒸、碱蒸二次蒸煮，后发酵过程，采用浸泡或者浸泡与堆腌相结合的方法，可能取决于竹种和制料时间的限制。另外，蒸煮后先水浸再堆腌发酵的方法，也与其他地方一般采用的先堆腌后水浸的方法有所不同。

在夹江，民国时期即已采用漂白粉对纸料进行漂白，以制造外观与连史纸或宣纸相似的粉连史、粉贡川和粉对方等。其方法是在捣料完成之后，将纸料放入漂槽或木桶中，用水调匀以后，加入漂粉调成清液，并搅拌，漂 4 小时以上。[①]

现在夹江书画纸的名目较多，基本是参照宣纸的名称命名，主要原料为竹、龙须草（图 2-93 和图 2-94），按需要也会加入构皮、桑皮或青檀皮。据志康书画纸厂的工人介绍，现在对于竹料的处理，在清水中腌浸，打碎后用烧碱泡，再用高压进行一次蒸煮，比传统的方法要简化许多。而最后的漂白也由以前的漂白粉改为液氯。

图 2-93　龙须草的碱液浸泡
（夹江马村，2011 年 11 月）

图 2-94　龙须草的高压蒸煮
（夹江马村，2011 年 11 月）

书画纸的另一种主要原料为龙须草，从外县购来，约 3000 多元 1 吨。其处理方法与竹料类似，先用烧碱液泡 12 小时，然后用高压蒸 10 多个小时即成。龙须草的纤维要较竹纤维长些，有利于改善竹纸的一些性能。

---

① 钟崇敏等：《四川手工纸业调查报告》，中国农民银行经济研究处，1943 年版，第 7-13 页。

图 2-95 抄纸
（夹江马村，2011 年 11 月）

图 2-96 冷焙干纸
（夹江马村，2011 年 11 月）

如果要如宣纸一样用于绘画，则还要在纸料中加入皮料（构皮、桑皮、青檀皮）。构皮为本地产，而青檀皮则购自安徽。

将用打浆机打好的料混合以后，即可入槽抄纸（图 2-95），在纸浆中需要加入纸药。

抄 4 尺以下的纸时，一般采用单人吊帘。其基本形制与四川地区的常见纸帘相同，即在一边（左手边）设有可开合的提手。所不同的是，由于抄造纸的尺幅较大，在左侧帘框的中央设有一根绳子以助力。其抄纸方法为从远身处向内斜插入水中，舀取纸浆，然后缓缓水平提起，在未完全离开水面之时，即左右轻轻晃动纸帘，随后提出水面，向左侧除去多余的纸浆。其他地区书画纸的一般抄造方法常常是前后晃动较多，左右（平行于长边方向）晃动较少。夹江的抄法，纸张纤维的纵横交织应较好些。

抄造 6 尺以上较大的纸时，仍需要如宣纸一般由 2 人、4 人乃至更多的人抬帘抄造。每天 1 个槽可产 6 尺纸 6 ~ 7 刀或 4 尺纸 8 刀。状元厂现有 6 个纸槽在生产。

湿纸压榨后的干燥过程，虽然也有采用铁板加热的方法，但在状元书画纸厂仍是采用传统的冷焙法（图 2-96）。之所以从民国时期即采用此种看来较为原始的方法，主要是因为当地不产煤，虽有木柴可以替代，但要供煮料之用，因此采用冷焙的方法。[①] 其缺点是干燥时间较长，需要供干纸用的焙墙面积较大。其方法为先在墙上刷米浆水，防止纸在干燥过程中掉下来。将湿纸一张一张地刷上去，七八张相叠，刷时略错开，起风时不好刷纸，每天可刷 6 尺纸 500 张。干燥时间出太阳的话需 1 周，不出太阳则需要 10 天。

---

① 钟崇敏等：《四川手工纸业调查报告》，中国农民银行经济研究处，1943 年版，第 7-13 页。

二、重庆梁平的竹纸制作技艺 [①]

梁平县，位于四川盆地东部，原名梁山县，因与山东省梁山县重名，1953年改名梁平县，现属重庆市。梁平县拥有丰富的竹资源，尤其是县城西北方的百里槽，有竹林 15 万亩。同时，梁平县还盛产煤炭、石灰石等矿产，这些都为手工造纸业创造了非常有利的条件。

梁平县的造纸业一说始于明末 [②]，晚清时期，全县纸槽数达到 3500 多个，直接靠造纸营生的约 26 000 人 [③]，为川东著名的竹纸产地。"抗战"时期，由于机制白报纸的短缺，与夹江一样，梁山的造纸业就转向土报纸的生产，主要供重庆等地的各大报社、书刊出版之用。特别值得一提的是，当时中共驻重庆的新华日报社，为了保证《新华日报》等报刊的印刷用纸供应，还在屏锦组建川东造纸厂，生产土报纸。近年来，和其他地区一样，梁平手工纸的制造也已急剧萎缩，全县仅剩几家作坊，年产土纸不足 1000 担。所幸"梁平土法造纸"已列入重庆市非物质文化遗产保护名录。

梁平木版年画（图 2-97）和梁平竹帘都已入选国家级非物质文化遗产保护名录，梁平的手工纸制造与此密切相关。梁平手工纸主要有二元纸、火炮纸、黄表纸、构皮纸，以及色纸等加工纸，其中以二元纸最为有名。二元纸主要供书写和木版印刷之用，其发展与生存，和梁平木版年画息息相关。而梁平竹帘更可以说是一绝，据说梁平竹帘始于北宋，它是将慈竹劈成细如发丝的竹丝（直径约 0.3 毫米）（图 2-98），然后用蚕丝编织成竹帘，以竹帘为纸，绘制成竹帘画（图 2-99）。抄纸竹帘的编制技术，与之类似，但难度要低。

图 2-97　年画印制
（梁平，2011 年 11 月）

---

① 2011 年 11 月调查。

② 张立森：《梁山造纸工合概况及其改进途径》，《工业合作半月通讯》，1945 年第 15-16 期，第 6-17 页。

③ 田光国：《梁山（梁平）手工造纸业史话》，《梁平县文史资料》第四辑，政协梁平县文史资料委员会，1998 年版，第 96-106 页。

图 2-98　劈制竹丝
（梁平，2011 年 11 月）

图 2-99　竹帘画制作
（梁平，2011 年 11 月）

当地主产的二元纸有所谓生熟之分[①]，以生料法所制生二元为常见。

此次调查对象为七星镇仁安村三组的蒋吉文（1954 年生人），其做纸已有 40 余年，其祖上五六代人也从事造纸业，做文化用纸，即所谓的"二元纸"，供年画制作、书画和写字用，也做香纸。其主要制作工序如下。

（1）砍竹。春季农历五月夏至前后砍下刚开始分枝的白夹竹，直径约 4 厘米。当地白夹竹的资源较为丰富，白夹竹的纤维较为细腻，也用斑竹，别家也有用慈竹（称为冬料）的。竹料主要用自家的，从外面购入的白夹竹要 0.5 元每斤，斑竹 0.3 元每斤。

（2）裁断。将砍下之竹裁成 2 米一段，一般可裁 3 段，然后用刀劈成片。

图 2-100　灰浸
（梁平仁安村，2011 年 11 月）

（3）灰浸（图 2-100）。将竹片捆成捆，在石灰浆池中浸泡，一般要浸泡两个多月。

（4）水洗。将灰浸过的竹料用清水洗净，泡料池可泡两万多斤竹料。

（5）堆腌（图 2-101）。在泡料池中堆腌发酵 20 天，上面用草盖住以防生虫。

（6）水浸。将发酵好的原料放清水中浸泡 40 天。

---

① 田光国：《梁山（梁平）手工造纸业史话》，《梁平县文史资料》第四辑，政协梁平县文史资料委员会，1998 年版，第 96-106 页。

（7）踩料（图 2-102）。将已腐软的竹料放到石制踩料槽中，纸工一手撑拐用脚踩料，一般要踩半天。冬天穿上胶鞋，夏天则赤脚踩。踩料槽狭长，底部向槽内倾斜，石上刻有平行的凹槽，以便于踩料时纸料纤维的分散。

图 2-101　堆腌　　　　　　　　　图 2-102　踩料
（梁平仁安村，2011 年 11 月）　　　（梁平仁安村，2011 年 11 月）

（8）滤过。踩完将料放到一个池子，搅拌，把粗的捞起，其余用耙子搅散，捞出的粗料去除竹皮后，再去洗，有一个池子是专门用于洗料的。

（9）二次踩料。细的还要再踩一遍，直到纸料放到水里能充分分散为止。

（10）入槽。将踩好的纸料放入抄纸槽中，放在用竹篦隔开的纸槽外侧，匀少量到抄纸近身处，加入滑液，名为棉花滑，因为其叶子像棉花。用该植物的根，打碎了浸在水中 1 小时，在冬天用。其他时间用花儿滑、杨桃藤等。做书画用纸时还要加入糯米浆，大概造一捆纸要用七八斤糯米浆。糯米浆是用糯米泡软以后磨浆，据说加糯米浆制成的纸表面细腻，写字效果好。

（11）舀纸（图 2-103）。舀纸前还要用扎成扫帚状的小竹耙将近身处的纸浆搅得更匀些。抄纸的纸帘形制较为特别，左右均设有可以向外侧打开的提手，其中右手的提手设在右端，左手的提手则设在距左端 1/4 帘长处。抄纸时，先将纸帘由外侧向内舀取纸浆，稍在纸帘上停顿之后，向左侧倾去多余的纸浆。然后从右侧斜插入水，径直向左侧倾去纸浆即成。一般一天可抄纸 1000 张。

（12）压榨（图 2-104）。一天所抄湿纸到晚上收工前，使用杠杆式木榨榨去多余的水分，木榨体形较大，加力用的杆需要人踩上去，借助体重使套上绳索给杠杆加压的圆辊转动。这与福建将乐龙栖山毛边纸的压榨方法有些类似，踩的时候还要唱当地的民谣。

图 2-103 舀纸
（梁平仁安村，2011 年 11 月）

图 2-104 榨纸
（梁平仁安村，2011 年 11 月）

图 2-105 烘纸
（梁平仁安村，2011 年 11 月）

图 2-106 年画用二元纸加工后的晾干
（梁平，2011 年 11 月）

（13）烘纸（图 2-105）。将榨去大部分水分的湿纸块送入焙房。焙墙为竹篾糊上石灰砌成，一边设烧火口，烧煤，一天要烧煤 200 斤左右。墙表面用石灰抹平，干后刷桐油和鸡蛋清，还要刷上盐和豆浆，据说加盐是因为盐渗入墙面后，能使墙表面越烧越紧。烘纸前墙面要用清水擦洗。先在湿纸表面用木质羊角纵横擦刮，使纸与纸之间产生松动，便于揭纸。

其所造的纸以 200 张为 1 把，5 把为 1 捆，1 把 150 元。传统的尺寸为 1.4 尺宽，2.8 尺长。

二元纸用于年画等印刷时（图 2-106），还须将纸先蒸 5 个小时，刷上牛皮胶、观音粉。

由此可见，该处所造的纸为生料纸，从原料使用石灰腌浸和堆腌发酵，以及脚踩打浆的方法来看，与江西、福建的生料毛边纸制法较为接近。但它也有一些自身的特点，如踩料后的滤过和二次踩料，这可能是由于竹料的前处理较为粗糙，如果没有上述工序，则纸张中的纸筋等杂质较多，影响纸张的均匀度。另外，抄纸的纸帘也较为特殊，在左右设有两个提手，这应该是在四川常见的单提手纸帘的基础上，加以改进，便于一个人抄造尺幅较大纸张之用。另外，其抄纸使用的二出水法也较为特别，纸浆在纸帘上的纵横流动，便于纤维的交织，提高纸张的强度，降低纸张强度的纵横向差别。

据蒋吉文说，大量造文化纸时，还有的将纸料在灰浸后放到水中煮。现在因为用量少，采用煮的方法，以前还用大榥蒸。可见当地制作较好的竹纸时，也使用熟料法，据称熟料纸纸质柔软、皮实。实际上，民国时期，当地有不少竹纸品种，同时有生料、熟料之分，如土报纸、抗水纸、温记纸等。[1]而在1943年谢觉民的《川东富源之———造纸》一文中，就介绍了当地熟料纸的制法[2]：

1. 砍料：造纸原料有白夹竹、慈竹、瘦竹、班竹等，以白夹竹为最佳，多在芒种节乘其纤维尚嫩时，即行砍伐，断为数节，捆束出售。

2. 打料：槽户购回竹料，捶之使柔，是为打料。

3. 泡料：以清水浸渍，通常须半年，赶工时二月已够，亦有长至半年的。

4. 浆料：将泡过竹草，分别用石灰水浸透，堆积约一月。

5. 第一次煮料：将上项材料，置入篁锅中，煮经十日，然后取出洗净，煮料数量每甑竹草各用一万旧斤。

6. 第二次用碱煮料：洗净之料再置入锅中，然后用碱溶水煮十四五日，取出再行漂洗，竹料洗九次，草料洗十三次。

7. 下浆：用米二旧斗（每旧斗合2.27市斗），大豆一斗，磨浆撒入已煮的材料中，使其碎烂。

8. 踩料：将已下浆碎烂的竹草各半，混合入槽，踩细漂洗，置入槽缸。

9. 捞纸：以滑根汁放入纸槽后即可捞纸。

10. 焙纸：捞成的纸压干水分，分开为张，在焙屋内糊焙笼上焙干。

11. 薰纸：焙后密闭，以硫黄薰白。

12. 包装：每九百张为一捆，两捆为一挑。

---

① 张余善：《梁山的纸区》，《中大化工》，1944年第2期，第22-24页。据蒋吉文说温记纸主要供上香用，尺寸与二元纸不同。

② 谢觉民：《川东的富源之———造纸》，《新经济》，1943年第5期，第99-102页。

第十一节 云南、贵州的竹纸制作技艺

云南、贵州地区，是现在我国手工皮纸的主要产区，其繁盛与浙江、江西、安徽等地传统优质皮纸生产的急剧衰落形成了鲜明的对照，云南、贵州地区的皮纸生产虽然也存在一些问题，却呈方兴未艾之势，这得益于原先当地皮纸产销的相对封闭，以及近年来皮纸用途的开拓，如书画纸、包茶纸。除了皮纸制造以外，云南、贵州地区还有不少地方生产竹纸，如云南的禄丰、鹤庆、文山、西畴，贵州的贵阳乌当、岑巩、盘县等。云南、贵州地区的竹纸制造，历来以生产包装纸、烧纸等低档生活用纸为主，主要满足本地及周边地区的需要。仅鹤庆、遵义等少数地区生产质量较高的书写纸，如土贡川等。朱超俊在《贵州之造纸工业》[①] 一文中，介绍了遵义竹纸（漂贡川）的制造程序：

1. 采竹—捣碎—腌灰—浸水—生料（约一月）

2. 生料—蒸煮—翻转—洗涤—捣碎—洗涤（约七日）

3. 浸碱—蒸煮—翻转—浸水—洗涤—熟料（约五日）

4. 熟料—碎解—洗涤—过筛—分料—漂白—洗涤—调和

5. 调和—打匀—胶料—搅匀—漉纸

6. 漉纸—压榨—焙纸—选纸—包装—成品

上述制法包括灰蒸、碱煮、漂粉漂白等工序，与四川夹江的粉贡川和湖南浏阳的漂贡纸方法相似，只是其后发酵时间似乎较短，仍不失为一种较为细致的制造方法。

云南、贵州大多数地区的竹纸制造，均采用生料法，方法较为原始，所制的纸张也很粗糙，但在制法和工具等方面仍有一些值得研究的特点，例如，在云南勐腊县磨憨，还发现有采用浇纸法制造竹纸的。

一、云南禄丰县九渡村的竹纸制作技艺 [②]

云南禄丰县川街乡九渡村的竹纸制造知名度较高。20 世纪 30 年代末，社会学家张子毅先生就曾经对现属九渡行政村的李珍庄进行过造纸的调查，写出了

---

① 朱超俊：《贵州之造纸工业》，《企光》，1941 年第 2 卷第 6、7 期，第 49-53 页。

② 2008 年 8 月调查。

《"易村"的纸坊——一个农村手工业的调查》[①]，而九渡村和附近的小栗树村也有竹纸的制造。

九渡村距昆明约 90 公里，从昆楚高速过星宿江大桥后，沿星宿江走小路 3.8 公里即可进村。沿江到处生长有丛生高大的凤尾竹，江水较浑，呈土红色，据说到冬季枯水季节即会变清。据张村长介绍，九渡村 2008 年人口为 543 人、138 户，主要为汉族和彝族，彝族约占 1/3，1980 年时有 30 多户造纸，现仅 10 余户造纸，其中彝族 1 户为佘光跃。附近的小栗树村已经不再造纸。造纸设备分布于小河边，一套包括三四个池，其中一个清洗；石碾、抄纸池（大池抄纸，小池放纸药，主要是仙人掌、沙松根），木榨、焙房（现多阴干，是为了节省柴火），现该村共有碾子 8 个，一般两户用一套设备。

佘光跃，1937 年生，小学未毕业就开始做纸，1955 年成立高级社，在社里做纸，"文化大革命"时主要做卫生纸，又称草纸，当时还很紧俏。改革开放以后生产工具等分到一家一户，佘光跃继续做纸，现在其儿子、孙子都会做纸。关于当地竹纸的制法，主要来自对张村长和佘光跃的调查。

该村造纸用凤尾竹，竹在星宿江畔，一般自己砍竹做纸。在冬腊月（阳历 12 月到翌年 1 月）砍下当年生的较嫩的竹子，劈成长约 1 米的小片，晒干以防霉烂。造纸前，要先将竹片在石灰池泡 5 个月，池深约 1 米，一层竹片一层石灰可堆 3 层（图 2-107）。腌好以后取出洗净，淋上水堆 1 月余发汗（又称堆捂），上面要盖上草或薄膜。发酵完成以后，取出洗净，再在清水中泡 1 个月左右即可供碾料。

图 2-107　腌料
（禄丰九渡，2008 年 8 月）

碾为牛拉的地碾（图 2-108），碾料盘以石块砌筑，上有石碾子，据传有百余年的历史。将纸料放在碾槽中碾约 8 小时，呈绒状，然后放于抄纸池中，加仙人掌汁等纸药，用纸帘舀纸。其法为先由远边向内舀纸浆，然后由外向上舀，向右手边倒去多余的纸浆，即所谓的"二出水法"。纸帘（图 2-109）和框的设计与四川的抄纸工具相似。纸帘从四川绵阳购来，可用 2～3 年，帘框为沙松树木制，

[①]　张子毅：《"易村"的纸坊——一个农村手工业的调查》，《云南实业通讯》，1940 年第 7 期，第 153-160 页。

使用时间更长，造纸技术也是以前从四川传来的。

图 2-108　地碾
（禄丰九渡，2008 年 8 月）

图 2-109　纸帘
（禄丰九渡，2008 年 8 月）

图 2-110　炕灶
（禄丰九渡，2008 年 8 月）

湿纸积到一定高度即用木榨将水分榨干，再送入炕纸房烘干。

炕灶（图 2-110）是用当地的红土压制成土砖，砌盖为墙体，墙体无篱笆，墙外涂石灰，不用桐油。焙纸前用米汤汁刷墙面，然后用稻草抹面，使之平整且带有一定的黏性，便于贴纸、撕纸。分纸时不用工具，用嘴吹手揭，再用刷子将其刷于炕灶上，一般只需 3～5 分钟即干。

近年来，由于国家限制砍伐森林，柴火难寻，一般将湿纸挂于二楼的竹竿上，自然阴干。

当地主要是冬天造纸，以备清明节使用，亦有农历六、七月造准备七月半使用者。现在销路不甚好，要靠外面来收购，主要做迷信纸。一般 1 刀 6 张，1 件（捆）50 刀[①]，1 天可抄 8 件共 2400 张，现 1 件仅卖 10 元，以前价高时有卖 50 元的，去年（2007 年）为 20 元。一年中造纸时间短，余家从农历二月开始做，至少做个把月，只造纸万把刀。一般造纸户以前收入可 1 万多元，现在纸价低，一年做 3 万～4 万刀，收入七八千元。

---

① 民国时期为 28 张 1 刀，25 刀 1 捆。

关于此地竹纸的传统制法，张子毅的调查报告中有所涉及，现摘录如下，以和现在所采用的工艺作一对比：

> 造纸的第一步就是砍料，每年冬季他们用砍刀将嫩竹砍下，拿回村中斩成几段，再用砍刀劈成竹片捆起来，这步工作就算完毕。

> 将一捆一捆的竹片解开，铺在空坪上晒，晒了二三个月，到竹片比较干脆的程度，就停止。

> 把晒好的料子丢到池塘里，用石块压在纸料上，按纸料的数量加上石灰，每一千五百市斤的湿料加入五百二十市斤石灰，这样一直泡上三个月。

> 由灰池里取出泡好的料子再晒，用稻草盖上，这步叫舞^①汗的工作，一直晒上半月至一月。

> 拿第二次晒好的料子，浸入第二个清水池中再泡，泡了一二个月，就可拿去碾了。

> 将料子舀在石碾槽中，枷一头牛在碾子的两个横木中间，一人随在牛后面用竹条赶牛，使牛带着碾轮绕石碾走。料子在碾槽里被碾轮继续碾压，成了纸浆。大约一天一碾可碾一百五十刀至一百六十刀纸料，可供二人舀和二人坑。

> 将碾碎了的纸浆用畚箕挑至舀房，搁在盛纸浆的箩中，再取出一部分放到舀桶中；加适量的水和胶质，用扒搅匀，成为一种胶质状态的水浆。舀工两手持竹帘，到舀桶中连舀两次，取上来搁在丁字架上，将帘子由帘框上取下，翻一个面，放到压纸台的一端的盛纸板上，将帘子的边比齐板上的两根短竖木，然后在帘底轻轻一抹，提取纸帘，帘上的一张湿纸，就留在盛纸板上，这样舀一张坑一张，由清早到黄昏时，盛纸板上的湿纸，已经积到三尺多高，就开始压纸。

> 压纸的工作是拿一块木板，搁在一堆纸上，木板上再加上一二个木头，另有一根七尺多长的粗木杆，一端插到压纸架上两根长竖木的横木中，棍另一端用粗麻绳扣在木滚上，再拿一根三尺多长而结实的木棍，一端插入木滚上的孔内，两手攀住木棍的另一端，转动木滚，使粗麻绳继续绕在木滚上，紧拉着那根七尺多长的粗木棍的一端下压，将湿纸压往下缩，水就由盛纸板旁边的槽里流出。这样继续转动木棍，继续压榨

---

① 原文如此，应为"捂"。

湿纸，直至三尺多高的一堆湿纸，压得不过一尺半高了，湿纸中大部水分也压出来了；然后松开绳索，抽出粗绳，取开木头和木板。舀工就将这堆压好的湿纸，背到炕纸房中，放在盛湿纸的台上。

炕工将一部分湿纸搁在扦纸凳上坐在小凳上持擂纸捶在湿纸的一个角上用力一擂，湿纸被擂的一角凹下去，角尖却翘上来。用右手拇指和食指两个指头将湿纸一张张拈起一角，把每张湿纸的一头斜贴起来，折好搁在左手腕上，右手持刷把，走近炕灶旁，左手平胸口提起，头垂下，用口向湿纸一吸，揭开第一张湿纸，用刷把往炕灶壁上一刷，再吸第二口，再刷第二张，如此继吸继刷，一直将左手腕上的纸刷完，然后复再去扦凳上擂纸。刷在炕壁上的纸，等到三分钟左右就干了，取下来积起，每积到二十八张，即横腰一折，搁在盛干纸台上就是一刀纸。每廿五刀纸用篾条捆成捆。造纸的最后一部手续到此才完了。

由此可见，现在九渡的竹纸制作技艺，与传统方法相差不大，只是将炕灶干燥改成了自然晾干。

从九渡的竹纸制法来看，其有以下特点。

（1）竹种与砍竹时间。九渡的竹纸制造采用凤尾竹，其生长在江边较为疏松的土壤中。据文献①记载，凤尾竹与观音竹相似，但较高大。九渡的凤尾竹高6～10米，秆较粗，植株与文献所称的凤尾竹略有不同。凤尾竹夏季生笋，到冬季即与老竹高度相仿。因此，砍竹一般在冬季。这与四川砍慈竹的时间有些类似。

（2）石灰腌料的时间比较长。砍下的竹料需要先晒干，一方面便于收储，另一方面是为了蒸发掉大部分水分，便于后续腌浸时对纸料处理火候的掌握。九渡的竹纸制造属于生料法，原料不经蒸煮，因此，主要先靠石灰腌浸来使竹料软化。一般在生料法制纸中，竹料在石灰浆中的腌浸时间为两个月左右。九渡采用长时间石灰腌浸的原因，可能与前面的晒干处理有关，也与砍竹时间较迟、竹料稍老有关。烧纸的制造，一般采用较老的竹料较为经济，所制之纸颜色较黄，符合烧纸的颜色要求。同时，老竹的纤维收获率较高，产纸率也就高些，但老竹较硬，需要的处理时间也就较长。

（3）采用堆腌水浸的干湿发酵法。堆腌发酵速度较快，但程度难以控制。而水浸发酵较为缓慢，所成之纸质量较高。九渡采用先堆腌、后水浸的方法，而且堆腌的时间较长，应该是与原料特点和产品要求相适应的较为合理的方法。后期

---

① 易同培、史军义等：《中国竹类图志》，科学出版社2008年版，第129页。

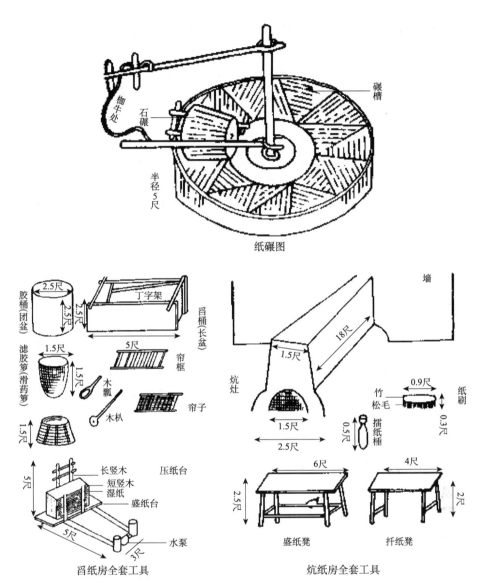

图 2-111 《"易村"的纸坊》所附工具设备图（1940 年）

的水浸发酵有利于进一步分散纤维，同时可以对发酵的程度进行调节。

（4）石碾碾料。采用石碾碾料，是生产较粗质竹纸常用的方法。九渡采用的碾料设备较有地方特点。碾一般分碢碾和辊碾两种，碢碾的"碢"为直立圆盘状，下有碾槽，一般设于地面，形制较大。而辊碾之"辊"呈圆柱形，与碾盘接

触面较宽，下面不设碾槽，一般碾盘高于地面，形制较小。九渡的石碾为一种设于地面，形制较大的辊碾，辊呈锥柱形，刻有较明显的齿，碾盘外沿高起，较为少见。辊碾常见于北方皮纸的制造，用于皮料的初步打浆。而在竹纸制造中常见用碓，也有用碢碾的，效果较好。九渡的辊碾同时带有一些碢碾的特征，便于竹料的充分碾碎，而同时一次碾料的量较碓和一般的碢碾为大。

（5）炕灶烘干。在烧纸制造中，多采用生料法、自然晾干的方法。这主要是由于烧纸对纸面的光洁度要求不高，自然晾干可以节省燃料。而这里传统上采用火墙烘干的方法，其原因可能与当地湿润的气候和较为丰富的森林资源有关，也可能与技术的来源有关。据张子毅的调查，民国初年有四川人来此帮本村人开设纸作坊，做熟料纸。但不久因熟料纸生意不好而停产，到民国十七至十八年，开始恢复生产生料纸，打开了销路，得到了发展。因此，其技术应与四川熟料细纸的制法有一定的渊源。

二、云南鹤庆县龙珠的竹纸制作技艺

鹤庆县在云南省的西北部，属大理白族自治州。鹤庆县以出产白棉纸和竹纸闻名，其主要产区在县中部的灵地村和龙珠村。其中，灵地村主要生产白棉纸，而龙珠村则是同时生产白棉纸和竹纸。新中国成立前，龙珠村产纸量占当地产纸产量之 6/10，灵地村约占 4/10。本部分中关于竹纸的制作技艺主要来自我们 2007 年 2 月对龙珠村的调查。

龙珠村属松桂镇，距县城 35 公里，有 23 个村民小组，970 户，4400 多人。龙珠村的手工造纸，经历了 3 个历史阶段，新中国成立前生产竹纸和皮纸，1930 年，临沧云县马帮以茶换纸到龙珠，主要是皮纸。新中国成立以后一段时期主要生产竹纸，特别是做妇女卫生纸，在 20 世纪五六十年代，供昆明市土产公司。20 世纪 80 年代造纸最盛时有 540 户，年产纸 2500 吨。当时造竹纸用毛竹，从前周围竹林较多，1970 年以后，竹材主要来自外购，现使用中江乡、洱源等地的竹子，每市斤 0.5 元。1992～1993 年，竹纸减产、皮纸减少，1992 年左右，松桂镇后大西山封山，竹产量进一步减少。1998 年以后，又是同时生产竹纸和皮纸（白棉纸）。现在造纸户只有 60 户人，这是指做竹纸的户，另外还有 13 家做皮纸的纸厂。竹纸有 60 张纸槽，白棉纸有 45 张纸槽。以前龙珠产的纸在全省销路都很广，现在龙珠主要是生产皮纸，草纸（竹纸）主要销售到丽江（迷信纸）、寻甸（迷信纸）、昆明等地。

关于龙珠竹纸的制作工艺，民国时期，范金台等曾进行过调查，所记录的工

序与云贵地区其他地方的竹纸工艺相比，要繁复一些[①]：

竹纸之制造程序约有下列诸步骤

（1）浸泡。竹料之原捆，约为直径三四十公分之束，泡浸之于水池中，水略秽污尚无大碍，亦不须换水，竹捆上以大石块压之，每过四五日各捆翻置一次。一次所泡，皆足供一窑之原料，即干竹一千五百斤，浸泡之时间夏季须二十日，春季三十日，冬季四十日。

（2）加石灰。竹料浸透后，解开原捆另捆成约为其原形五分一之小捆，涂以石灰浆，整齐堆积，竹杆之两端以更浓之石灰封闭之，顶上加草木一层；盖使内部保持长久之湿润，而使竹料充分碱化也。堆置约二十五日之久。

（3）蒸煮，竹捆与石灰同搬装于蒸煮器中，填以清水，以大块之松柴置于灶中，徐徐燃烧，使器中温度常保持于摄氏百度上下。水蒸失即随时加填，继续一星期之久。

（4）洗涤。蒸后自蒸煮器中取出，置水池旁石板上，以清水洗涤。此事须由多数人趁热为之，一日完成。

（5）二次蒸煮。洗涤后二次装入蒸煮器中，再加清水，盖以板盖，燃烧蒸煮三日。

（6）加碱。将大碱加于蒸煮器中竹料之顶层，碱立即溶化沉入；其上以草类覆之，草上加柴灰一层，继续蒸煮又三日。

（7）去碱。蒸煮停止，除去顶层之灰及草，将蒸煮器围墙底部之孔道打开，使碱水泻出。加清水又泻出，反复七八次。约二日之后，料中碱质大部分洗失。

（8）二次浸泡。加满清水泡浸去碱之原料，再加一灶之柴燃尽后，器内温度略高于大气温度，于三五日加柴一灶，以保持之。如是继续十余日，取出搁置，化学反应至此已完成，即待冲碓，冲碓后则纸料成矣。

（9）冲碓。竹料经过冲碓，已失竹杆形态，纤维毕露，冲碓之后，料中时有发现未完全变化之块体，坚硬不烂，称曰"料筋"；即以清水洗涤，将料筋一一拣除。

（10）调和。制成之纸料置捞槽中，以清水调和之。植物黏料亦于

---

① 范金台：《云南鹤庆之造纸工业》，《云南工矿调查报告之十八》，资源委员会经济研究室，1940年版，第1-9页。

是时首次加入；捞过相当时间后，浆液渐稀，随时加添新料。

（11）捞纸。捞纸工人将纸帘置于一木架上，双手平抬之，以一端沉入纸浆中，另一端继之，及纸帘全部沉入，即将两手平平提起如捞物然。纸浆自纸帘通过大部纸纤维阻留帘上，纸之初形略具。此时将木架斜架于捞槽之上，取纸帘翻覆于一木板上，该木板即为榨之底盘。将竹帘用一手自一边掀起，纸已留置于木板之面。继之再捞第二张，覆于第一张之上。捞积数百张时，已成数十公分之厚，乃行榨水。

（12）榨压。将木板托纸置于榨杆之下，上覆另一木板，用绳将杆绞紧，经数十分钟纸中水分除去大半。

（13）烘干。榨后，用底板将纸抬至火烘之旁，将纸张张掀开，趁其潮湿附贴于烘墙上，静待其干。张与张之间，因捞时隔有相当时间，故虽经大力压榨，仍易掀开。烘干之后，取下裁齐。至此一切不刷色之竹纸如新闻纸、包裹纸、锡箔纸等，已告完成，如刷色成青梅纸则须更经过以下诸步骤。

（14）上胶矾。将胶矾液调匀盛于一木盆中，以竹竿□着纸边，持竿使纸在溶液面上掠擦而过，使全面沾有溶液而不过于湿软。俟干，分别成捆。

（15）蒸。将纸捆竖立于蒸锅中之木架上，架下有水，纸上密盖。烧火沸水蒸之，使□中增加一次水分，蒸后平置使干。

图 2-112　水浸
（鹤庆龙珠，2007 年 2 月）

据我们了解，新中国成立前，竹纸的尺寸为 30 厘米×70 厘米规格固定，色较白，但并无专门的漂白程序。

根据此次对张姓人家的调查，现在竹纸的制造方法如下。

在 9 月砍竹，原料为小山竹。将砍下的竹条浸在水塘中，引河水浸泡 1 个月，上压石块（图 2-112）。

将竹条浸于浆池中：浆池中用水化开生石灰，将竹丝浸入，然后取出在浆池边的堆坪上堆放（图 2-113）。堆坪上的竹丝发酵 1 个多月。

将堆腌过的竹料放入 1 号蒸锅（窑子），一次入 3800 斤竹丝，上面再用石灰浆淋上一道，然后用黄泥沙封住窑头，点燃煤火蒸半个月，其间保持 100℃的高温（图 2-114）。

图 2-113 浆灰
（鹤庆龙珠，2007 年 2 月）

图 2-114 蒸煮
（鹤庆龙珠，2007 年 2 月）

取出竹丝入漂塘漂洗干净，放回蒸锅（2 号），加入热水，放入纯碱（3800斤竹丝放 400 斤干碱），从上淋下，上面用塑料布盖严，压上石头，蒸 10 多天。

蒸煮好以后停火，将水从上加入，灌满，放出，如此反复 10 多次，将料洗净。

再灌满水，将竹料浸泡 1 个多月至两个月，保持温度约 20℃左右。

从窑中取出后，放入脚踏碓打浆，碓身为栗木所制，碓头为石制，有

图 2-115 脚碓打浆
（鹤庆龙珠，2007 年 2 月）

70 ～ 80 斤重（图 2-115）。一次放料 80 ～ 90 斤，打 1 个多小时。（如果要染色，就在此步加黄色染料拌匀），够一个人抄一天，约 4000 张。

将打好之料送入抄纸坊抄纸（图 2-116）。抄纸槽成上宽下窄的斗形，便于搅动时将纸浆搅起来，抄 1000 多张要打槽多次，现在的纸药是用聚丙烯酰胺，已不用沙松根，抄 1000 张加半桶纸药，是将 1 两聚丙烯酰胺兑成 1 桶纸药。纸帘的形制为狭长形，在靠右端 1/4 帘长处设有可开合的提手，与云南、贵州、四川地区抄造竹纸的纸帘相似。

图 2-116 抄纸
（鹤庆龙珠，2007 年 2 月）

图 2-117 晾纸
（鹤庆龙珠，2007 年 2 月）

晾纸：将湿纸的大部分水分用杠杆式压榨机压去以后，一张张分开，然后约20 张 1 叠，挂在屋内梁架上晾干（图 2-117）。

从鹤庆竹纸的传统制作工艺来看，其为一种比较细致的竹纸制作方法。主要体现在二次浸泡和二次蒸煮的工艺上，包括水浸初步发酵和蒸煮后的二次浸泡发酵、石灰和纯碱的二次蒸煮。上述工序与夹江制造熟料竹纸的工序相似，据说其技术即来自于夹江。[①] 根据我们的调查，在鹤庆竹纸制造工艺中，灰蒸和碱煮的时间均比较长，约有半个月左右，消耗的燃料较多，其他地区一般为 7 天，这可能与使用竹料的种类，以及不去除竹皮有关。另外，蒸煮后使用温水在锅内发酵的方法也不多见。因此，灰蒸和碱煮要使用不同的蒸煮锅，二者的方法也略有不同。上述工艺，属制造较好的文化用纸——贡川纸的工艺体系。鹤庆的竹纸，以往曾作为书写用纸和土报纸，在云南的竹纸中属于上乘。虽然现在已经很少作书写之用，主要作为迷信焚化纸，但其纸张的白度，与一般迷信纸相比，仍然要高得多。因此，工匠常常要对纸张加以染色，以满足客户对金黄色迷信纸的喜好。从造纸工序来看，现代工艺仍保留了传统工艺的大部分步骤，只是将传统工艺的加热烘干，即将炕干法改为了制造迷信纸常用的晾干法，也算是适应需要的一种改变。而从总体来说，与江西铅山的熟料毛边纸一样，工艺较为复杂，消耗的燃料与人工较多，如果是制造迷信纸，有其不经济之处。工艺的改良，或者说是退化是不可避免的。

据我们了解[②]，与鹤庆竹纸制作工艺几乎完全相同的还有贵州省西部盘县老厂镇的毛边纸制作法和东部岑巩县的竹料火纸制作法，其区别只是岑巩火纸的灰

---

① 李晓岑，朱霞：《云南少数民族手工造纸》，云南美术出版社 1999 年版，第 27 页。

② 来自于 2014 年 8 月对盘县老厂镇的调查和贵州省文物局彭银提供的图文材料。

腌、灰蒸和碱煮的时间较短。这样的工艺在迷信纸的制造中不多见，其工艺的源流和变迁值得注意。

三、贵州贵阳市新堡乡陇脚村的竹纸制作技艺 [①]

贵州的皮纸历来享有盛誉，都匀的皮纸曾远销各地。2006 年，贵州皮纸制作技艺被列入第一批国家级非物质文化遗产保护名录。但其中包括了贵阳香纸沟的竹纸制作技艺。香纸沟的竹纸制作历史悠久，据传说始于明代初年，距今已有 600 多年的历史。该地的竹纸制造，主要集中在贵阳市东北部乌当区新堡布依族乡境内的陇脚村，属香纸沟省级风景名胜区白水河片区，距贵阳市区 42 公里。全村由上陇脚、下陇脚、湘子沟、白水河、葫芦冲 5 个村民组组成。陇脚村所造竹纸，主要是销往贵阳和邻近地区，以前就作包糕点食杂的包装纸用，后来也曾作为卫生纸和垫棺材纸用。[②] 现在绝大部分是作为祭祀用的烧纸，俗称钱纸。据说现在也有书画家试着作书画用，对纤维质地略作改进，作素描很有韵味。

此次调查地点是在白水河组。由于下过雨，溪水较大，需要涉水进村。进村以后，就可以看到河边有不少碾料用的水碾。据称 2003 年大水，当地被冲坏了不少碾房，现在只有 6 架水碾可用，到处可以见到架起堆放的竹料。按做纸时期分，该村做两种纸：年半纸、过年纸（到清明），统称钱纸，主要是根据市场对烧纸需求的季节性和农时而定，做纸一般在庄稼种下以后到收庄稼和收完庄稼以后。

该地制纸的主要工序如下。[③]

（1）砍竹。造纸主要是使用钓鱼竹，一般是在 2～3 月份砍上 1 年生的老竹。

（2）砸碎。将砍下之竹先晒干，然后在石块上敲碎，架起堆放，便于浆灰时石灰浆的渗透。

（3）成捆。将敲碎的竹片捆成小把，便于浆灰和装窑。

（4）浸石灰。将竹料放入蒸料池（图 2-118）中，蒸料池体量巨大，长、宽、深分别为 3 米、3

图 2-118　煮料池内部
（贵阳香纸沟，2008 年 8 月）

---

① 2008 年 8 月 8 日调查，贵阳市文化局文物处处长邓志勇、乌当区文化局宋主任，随后由当地新堡乡王兰副乡长、陇脚村支书、村委会主任等陪同。

② 王家和：《陇脚村的土法造纸》，《乌当文史资料》（第 4 辑），政协贵阳市乌当区委员会，1989 年，第 118-122 页。

③ 主要根据胡宗奎（时年 73 岁，做纸 20 余年）、邱光强（时年 60 岁）的口述。

米、2.7 米，竹料长近 3 米，纵横堆放，中间撒上干的生石灰，再加水，也有将竹料用石灰水浆过以后再放入蒸煮窑中。

（5）蒸煮。煮时窑的下部要放锅，里面加水。竹料放到与窑口相平，不用上盖。现在用煤加热，先用武火，后用文火，蒸 1 个月。一窑竹麻做出来的纸值 6 万～7 万元，有 1 万多斤，用煤约 2 吨。以前也有用柴的，比较浪费资源，而且每天晚上要照看，现在用煤几个小时来看一回即可。

（6）洗净。停火以后，可以放置几天，以发挥余热的作用，进一步使纸料柔软。

（7）发酵。将竹料取出，放在煮料锅旁的浸料池中，放水清洗，洗去石灰以后，再放水浸泡 15 ～ 20 天发酵，便于碾料处理。也可以在池中堆腌发酵，然后再次清洗以备碾绒（图 2-120）。

图 2-119 卧式水轮
（贵阳香纸沟，2008 年 8 月）

图 2-120 碾绒
（贵阳香纸沟，2008 年 7 月，当地提供）

（8）碾绒。即碾料，使用水力石碾，将经洗涤捶打初步分散的竹麻丝放入碾槽，启动石碾碾料，开始的时候要用小镰刀去耙，以防止碾盘和碾槽直接相碰，加速石碾的磨损。2 小时以后竹料经初步碾细，自然会垮塌下来，就不再用人工去搅动。碾料的时间要看水力大小，一般要 5 ～ 6 个小时。然后将大部分竹料取出来，留一部分在里面（1 天抄的量），放水再碾一遍（称回竹麻，半小时即可），使之呈绒状即可供抄纸。

（9）下槽打浆。将碾好的竹料放入纸槽，用耙子充分搅拌，同时加入纸药，纸药又叫滑液，是一种树叶（小叶）浸出的黏液。

（10）抄纸。使用云南、贵州地区抄造竹纸常用的狭长形纸帘，帘框靠右手端 1/4 处有提手（图 2-121）。抄纸时使用三次出水法，先由近身处向外稍斜插入水，提出后倒出多余的纸浆，随后重复上述动作，但插入水中较深，迅即再由远端向内斜插入水汲取纸浆，从右上方倒出多余的纸浆即完成一张湿纸的抄造，一天抄 80 斤干纸（约 4000 张），湿纸 170 ～ 180 斤。纸帘帘面的尺寸为 33 厘米×75 厘米，抄好的纸张大小为 30 厘米×69 厘米，一直未有变化。竹帘有人专门上门销售，要 200 多元一张。帘框用柏木制造。

（11）牵纸。将抄好的纸堆积至 1 米多高时，可用木榨榨去大部分水分。然后将湿纸块放在长凳上，用手一张一张将纸揭开。

（12）晾纸。约 15 张为一叠，将湿纸挂在竹竿上在室内晾干，一般天气好时需要 7 ～ 8 天，天气不好要 10 余天（图 2-122）。

图 2-121　抄纸

（贵阳香纸沟，2008 年 7 月，当地提供）

图 2-122　晾纸

（贵阳香纸沟，2008 年 8 月）

（13）切纸。先将纸的四周毛边切去，然后再切成长 22.5 厘米、宽 14.5 厘米的小纸。

（14）打钱印。在钱纸出售前，还要在纸上打上象征铜钱的钱印。其法为将一叠纸（约高 20 厘米）放在圆形切墩上。上面有方形木架，固定有 3 排铁制镂空模版，先用铁锥子在按模板位置的纸上凿出 3 排小孔，然后再用半圆凿在每个小孔周围凿两个括号状半圆。

（15）销售。一般都有商人上门收购，出售时以斤论，每斤 3.5 ～ 3.8 元。

该村的钱纸制造方法，是熟料粗纸较为典型的方法，同时在设备与工具上又有当地的特点。其主要特点如下。

（1）选用较老的竹料，对竹皮不加以去除。这在粗纸制造工艺中比较常见。主要原因还是对纸张的均匀度、光洁度要求不高，老竹的纤维获得率（出纸量）较高。而且老竹制纸，颜色较黄，对于书写纸而言可能是缺点，而对于烧纸而言则可能是优点。本地的竹纸称为钱纸，呈现出自然的金黄色，象征着财富，因此

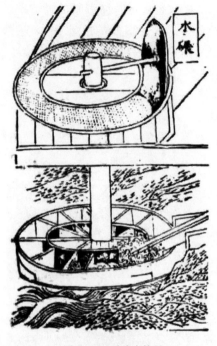

图 2-123　卧式水轮碾
（据王祯《农书》）

受到附近百姓的喜爱而供不应求。在其他地区也不乏将浅色竹纸用姜黄染色以作烧纸的现象。①

（2）蒸煮时间长。这应该与竹子的老嫩相关。在一般的熟料法中，浸灰以后的蒸煮时间在1周以内，不超过10天，这主要是对尚未分枝的嫩竹而言的。像本村所使用的1年生老竹，如果只经一次蒸煮而要达到可供碾料的熟烂程度，自然需要较长时间。其缺点是消耗的燃料较多。为何仍使用这种方法，可能与技术的传承有关，如果对产品的需求较大时，熟料法也能够缩短原料处理时间，提高产量。近年来，当地也有改用生料法，即在石灰浆中浸泡数月的方法，以替代蒸煮、节省燃料费用。

（3）水力石碾的使用。在南方，竹料的打浆常常使用借助重物（碓头）冲击力的脚碓或水碓。碾的使用以往并不多见。本地使用的卧式水轮碾（图2-123）在造纸中更是罕见。作为一种古老的农具，同样的石碾在元代王祯的《农书》中就有介绍。②与常见的立式水车不同，卧式水轮辗结构较为简单，可以设置在落差较小但水流较急的地形，带动石碾转动。用碓一次可以处理的竹料量较少，但处理时间短，在一般的舂碓速度下，一两个小时即可。因此，原料的处理是采用少量多次的方法，需要有人在一旁不断用手搅动。而像陇脚村的石碾一次处理时间长，一般要5个小时以上，一次的处理量较多。碾碾碾料后期不需要人工搅拌，因此两种方式各有所长。类似结构的卧式水轮碾，在南方地区作为农具还是时有所见，如广西融水县杆洞乡的水碾。但一般主要用作谷物的处理，如碾米、碾玉米等。③

---

① 如浙江富阳蔡家坞、湖南浏阳张坊、云南鹤庆龙珠等地。

② （元）王祯著、王毓瑚校：《王祯农书》，农业出版社1981年版，第353页。

③ 韦丹芳：《融水县杆洞苗寨水碾调查》，广西民族学院学报（自然科学版），2002年第8卷第3期，第60-63页。

第三章

竹纸传统制作技艺研究

通过对竹纸制作技艺的现状调查可以知道，出于生产成本、社会需求等方面的考虑，不少现存的竹纸制造工艺已经与传统工艺有了很大的变化。特别是一些中高档竹纸，虽然外观没有发生明显变化，但其在使用效果及耐久性等方面已与传统工艺所制竹纸有了明显的不同。除了借鉴现代机械造纸工艺的一些设备和工艺以外，在原料的采集、筛选等方面的要求也比以前有所降低。同时，中低档竹纸的制作工艺，则更偏向于粗糙和简化，如毛边纸，逐步由书写用纸蜕变为迷信纸，自然在工艺上不需要过多讲究。

而作为书画创作、印刷拓印、文物修复等用途的竹纸，如连史纸，其纸质的退化，会明显影响其使用价值。现在也逐步引起使用者的注意，寻求传统优质竹纸的呼声也逐渐高涨。传统工艺的消失，不仅是非物质文化遗产保护上的损失，也使上述领域竹纸的使用受到影响。在本章中，我们主要根据田野调查所得的资料，结合历史文献，特别是民国时期的调查报告，按竹纸的大类，进行制作工艺的归纳总结，力图还原各类竹纸的传统制作工艺，并就其中的一些问题进行专题讨论，为传统工艺的恢复、竹纸制作工艺的源流与变迁的研究，提供一些材料和线索。

第一节　连史纸的传统制作技艺

连史纸制作技艺经历了 400 年的历史，技术的改变和地区差异是不可避免的。近代以来，在连史纸原产地，出现了以漂白粉等漂白剂代替天然日晒漂白；蒸煮过程也简化为烧碱等强碱一次蒸煮。在一些并非连史纸的传统产地，如四川、湖南的一些地区，也引入漂白剂漂白工艺，生产与连史纸外观相似的漂贡等手工纸。本章所称的"传统连史纸制作技艺"专指采用多次弱碱蒸煮、天然漂白工艺，主要依靠手工劳作制作连史纸的工艺技术。相对而言，第二章介绍的福建省连城县姑田镇从 1982 年开始持续至今的连史纸制作技艺由于在蒸煮、漂白工艺方面有较大改动，虽然原材料基本未变且主要为手工制作，但与传统方法已有了明显的区别。

一、江西铅山的连史纸传统制作技艺

江西铅山是连史纸（又称连四纸）最重要的原产地之一，据史书记载，明朝中叶铅山县即以其发达的手工造纸业位居江南五大手工业区域之一[①]，到清代中期，纸业人口占到全县人口的十分之三四，连史纸、关山纸等当地优质竹纸产销兴盛。[②]而作为当地最为著名的"连史纸"，其产销在清代乾、嘉、道三朝达到鼎盛，清末民初后由于社会环境的变化和自身技术的部分退化，产量和质量均有下降，至新中国成立初期，铅山县内生产连史纸的纸槽已基本停产。[③]1959 年，在荣宝斋、朵云轩等单位的求购下，铅山县南部的天柱山乡浆源村、篁碧乡畲族村曾经各设一张纸槽恢复生产，仅有工人 16 人。"文化大革命"期间生产中断，1979 年再度恢复，但 20 世纪 80 年代末期，天柱山乡浆源村的最后一张纸槽也停止了生产。

这里所介绍的连史纸传统制作技艺是在 1949 年前后的传统制作技艺，主要源自 2006 年对天柱山乡一带传统老艺人的采访，包括徐堂贵（时年 83 岁，民国时期开始从事连史纸抄纸工作），廖承禄（时年 84 岁，民国时期开始从事连史纸制浆工作，曾任乡干部），翁仕兴（时年 80 岁，民国时期开始从事连史纸制浆工

---

① 翦伯赞：《中国史纲要》（修订版）下册，人民出版社 2003 年版，第 206 页。

② 铅山县县志编纂委员会：《铅山县志》，南海出版公司 1990 年版，第 213 页。

③ 滕振坤：《铅山连史纸》，《铅山文史资料》第三辑，政协铅山县文史资料委员会，1989 年版，第 56 页。

作，曾任篁碧乡纸厂厂长），王星台（时年 75 岁，民国时期开始从事连史纸制浆工作，曾任篁碧乡书记），雷乃旺（时年 59 岁，"文化大革命"前参与连史纸制作，祖上一直从事焙纸工作）。

连史纸的制作技艺可以分为 3 个步骤：备料、制浆和抄纸。

1.备料

1）砍条

每年农历立夏时节，将尚没有发芽的嫩竹砍倒，然后将其砍成每段 3 米的长度。

2）浸条

将砍好的竹条放置在山坡平地上，堆成规则的形状，在上面放置大石块压住。然后把山泉水引过来浇灌在石块上，使得水花四溅，把竹条淋湿，如此放置两到两个半月。

3）剥竹丝

将竹子皮剥下丢弃，剩下的竹丝剥下后对折起来，放在山腰搭设的竹架上进行晾晒。如果天气晴好，大概 1 周即可。

据廖承禄所述，民国时期在竹麻丝的质量上有讲究，长度在 2 米左右的称"表丝"，价格最高；其次是一般所称的竹丝，长为 3 米左右；最差是 1 米以下的竹丝，称为"火同丝"，一般同竹丝搭售给制浆工人。

2.制浆

1）浆灰

采用铅山本地产的石灰，按照 3000 斤竹丝 1500 斤石灰的用量，先将石灰用水在石灰塘中搅拌均匀，然后将竹丝成捆地放入其中浸泡，并用石块压住。一般要 1 个月左右的时间。

2）漂洗

将石灰腌浸过后的竹丝取出，放在石灰塘旁边的漂塘中用清水漂洗，大约需要 5 个人工作 1～2 天。

3）晒干

将洗净的竹丝晾晒到竹架上，约晾晒 5 天。

4）浆灰清

其基本步骤如同前述的浆灰工艺，石灰用量稍多。

5）蒸灰清

将一次备料的 3000 斤竹丝放置在石块砌筑的圆柱形"王锅"①中的箅子之上，下面用一口大铁锅烧清水加热，利用蒸气将竹丝加热。竹丝堆放好之后需要在上面加木板盖子。一般蒸煮时间为 1 天 1 夜到两天两夜。

6）漂洗

将蒸煮好的竹丝放入漂塘中用清水进行漂洗，工艺与前述漂洗类似。

7）晒干

如同前述的晒干工艺。

8）制备竹碱

据廖承禄所述，首先用竹子或者砍下不要的老嫩枝叶等烧成灰，然后加入水中煮沸，静置，倒出上层的清液，将其再行煮沸而结晶出竹碱。据说该竹碱呈黑色，一般在铅山县陈坊镇一带出产。据廖承禄、翁仕兴所述，民国时期已经开始采用价廉高效的进口纯碱，并逐渐代替工艺复杂、效率较低的传统竹碱。

9）过初碱

按照 3000 斤竹丝的用量，将 120 斤左右的竹碱放到王锅旁边的一个较小的石砌方形碱水池中，把王锅里面烧热的水引入池中，把碱水调匀。然后将竹丝成捆地放入碱水池中浸渍，然后取出摆放在一边的平地上堆放。如果使用纯碱，由于其碱性远高于稻草灰，其用量仅为竹丝重量的 3%。其操作过程为：先将纯碱放入蒸煮窑边的碱水池中，放入王锅的热水中将其化开，然后将竹丝分作 3 ~ 4 批放入池中浸渍碱水，每次 1 个小时。然后取出来，堆放在一边的平地上，等所有竹丝都浸渍完毕后，再进行蒸煮。

10）蒸料

将过初碱后的竹丝放入王锅中进行蒸煮。如果王锅中加入的是碱水池中的碱水，则蒸煮时间为一天一夜，如果加入的是清水，则蒸煮两天一夜。

11）漂洗

将蒸煮过后的竹丝，放入漂洗池中，用清水漂洗到干净为止。

12）晒干

如同前述，将竹丝晾晒在竹架上。

13）打料

将晒干后的竹丝放置在大石板上用木棍进行捶打，使其变得松软。一个人加

---

① 又作"楻锅"，煮料用的大锅，下有铁锅以盛水，上以石块砌筑，其上又围以木桶，称楻桶，以增加容量。各地煮料之锅形制大致相同，楻桶之称见《天工开物·杀青》。

工3000斤料大概需要一周的时间。

14）做黄饼

这项工艺主要由妇女承担。用手将松软的竹丝盘成直径40～50厘米，厚2.5厘米，重量为2两[①]左右的圆形竹饼。

15）漂黄饼

漂白前需要在抄纸作坊周围的低缓山丘上选择石质的山坡，且其上生长有约1尺高的低矮灌木丛，作为天然漂白竹饼的漂白场。先整山，将较高的灌木弯折，使山坡上的灌木保持大致齐平，然后将做好的黄饼运送到山上，摊开晾晒在灌木丛之上，保证其上下通风透气。借助武夷山一带独特的湿润多雨天气，连续交替出现的小雨、阳光天气，使得竹饼慢慢发生氧化漂白作用，逐渐由黄转白。一个月后将漂白的饼翻一个面，整个漂白过程历时约两个月（图3-1）。

图3-1 经过1次天然漂白后的黄饼
（铅山天柱山乡，1988年产品，2006年11月）

16）赶料

由妇女将收下山已经漂白的竹饼收集起来，剔除其中的杂质。

17）过白碱

基本过程如同前述的过初碱，只是碱的用量需要减半。

18）蒸料

基本过程如同前述的蒸料，蒸煮时间为一天一夜，熄火后闷一天。

19）漂洗

将蒸煮好之后的竹饼用清水漂洗。

20）漂白饼

再次将竹饼放置到山腰进行天然漂白，每一个月翻动一次，共历时约两个月。

21）赶料

将漂白后的竹饼收下山，剔除杂质。

---

① 1两=0.05千克。

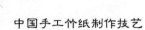

22）打料

将剔除杂质后的竹饼放到溪流边的水碓上进行打浆。

23）踩料

踩料槽是一个木质的长方形槽，尺寸一般为 2 米长，1.5 米宽，80 厘米高。将大约 100 斤的竹浆加入槽中，一个人需要踩踏两个小时。需要一边踩一边加水。

24）洗浆

用一张 2 米见方的当地所产的土布，4 个角用竹架吊起来，然后每次加入约 10 斤左右的纸浆和清水，一边晃动一边漂洗约 10 分钟左右，把布中过滤后的纸浆留下做纸。

3. 抄纸

1）打槽

抄纸槽为木质结构，尺寸一般为 2.5 米见方，高 0.8 米的长方体。首先在纸槽中加入清澈的山泉水，然后加入踩料以后的竹浆约 100 斤和纸药搅匀。纸药的作用是使得加入的纸浆纤维得以充分地分散，便于后续抄纸。纸药取自当地所产的水卵虫叶子，或者藤药、南脑，一般都是带有黏性的植物根茎榨取得到的浆液。

将清水、竹浆和纸药配制好以后，两个工人站在抄纸槽的两端，分别手持一根毛竹或者一端带有方形木板的竹竿有规律地搅动，若干时间以后再换到另外两个对角进行打槽。

2）抄纸

在抄纸之前，如果觉得纸浆不够洁白，还需要加入少许工业用的漂白粉，比例大概为 1 槽纸浆 2 两。抄纸帘子由上面覆盖的竹帘皮和下面承托的帘床组成，根据调查实测，铅山县天柱山乡曾用过的纸帘尺寸为 1.24 米长，0.67 米宽，均以苦竹丝编织而成；帘床通长 1.43 米，宽 0.84 米，外围以杉木做框，里面仍是以芦苇秆为支撑。抄纸帘皮在首次使用前需要经过处理。徐堂贵称，先将新帘皮铺放到松木板上，然后调制盐水将其淋洒到纸帘上，再用木块将帘皮摩擦平整，阴干待用。

两名抄纸师傅中技术高的称作"掌帘"，水平较低的，一般也是学徒，称作"帮帘"。两人分别抬住帘床的两端，然后在协调一致的动作下进行抄纸。据徐堂贵回忆，民国时期的抄纸动作大概是：将纸帘由一侧斜插入纸槽中，"左摇一下，右摇两下"，然后出水。由此看来，大概采用的是"二出水法"。[①]

每抄纸 100 张，需要用竹竿搅动纸浆一次，并再次加入纸药。

3）榨砣

此步骤就是榨纸，将湿纸中的水分通过木质压榨机榨出。每天黄昏抄纸结束后，将所抄造的 1200 张纸放入到压榨机下，利用杠杆原理将水分逐渐榨出。据说 45 厘米高的湿纸堆榨干后只有 8 厘米高。

4）干纸

前一天压榨干的连史纸需要在第二天早上贴到中空的焙墙上，利用墙内燃烧燃料产生的热量，使得纸张水分蒸发烘干。干纸的焙墙一般横截面为梯形，上狭下阔，墙体中空，热气在其中流通并通过墙面使得纸张干燥。

据雷乃旺回忆，焙墙长为 8 米，地面最大宽度 1.4 米，高 2.2 米。焙墙墙体厚度仅为 10 厘米左右，中间是竹篱笆骨架，外面涂抹草拌泥形成墙体。在外墙面，另需要涂刷数层石灰及数层桐油，以保持墙体光滑且利于贴纸。

图 3-2　废弃的抄纸作坊
（筻碧乡，2006 年 10 月）

5）整纸

烘干的纸揭下来放到大木桌子上，用大剪刀进行剪裁。剪刀的长度为 20 厘米，宽度为 2 厘米，可以一次剪裁 100 张纸。根据雷乃旺回忆，民国时期的连史纸成品尺寸为 1.2 米长，1 米宽。

民国到"文化大革命"前期，连史纸的质量等级没有专门的量化性能指标，都是凭借厂长的经验来确定。一般是把连史纸的等级按照优劣依次分为：加魁、本庄和盖加。

图 3-3　废弃的浆料池
（筻碧乡，2006 年 10 月）

① 浆料在纸帘面上仅在一个方向流过一次，一般称为"一出水法"，而浆料两次流过帘面则是"二出水法"。"二出水法"抄造的纸纤维分布均匀，且纸张强度和紧度均较"一出水法"为大，纸面平整，纸质细洁。参见：王诗文：《中国传统手工纸事典》，（台北）财团法人树火纪念纸文化基金会，2001 年版，第 96 页。

图 3-4　废弃的榥锅
（篁碧乡，2006 年 10 月）

图 3-5　陈坊老街上的纸号旧址
（陈坊镇，2006 年 10 月）

6）打捆

连史纸的数量规格是：100 张为 1 把或者 1 刀，24 把为 1 担，1200 张为 1 头。每 1 头纸用竹篾捆扎好，2 头纸为 1 担，用人力挑运到北边的铅山陈坊镇出售给当地纸行，然后再运往铅山河口镇进行分销，或者沿着闽赣交界的古驿道向南可以运送到福建光泽一带。

7）品纸

成品连史纸销售到纸行以后，需要对其品质再次进行鉴定。根据对铅山陈坊镇"罗聚和纸号"后人罗建勋的访谈，一般情况下品纸分为以下几个步骤。

（1）品纸：也称配纸，配等级。

（2）削纸：剔除破烂。

（3）榨纸：用竹篾捆扎纸。

（4）打篓：用竹筐装纸。

（5）捆藤：捆扎好便于运输。

二、福建光泽的连史纸传统制作技艺

福建光泽县在历史上也是连史纸的重要产地，连史纸生产主要集中在司前乡庭燎村一带。新中国成立前庭燎村中有 20 ～ 30 个纸槽，新中国成立后只有 9 个纸槽在生产，而 1977 年只有 4 个纸槽勉强生产，1977 年以后停止生产。通过对老纸工郑芳松（2007 年时年 69 岁，1956 年参与连史纸制浆工作）的访谈可知，司前乡庭燎村传统连史纸的制作技艺如下。

1. 备料

1）砍竹

庭燎村一带产竹不多，原料多为附近村子碗厂、西口所产，其次还有本村的旗子坑。立夏之前 2～3 天开始砍竹，此时竹子一般有两个分枝。待其砍下后，静置山坡上 2～3 天。

2）打堆

将每根竹子砍作 2～3 段，大约每段长为 3 米。在山坡脚下选择一块平坦的地面，将砍成的竹段堆叠起来，同朝一个方向平行放置。一般一块竹山所砍下的竹料统一堆放成一堆，然后在竹堆顶部放置一块石头，用竹管将上山溪水引到竹堆上，通过石块将水花溅开，保持竹堆潮湿放置约 3 个月。

3）剥竹丝

将竹段取出，剥下竹皮。竹皮可以做迷信黄纸，但不是连史纸的原料。将剥好的竹丝捆成小把，晾晒在竹架上，历时半个月左右。

2. 制浆

1）腌粗灰

将晒干的竹丝运送到山下，准备用石灰腌制。石灰用量为 100 斤竹丝消耗 50 斤干石灰。先在石灰塘中放入足量的干石灰，然后加入水化开，调匀后将大约 1000 斤的竹丝放入塘中浸泡，两天后取出。

2）打堆

在王锅旁边有一块平地，将之前浸过石灰的竹丝束取出堆放其上，大约可以容纳 1 万斤竹丝，刚好是一次做料的总量。将竹丝堆叠起来以后，每天早晚将石灰塘中剩下的石灰水淋到竹丝堆上，直至耗尽。该打堆时间历时 1 个月左右。

3）漂塘

将堆放在平地上的约 1 万斤竹丝全部放到漂塘中，引入活水进行浸洗，一共洗两天。然后将竹丝分批次取出，放在石块上用木槌捶打数分钟，将其纤维打散。然后再将其放入漂塘中，将黏附的石灰洗净。

4）晾晒

将洗净的竹丝晾晒在竹架上，如果天晴的话，大约 10 多天就可以晒完 1 万斤竹料。

5）腌粗灰

此次石灰耗用量为 100 斤竹丝消耗 25 斤石灰。先将干石灰用水化开，然后将竹丝一把一把地浸入石灰浆中，然后将其取出堆叠在旁边。1 天以内就可以把

1万斤竹丝都浸好。

6）打堆

将浸过石灰的竹丝堆叠在一起，将剩下的石灰水自上而下淋到竹丝堆上，放置半个月。

7）蒸料

司前乡的王锅是石头垒砌的，和在江西省铅山县所见的差别不大，呈立方体堡垒状，下面有烧柴口和出入水口，下部放置有一口大铁锅，上面敞开以便安置锅壁。一次装锅可以容纳1万斤竹丝，在叠放的过程中要用竹子预留5个排气孔。竹丝在锅中堆放有4米多高，外面用杉木板箍成一圈锅壁容纳竹丝，最上面用木板盖住。下面有铁锅，用烧柴作为燃料，煮沸锅中的清水，蒸煮竹丝两天一夜，然后停火保温一天。

图3-6　废弃的蒸料锅
（光泽司前，2007年5月）

图3-7　废弃的漂塘
（光泽司前，2007年5月）

8）漂洗

将蒸煮后的竹丝取出，放入漂塘中引入活水清洗。5～6个人大约要洗两天。

9）晾晒

将洗净的竹丝成束地挂在竹架上晾晒，10多天以后就可以取下。

10）腌粗碱

此次石灰用量为100斤竹丝消耗10斤碱（此处用洋碱，如果是土碱要少放一点。土碱的制法，将毛竹烧成灰，用水煮，然后过滤取其清液备用，与江西铅山一致）。碱水池建在王锅旁边。先将铁锅中的水烧热，然后将热水放入旁边的碱水池中，放入10斤干碱化开。再将竹丝浸入其中，稍许后拿出来堆放在一旁的平地上，如此反复，将大约1万斤竹料进行打堆。

11）蒸料

再将浸渍过碱水的1万斤竹料一次装入王锅（图3-6）中，用如前面所述的方式进行堆放，加柴蒸煮1天1夜，然后再停火焖两天。

12）漂洗

将蒸煮后的竹料取出放置在漂塘（图3-7）中，灌入清水静置，然后将污水放掉，再灌入清水，静置以后再放掉污水，如此持续漂洗两天。

13）晾晒

在竹架上晾晒洗净的竹丝。

14）做竹饼

将竹丝用手揉松，使之像棉花团一样蓬松。然后用3米长的木棍将竹丝放在平地上打散，再用手在长方形杉木板上将其撕散，做成圆形竹饼。竹饼尺寸直径为40公分，重量为半斤左右，厚度不大。

15）漂白

将竹饼一个一个地摞起来，捆扎好，托运到山坡上进行天然漂白。漂白之前要将山坡上的植物进行粗略的处理，将山坡上的低矮灌木丛中比较高的枝叶折断，整理出一片大致高度的灌木层，然后将竹饼在灌木丛上逐一摊开。每隔半个月翻动一次，大约在山上接受日晒雨淋一个多月。据郑芳松介绍，庭燎村当地一般只进行一次天然漂白，如果要进行第二次天然漂白，还要再蒸煮一次。

16）除杂质

将经过天然漂白的竹饼收下山，人工拣出其中的杂质。

17）做白料

再次将竹丝进行碱水浸渍。该次碱的用量为100斤竹丝消耗20斤干碱。在碱水塘中先用热水将碱化开，然后把下山的竹饼放入塘中浸渍，稍后将其取出堆放在旁边的平地上。

18）蒸白料

将上山经过天然漂白后的竹丝大约1万斤全部装入王锅中，下面用清水蒸煮，历时1天1夜，然后停火焖1天。

19）打堆

将蒸煮好的竹丝从王锅中取出，堆放在平地上进行打堆。然后早晚各向竹料堆泼洒一次清水，以便保证竹料不会坏掉。之后，竹料就可以进行打浆处理，用多少竹料就取多少。

20）碓浆

打浆之前，手工将竹料中的杂质剔除。利用当地的水碓打浆，一天可以处理30多斤纸浆，大概就是一张槽一天的抄纸量。

21）踩料

踩料池子为木板制作的小槽，尺寸为长 2 米，宽 1 米，高 1 米多。将打浆完毕的竹料约 30 多斤一次放入踩料槽中，赤脚踩踏约 1.5 个小时。

22）洗料

用一块边长为 2 米的正方形白洋布，四角悬吊起来，将踩好的竹浆缓慢加入到布面上，并不停地加水，用手摇动使得杂质过滤而得到纯净的纸浆。大约冲洗约 20 多分钟后，将布面中留下的洁净纸浆取出待用。

3. 抄纸

1）抄纸

抄纸槽为松木板制作的水池，尺寸为 3 米×3 米×1 米。纸药和江西铅山所用一致，分为楠脑、藤药和水卵虫 3 种，其中尤其以水卵虫为好。抄纸时需要两个师傅，一个扛头，一个扛尾。据调查，在该村何长启家看到两种连史纸纸帘，其中 20 世纪七八十年代的纸帘长为 124 厘米，宽为 72 厘米。据郑芳松回忆，连史纸一天最快可以抄造 1200 张，慢的只能抄造 800 多张。抄纸房，如图 3-8 所示。

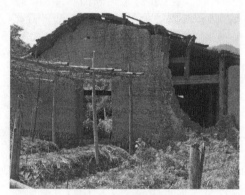

图 3-8　废弃的抄纸房
（光泽司前，2007 年 5 月）

2）烘纸

烘纸的土墙骨架是竹片编织而成的竹篱笆，然后在外面抹上一层石灰，约有 3 厘米厚。墙体高 2 米，长度有 5 米多。其上下部等长，横截面为梯形，上端宽度约 0.4 米，下端宽度为 1 米多。烘纸的时候，里面烧柴生热，外面墙上贴上湿纸，由烘纸工来回循环贴纸和揭纸。烘纸刷，如图 3-9 所示。

漂白竹纸，即连史纸的传统产地，集中在武夷山周边的铅山、邵武、光泽等地，以上调查所得江西铅山与福建光泽的连史纸制造工序基本相同。

图 3-9　烘纸刷
（光泽司前，2007 年 5 月）

井上陈政在《清国制纸法》中，记载了清末光泽县司前乡的连史纸制造工艺（详见附录），与我们调查所得相对照，主要工序也大致相同。在一些具体做法上，因年代和区域的不同而有一定的差异。

（1）砍竹时间。井上陈政记载春分后立夏前当毛竹生长至 6～7 尺，竹叶仍卷包时，便将其砍下。但民国后期是在立夏前后几日之内，待竹长出两对嫩芽之前将其砍下，已有所推迟，一般而言，竹料砍得晚，则纤维的获得率较高，但处理起来较为困难，且纸张会变得粗糙一些。

（2）浸塘剥丝。据井上陈政记载，砍伐后将圆竹纵向劈开数条，在清水池塘中浸月余，视其腐软后从塘内取出用小刀将竹皮剥去，保存竹肉及竹丝，每一二斤为一束，每 80 斤为一大把。而在铅山和光泽，则是采用叠塘冲浸的方法，即先在竹山山脚的平坡上整理出一块空地，将阴干的竹材砍为 2～3 段，互相呈纵横交叉形叠放成一堆，四角用老竹桩固定住，以防竹条滑落。如此堆置到 3 米多高后，放置一块石板于竹堆顶部，然后用竹管引山泉水浇落其上，使得水花四溅，湿润整堆竹条，如此冲浸约两个多月。

（3）过初碱。在竹丝经石灰腌浸和窑蒸（即蒸灰青）以后，据井上陈政记载，还有一个十分重要的工序就是，用稻灰水与白碱水腌浸。其做法为先将竹丝在稻灰塘中腌浸。稻灰为稻草所烧之灰，在池塘内腐烂。塘大小不等，塘底、塘侧以石或石灰砌成。塘深 3 尺许，塘底下部一二尺堆满稻灰，加入清水，将竹丝放入塘中，待稻灰水充分腌透后，将竹丝从稻灰水塘中取出，约需六七天。堆于塘边平地（即石灰砌成之地），纸料堆积高二三尺许，宽四五丈，将白碱以适当的清水溶化，用长柄勺每天从上浇三四回，如此持续 13 天（大约 80 斤竹丝需要 20 斤白碱），整个过程比较繁复。而使用大量的稻草灰，有助于保持处理过程中池塘中水的碱性。而据铅山翁仕兴口述，民国时期以后连史纸的过碱工序多用工业纯碱，由于其碱性远高于稻草灰，其用量仅为竹丝重量的 3%。

过初碱后的竹丝需要放入蒸煮窑进行第二次蒸煮。井上陈政记载，此时的竹丝需要在窑内稍低处安放，并以稻草灰覆盖，用大火蒸煮五六昼夜，然后停火焖一天，待凉后取出。这与《天工开物》中记载第二次碱煮竹料时，上面要铺上稻草灰的方法一致，应该也是为了维持蒸煮时较高的碱性，其作用已经为模拟实验所证实。[①] 据调查，民国时期以后铅山的蒸煮法还需要将碱水池中的碱水倒入铁锅中一同蒸煮，但时间大为缩短，仅需一昼夜。

① 有吉正明，佐味義之：自然発酵法による竹紙の製作、高知県立紙産業技術センター報告，2007，12：76-81。

（4）漂白法。传统上，制连史纸的竹料均需日晒漂白，再过白碱蒸煮。井上陈政记载，清代采用较弱的稻草灰碱，需要将竹饼在碱水池中浸渍一昼夜或者两天再取出，如同第一次蒸煮方法历经一昼夜，熄火后闷一天。自民国以后多用纯碱，碱性较强，只需要浸渍片刻即可取出放入蒸煮窑（王锅）中，加入清水蒸煮1～2天，熄火后闷1天。

过复碱以后，还要再次清洗。据井上陈政记载，此次漂洗需要持续20天，待竹丝慢慢现出洁白，然后再排尽水，任竹饼在清水塘内自然晒干。此后，用竹席将竹丝担至溪水边，用长柄勺浇灌溪水于其上，然后在阳光下晾晒，如此灌水晒阳十几次，直至竹浆洁白。

此处在竹席上进行交替灌水晒阳的工艺，并未在其后的民国文献资料中被记载。但是根据井上陈政笔记的上下文推断，此项工艺应该是一种简化的天然漂白，而省略了后面的二次漂白，即漂白饼工序。根据我们的调查，在福建连城姑田镇20世纪80年代的连史纸制作工艺中，除了先使用漂白粉初漂以外，还有类似的竹席漂白步骤，其方法为：7～8月份，在厂房附近的水泥地上铺上竹篾席子。将榨干的竹料用手撕开，均匀地铺在竹篾席上，摊在日光下进行晾晒漂白。此漂白工艺最好在晴天进行，遇到小雨尚可，如果有大雨则要将竹料收回室内，以防纸浆纤维流失严重。晾晒期间，每10天要人工翻动竹料一次，大约经历20多天就可以将其收回。

从天然漂白的工艺来看，此日晒漂白效果应不如日晒雨淋的天然漂白方法。

从以上比较可以看到，清代的连史纸制造法，比之民国时期的方法更为复杂，这主要是由于用于原料处理的碱性物质碱性较弱，只能采用反复多次处理的方法，同时使用更嫩的竹料以便于处理。而这样的处理方法，对于降低处理过程对纤维的损伤、保持纸张的耐久性应该有益。

第二节　贡川纸的传统制作技艺

说到熟料纸，就必须提到贡川纸。贡川纸主要是福建的叫法，当地又叫"水料纸"，与连史类漂白竹纸的"漂料纸"相对应。此类纸在江西铅山有关山纸。其制法的主要特征为经石灰与碱（木灰、纯碱等）二次蒸煮。与连史纸的制法相似，但没有日晒漂白，所成之纸白度较连史纸为低，其优质者可与连史纸相媲美。而以下脚料所制次等之二关，则只可作为包装之用。四川夹江等地，造较好的竹纸一般也采用二次蒸煮的方法，所成之纸也有称贡川纸者，属本色书写

纸。而打浆完成后再经漂白剂漂白之纸，归于漂白书写纸一类，常常在名称前加"粉"字，如粉对方、粉贡川、粉连史等。四川铜梁白纸从其制作工艺来看，也属于贡川纸类。

贡川纸类的制造，现已绝迹。主要是因为贡川纸以往是作为较优质的书写用纸，这一用途消失以后，其生存空间就受到毛边纸和连史纸的挤压，强碱一次蒸煮法成为主流，贡川纸就分化为较为粗糙的熟料毛边（如江西铅山）或是蒸煮后用漂白剂漂白的粉贡川。现在，在湖南浏阳等地，还可以看到有些包装用竹纸的制造，保留有大部分的贡川纸传统工艺成分。

关于关山纸的制法，历史记载较多，较为详细的有井上陈政的《清国制纸法》和罗济的《竹类造纸学》。在井上陈政的《清国制纸法》中，除了较为详细地记录了铅山连史纸的制法以外，还比较详尽地记载了毛片纸和官堆纸的制法，其毛片纸制法主要是对陈坊镇附近十七八里的纸厂的调查，当地纸工均为 200 年前（即清初）从福建汀州移居于此，因此其方法应为传统熟料毛边纸的制法。而官堆纸制法，则得自铅山石塘镇附近的观星岭，并称此纸产自铅山观星岭、盐家店、鹅湖及福建崇安等地。据罗济的《竹类造纸学》载："关山产于铅山县属之石塘临近各处，其地亦接闽疆，竹山较陈坊为多数，皆以之制关山纸，各村所产之纸，以观星岭制者为最有名……。"结合其所述制法，此官堆纸应为关山纸。

根据罗济的《竹类造纸学》，综合井上陈政的《清国制纸法》，以及我们对当地的调查，关山纸的制法大致如下。

（1）剥竹丝。立夏前后将未分枝的嫩竹砍下，在清水塘中腌浸 1 个月左右，剥去青皮取出竹丝。洗净晒干，然后将竹丝用木槌捶松。

（2）石灰水腌浸。将竹丝束成 1 斤左右的小把，在石灰水塘中腌浸，以竹丝上石灰液黏附牢固为度。然后将其取出在蒸煮釜边堆腌，夏季 3 日以上，冬季要十五六日。而井上陈政的《清国制纸法》记载，仅在石灰液中腌浸三四日。石灰对竹丝的浓度为 40% ～ 80%。

（3）灰蒸。将石灰液腌过的竹丝放入蒸煮釜中，隔水大火蒸 2 ～ 3 天，然后停火放置至冷，需 1 ～ 3 天。蒸时要使蒸气均匀遍及釜内各处。

（4）清水洗。将蒸过的竹丝放入清水塘中，每日换清水洗 1 ～ 2 次，至石灰充分洗去，需 9 ～ 13 天。

（5）碱煮。将竹丝在 3% ～ 6%（对竹丝）的纯碱溶液中煮沸 6 个小时，随后将集中煮沸后的竹丝在釜中大火蒸一昼夜。而据井上陈政记载，清代时，则是在稻灰水中腌浸 1 日，再入釜中，浇上白碱水，强火煮五六日。这可能是与当时

所使用之碱碱性较弱有关。

（6）清水洗。将碱煮过之料放入清水塘中，引入清水反复清洗，约需20日至洗去碱液，竹料变白为止。

（7）和豆浆。将竹料放入竹料窖内，窖底铺稻草一层，下垫以竹片，以利水流之外行。竹料约1尺高为1层，每层之上，均泼以黄豆浆，夏天以清水掺和，冬天以热水掺和。在铺原料之时，并应时用木槌敲打，并以脚踩踏，以使竹料易于霉烂。铺后之第2日，在原料上注以多量之沸水，于第4日复注沸水一次，使原料内保存热气，经过10日以后即可用于造纸。

（8）打料。将竹料取出洗净，拣去杂质与未充分发酵的原料，用水碓舂碎，或可再用脚踩踏。

（9）抄纸。将纸料倒入纸槽中，搅拌均匀，再加入纸药（春用毛冬瓜，夏、秋用六里小，冬用光藤或鸭屎柴）搅拌，由1人持帘抄纸，一般采用先前后、后左右的二次出水法，使纸浆纵横均匀交错。

（10）榨纸焙干。湿纸面积至2尺左右时，在纸槽边的木榨上徐徐加力将大部分水榨干，然后送入焙房烘焙。制关山纸时，所使用的纸槽、木榨、焙墙等工具设备，基本与连史纸等相同。一日约可抄纸2000张，干纸3000张。关山纸的尺寸，据《中国重要商品》一书记载①，为48厘米×79厘米，比毛边纸和连史纸要小，供账簿记录稿纸书写之用。

与连史纸相比较，可以看到，关山纸的制法，在灰蒸和碱煮等方面，与连史纸基本相同，但在细节上不如连史纸精细，如蒸煮前后竹丝的清洗比较简单，一般其间不必架起晒干，碱蒸次数也要少1～2次。更为主要的当然是，没有在山上日晒雨淋的天然漂白过程，这是与连史纸类漂料纸的本质区别。因此，其颜色也就略带浅黄色。但关山纸的制作工艺也有其特别之处，主要是在碱蒸以后，一般要加入豆浆进行发酵。豆浆中富含植物蛋白等营养物质，便于促进微生物的生长，使纤维变得柔软而更易于分散，这是其一。另外，豆浆的加入，据说也便于改善纸张的光洁度等，使之更适于书写。② 例如，罗济在《竹类造纸学》中对豆浆加沸水的作用归纳为四点：①泼豆浆时加沸水，是为了使豆浆的渗透均匀；②豆浆中有一种滋润竹料的质素，能使之柔软纤细；③沸水有保温作用，能加速

---

① 周志骅：《中国重要商品》，华通书局1931年版，第98-99页。

② 徐文娟、诸品芳：《豆浆水在中国书画修复中应用性能研究》，《文物保护与考古科学》，2012年第24卷第1期，第1-4页。另外，传统上也有使用豆浆加工生纸为豆腐笺。

豆浆的发酵；④豆浆黏液如填料，能使纸紧缩光滑。① 对于在造纸过程中加入豆浆对纸质改善的机理，还缺乏细致的研究。但不论如何，与其他普通书写用竹纸，如毛边纸和元书纸相比，其工艺还是要精细得多。

另外，据乾隆《铅山县志》载："石塘人善作表纸，捣竹为之。竹笋三月发生，四月立夏后五日剥其壳作篷纸。而竹丝置于池中，浸以石灰，浆数日，取丝连浆上竹榥锅煮烂，经宿水漂净之，复将藁灰淋沃水上，榥锅煮烂，复水漂净之。始用黄豆浸注一大桶，榥一层，竹丝则一层，豆浸过三五日始取为之。白表止用藤纸药，黄表纸则用姜黄，细春筛末，称定分两。每一槽四人：扶头一人，春碓一人，检料一人，焙干一人。每日出纸八把。"② 其法与关山纸制法类似，只是未明确提到有水浸剥丝步骤。但其中有将"竹丝"置于池中的，因此应也有上述剥丝步骤，只是记载失之简略。

贡川纸的另一个重要产地为四川，尤其是四川的夹江和铜梁。有一种说法是贡川纸得名于"用于进贡的四川纸"之意。

其中夹江地区，民国时期开始采用漂白粉对蒸煮后的原料进行进一步漂白，以生产粉对方、粉贡川和粉连史等高档书写用纸。"抗战"时期又发展了书画纸的生产，时至今日，它还是以竹为主要原料的最大书画纸产地。这一地位，得益于传统的熟料贡川类纸的工艺基础。

夹江熟料纸的主要工艺与江南地区同类纸的工艺差别不大③，如水浸、浆灰、灰蒸、碱煮、泡料、发酵等工序。但由于当地的自然条件，冬春两季均可砍竹，春季为白夹竹，一般在小满至芒种之际砍下，质量较好。④ 而慈竹、观音竹，由于在阳历 8、9 月间发笋，因此在 10 ～ 11 月砍伐。另外，其打堆发酵过程在蒸煮结束后的洗竹漂麻之后，较有特色，其法为：已泡好之料，放去其水，然后取出，堆置于干燥洁净之石或三合土坝上，用力压紧之，使雨水不得浸入，名曰腌料，经三四日后，即依造纸应用多寡，取而造纸。⑤ 在夹江地区，民国时期即采用室内墙上阴干的方法，即所谓的冷焙法，这主要是因为当地不产煤，木柴供不

---

① 罗济：《竹类造纸学》，自刊本，1935 年版，第 45，77-80 页。

② 郑之桥等，乾隆《铅山县志》卷二，第 36 页，转引自祝慈寿：《中国古代工业史》，学林出版社 1988 年版，第 943 页。另，《广信府志拾遗》中也有类似记载。

③ 据钟崇敏等编撰：《四川手工纸业调查报告》，中国农民银行经济研究处 1943 年版，第 7-13 页。《蜀评》1925 年第 4 期，第 35-40 页，以及我们 2011 年的实地调查。

④ 如造好纸，仍需在 5 月 15 日左右即砍伐。

⑤ 梁彬文：《四川纸业调查报告》，《建设周讯》，1937 年第 1 卷第 10 期，第 15-30 页。

应求。①这一习惯，延续至今，在南方其他文化用纸的产地较为少见。而纸张干燥后，一般采用硫黄熏蒸漂白的方法也较特殊。

在四川地区传统的竹纸制造中，最有特色的应该是川东铜梁（今属重庆市）的白纸制造工艺。其工艺在罗大富的《我国手工造纸法》中记述甚详。②这里即以该文为主要参考，结合其他文献资料作一探讨。③

铜梁的熟料纸统称为白纸，包括钩边、连史、对方、贡川等，尤以钩边最为著名。

铜梁白纸的主要制造工序如下。

（1）竹料制造程序：伐竹→腌石灰→洗涤→蒸料→槌打→冲洗→碱蒸→冲洗→发酵→黄料。

（2）造纸程序：洗涤→碾料（石碾）→漂白→调料→抄纸→压榨→焙纸→包装→成品。

其使用之竹与夹江的类似，虽然种类在10种以上，但有优劣之分，上等原料的砍伐，春季主要为白夹竹，冬季主要为慈竹。

与一般熟料纸的制作方法有所不同，嫩竹不采取水浸的所谓脱青过程，而是砍伐当天切片捆扎，不去除竹皮，直接用石灰腌。料捆紧密排列，一层竹片一层石灰，石灰对竹料的比例约为30%。堆满以后，即引入清水浸没料捆，也可放好一层加一层清水。浸料时间至少在一个月以上，一般为2～3个月，甚至更长。在腌浸过程中，每隔10天左右还可搅动料水，使石灰浆更好地流入料捆内。至此为止，其制料方法与生料纸，如毛边纸等的制法比较接近。

随后，是将浸好之料从料塘取出，放于塘边，浇灌清水，洗清石灰废液和杂质，重新捆扎成七八斤重的小把。也可再在清水中浸一两天以除去杂质。随后将料把投入20%浓度（对青竹料，一说为40%）的石灰乳液中浆料，充分吸收石灰液后取出堆腌10余日，以供蒸煮。此处，之所以要洗去石灰废液，再浸石灰液，主要应该是石灰液中长期有竹料浸泡，并暴露在空气中，大部分已转化为碳酸钙，碱性减弱，如直接将浸泡其中的竹料蒸煮，将会影响蒸煮效果。在熟料法中，第一次灰蒸前，对石灰液中的浸渍或堆腌的时间比较讲究，太短则石灰附着不牢固，石灰液在竹料内渗透不完全；太长则石灰的碱性会减弱，会降低灰蒸效

①　钟崇敏等：《四川手工纸业调查报告》，中国农民银行经济研究处，1943年版，第7页。

②　罗大富：《我国手工造纸法》，《造纸印刷季刊》，1941年第2期，第63-67页。

③　主要有：张永惠：《铜梁县纸业调查报告》，《工业中心》，1938年第7卷第2期，第40-48页；沈家铭：《川省主要产纸区域之调查》，《农林新报》，1940年第17卷第16-18期合刊，第16-38页。

果。因此，熟料法常常先用清水浸，通过预发酵使竹料疏松柔软，便于浆灰时石灰液的渗透。而浆灰堆腌的时间普遍较短，一般只有数日，比生料法中一般两个月左右的石灰浆腌浸时间要短不少。铜梁的灰浸方法则是部分借鉴了生料纸的做法，但费料费工。

浆好石灰以后，即将竹料灰蒸，其法与别处相似。蒸时四周及顶端皆盖以稻草，一般需3～5日。是否煮好以石灰的颜色而定，如料上石灰变黄时即已煮好，若仍为白色即未煮好，用手触料觉软亦为煮好之现象。

随后取出竹料，放在石制打板上用木槌击打，直到打成细丝状。再放到竹编的淘斗中在洗坑内清洗。还有再用脚踩踏者，总之是要尽量洗去石灰。这里值得注意的是，在传统制法中，虽然在砍下后有去枝截断，取部分青皮为篾条的做法，但并未提到何时去除竹皮，抑或并不仔细去除竹皮，这也许是张永惠的文章中所说未分解的粗纤维密布纸上的原因。

碱煮则是将上述洗净之料，放入锅中，一层料一层稻草堆放，浇入用沸水溶解的纯碱（5%左右）或桐碱（油桐壳烧制之碱，6%～7.5%），煮3～4天后放出废液，浇以清水充分洗净竹料，取出拣去粗筋。

在碱煮后，还有发酵步骤，方法与江西关山纸的制法相似，就是再将料放入锅中，浇豆浆用温火烤4日左右，可使所成之纸面光滑紧密。随后再放入烂坑中数日，使其自然发酵，主要还是为了进一步去除果胶、木素，分解半纤维素，便于打浆和抄纸滤水。

打浆碾料用的手碾形制也较特别，据罗大富的叙述，"手碾系以木制之碾架，中有一轴支一石滚，上刻有痕，重约百斤左右，下有一石制碾槽，碾轴有二柄，以二人往返推动，利用滚与槽之摩擦乃将料碾细"。其工作原理与一般石碾（图3-10）相同，但较之连史、毛边纸所用脚踩的方法稍显粗糙。

图 3-10　石碾示意图
（据张永惠《铜梁县纸业调查报告》，1938 年）

其后，抄纸、焙纸步骤与其他地区熟料纸的制法差异不大，在此不再赘述。

铜梁白纸的制作工艺，融合了生料法和熟料法两方面的特点，尤其是二次灰浸工艺，在书写、印刷用纸的制作工艺中较为独特。但总体来说，还是属于灰蒸碱煮的二次蒸煮法，与贡川纸、关山纸的制作工艺相似。为何采取长时间灰浸，再灰蒸的方法，其间还要多次清洗，用豆浆发酵，费工费时，应有其原因。究竟是原料性质，还是自然气候、资源条件，或是技术传承的关系，则有待进一步研究。就其纸质而言，应较一般贡川纸稍逊色。

贡川纸类中的高档熟料纸，在其他各地的做法还有些区别。例如，福建连城等地制作贡川、京庄纸时，在二次蒸煮以后，还有与浙江元书纸制法类似的淋尿工艺，以助其发酵。[1] 另外，在湖南浏阳，制作熟料贡纸时，石灰与碱二次蒸煮以后，还采用热水发酵的方法。[2] 其具体做法为将碱煮以后的竹料，洗去碱汁，放入璜桶（或称座桶）（图3-11）中，桶径5尺，深5尺，埋入土中约2/3或桶口与地平，上盖以篾织成的斗笠形盖，主要是为了保温。隔一两日用沸水浇灌一次，助其发酵。发酵时间夏秋为10天或半个月，冬春需20多天至1个多月。[3]

图 3-11　璜桶发酵
（浏阳，据《造纸工业》，1959年）

在清代道光二年（1822年）严如煜的《三省边防备览·山货》中，记载陕南定远西乡巴山生产熟料竹纸的方法则更为讲究，其具体做法为[4]：

> 纸厂则于夏至前后十日内砍取，竹初解箨尚未分枝者，过此二十日即老嫩不匀，不堪用。其竹名木竹，粗者如杯，细者如指。于此二十日内，将山场所有新竹一并砍取，名剁料。于近厂处开一池，引水灌入。池深二三尺，不拘大小。将竹尽数堆放池内，十日后方可用，其料须供一年之用。倘池小竹多，不能堆放，则于林深阴湿处堆放。有水则不坏，无水则间有坏者。从水内取出，剁作一尺四五寸长，用木棍砸至扁碎，篾条捆敷成把，每捆围圆二尺六七寸至三尺不等。另开石灰池，用

①　林存和：《福建之纸》，福建省政府统计处1941年版，第114页。

②　张受森：《湖南之纸》，《湖南经济》，1948年第3期，第76-88页；杜时化：《手工竹浆的制造及其改进方法（续）》，《造纸工业》，1957年第7期，第25页；造纸工业管理局生产技术处：《手工纸的发酵制浆法》，《造纸工业》，1959年第2期，第18页。

③　造纸工业管理局：《我国用竹子制造手工纸的方法》，《造纸工业》，1959年第9期，第28页。

④　（清）严如煜：《三省边防备览》卷九山货，道光十年（1830）来鹿堂刊本。

石灰搅成灰浆，将笋捆置灰浆内蘸透，随蘸随剁，逐层堆砌如墙。候十余日灰浆吃透，去篾条上大木甑。其甑用木攒成。竹篾箍紧，底径九尺，口径七尺，高丈许。每甑可装竹料六七百捆，蒸四五日，昼夜不断火。甑旁开一水塘，引活水，可灌可放。竹料蒸过后，入水塘放水冲浸两三日，俟灰气泡净，竹料如麻皮，复入甑内用碱水煮三日夜，以铁钩捞起，仍入水塘，淘一两日，碱水淘净。每甑用黄豆五升白米五升磨成米浆，将竹料加米浆拌匀，又入甑内再蒸七八日，即成纸料。取出纸料先下踏槽，其槽就地开成，数人赤脚细踏后捞起下纸槽。槽亦开于地下，以二人持有大竹棍搅极匀，然后用竹帘揭纸。帘之大小，就所做纸之大小为定。竹帘一扇揭纸一层，逐层夹叠，叠至尺许后，即紧压。候压至三寸许则水压净，逐张揭起，上焙墙焙干。其焙墙用竹片编成，大如墙壁，灰泥搪平，两扇对靠，中烧木柴，烤热焙纸。如细白纸每甑纸料入槽后，再以白米二升磨成汁搅入，揭纸即细紧。如做黄表纸，加姜黄末即黄色。其纸大者名二则纸，其次名圆边、毛边纸。

除了前面所说的灰蒸、碱煮等工艺以外，还需加入黄豆和白米各 5 升磨成的浆，再蒸七八日，似乎与江西造关山纸的方法比较相似。但制关山纸时加入豆浆后，虽然也加入沸水，但整个过程的温度并不太高。而此处则采用高温处理的方法，由于具体过程没有详述，难以判断黄豆和白米浆起到多少加速发酵的作用，抑或改善纸质也是主要目的。比较有趣的是，该处抄纸槽也开于地下，属北方常见的地坑式纸槽。当地的竹纸制作工艺、设备融入了南北造纸体系各自的特点，可以推测，其竹纸的制作技术主要来自南方，但也结合了当地的气候特点做了一些改进。

贡川类纸的二次蒸煮法，也有一些比较特殊的制作工艺，如《福建之纸》特别提到，浦城采用先碱煮再加石灰二次蒸煮的方法，与他处不同。按常理，竹料需先经清水及石灰浸渍，石灰浸渍后，直接蒸煮比较方便。如果先碱煮，再灰蒸的话，容易使竹纤维表面残留较多的碳酸钙，难以洗去而使纤维发硬。其工艺是否确实如此，目的又是为何，不得而知。在史德宽的《竹浆制造法新旧之比较》[1]一文中，也记述了浦城的竹浆制造法，其主要制浆工序为：竹料水浸→剥丝→灰腌→灰蒸→水洗→碱煮→水洗→豆浆温火发酵，与一般贡川纸的制法差异不大。浦城为顺太纸的最主要产区。顺太纸属熟料纸中的水料纸，纸幅较毛边

---

① 史德宽：《竹浆制造法新旧之比较》，《工业中心》，1935 年第 4 卷第 1 期，第 35-39 页。

纸、连史纸为小，纸质细薄柔软，略带浅棕黄色，透明度较高，质感与一般竹纸不同，可用于临摹和写仿，以及做复写纸和贴金箔的原纸，还可以用来擦光学仪器，或包装精密仪器和零件。上述特点是否和其制作工艺有关，还需进一步研究。

同样比较奇特的是，《陕南纸业》中所记载的陕南西乡所产的巴山毛边的制法[①]，其制造程序为：砍料→泡料→蒸料→浆料→踩料→加滑→抄纸→焙纸。其中蒸煮处理工艺为：

泡料：纸厂附近，均掘有池塘，多寡不等，至少有十余处，没捆好之嫩竹于塘中，浸泡月余，即可取出，若竹在山上而塘在山底，则沿山坡开一斜沟，直通塘中，名曰"溜口"，将竹由滑口入塘中，可节省人工。

蒸料：屋中设灶，灶上置大铁锅，锅须三十余抬，锅内盛水，水上置木甑，名曰"黄甑"。盛打好之料于甑中，干蒸之，每甑之料，约可抄纸三百六十捆，以木柴为燃料，蒸三日即熟透。

浆料：另设一或数灶，上置木桶，名曰"温桶"，内盛蒸熟之料，微火温之约二日，酌加碱，复经一日，加石灰，再经一日，加木浆搅拌之，然后在温桶中放置八九日。

从上述工艺来看，先经水浸以后，即不加石灰等碱性物质干蒸，而后采用加碱再加灰微火温热，然后放置发酵的方法。与浦城之法相同，最后有石灰附着在纤维之上难以洗去之虞。按此处应与清代严如熤所调查之地相去不远，其他如踩料工艺等也较相似。而严如熤所记之法较为合理，《陕南纸业》中的记载也只能录以备考了。

如果说福建连城、江西铅山所产优质连史纸代表了竹纸制作的最高水平的话，那么贡川纸则是一般书写印刷用竹纸中的高档产品，其制作工艺也相当精细。从全国范围来看，像连史纸那样采用长时间日晒漂白工艺制作的竹纸相当少见，这样的工艺仅用于连史纸、宣纸及少数皮纸的制料过程中，而且集中于皖南、赣北、闽西这一区域。而贡川纸，或相似的熟料竹纸制作工艺可以说不仅存在于上述地区，也遍布于湖南、四川、云南乃至临近北方的陕南地区，是最主要的制作优质竹纸的方法。由于其分布广泛，也就富于多样性。对于贡川纸制作工艺的比较研究，有助于我们了解明清以来保存至今的大量优质竹纸的制作过程，也有助于抢救和保护这一即将彻底灭绝的传统工艺。

---

① 《陕南纸业》，出自刘威编《造纸》，中国科学社 1941 年版，第 27-45 页。

近代以次氯酸钙为代表的漂白剂的传入，为贡川纸的升级换代提供了可能，像四川夹江、铜梁、湖南浏阳等原先不具备生产高白度漂白竹纸技术的地区，在原有贡川纸制作工艺的基础上，生产出粉贡川、漂贡等产品，改善了纸张的外观，当然同时也造成了纸张易老化的隐患，并加速了象铅山、连城等漂白竹纸产地传统工艺的消亡。

前面也提到，竹纸作为一种日用商品，传统的命名有多种方式，如产地、大小、厚薄、用途等，以外观命名的占多数，而如笔者这样，为研究方便以竹纸制作工艺来区分者反而不多见。因此，严格来说，有些以毛边纸为称的熟料纸，其工艺也可划入贡川纸的范畴。但之所以称为毛边，其中有与典型毛边纸外观的相似性因素存在，而外观与制作工艺也存在着一定的内在联系。因此，对于这类熟料毛边纸，我们仍尊重传统习惯，将其放在毛边纸中加以探讨。

第三节　毛边纸的传统制作技艺

除了表芯纸等生活用的粗纸以外，毛边纸曾经是最为常见的竹纸，主要作为普通的文化用纸，产地以福建、江西为主，也包括湖南、浙江、广东、四川等省。由于分布较广，各地毛边纸的名称和制作工艺有很多差异。但总体而言，根据制浆工艺不同可以分为生料法和熟料法两种，其中又以生料法为主。

一、生料毛边纸的传统制作技艺

连史纸代表了竹纸制造的最高水平，以工艺繁复、纸质精良著称，而生料毛边纸的制作技术集中体现了人们通过长期的实践，寻求较为简单的方法制造优质竹纸的智慧。福建的长汀、宁化、将乐、顺昌等地区是优质生料毛边的主要产区，现以我们调查所得上述地区的毛边纸制造法为主，结合历史文献，探讨生料毛边纸的传统制作技艺。[①]

典型的福建生料毛边纸的制作工序如下。

1. 砍竹

作为毛边纸原料的竹子的砍伐时间，一般从谷雨到立夏，即阳历4月下旬到5月上旬，主要还是看竹子的生长情况。要在笋头脱壳，尾呈溜尖，尚未开枝时

---

① 主要有罗济：《竹类造纸学》，自刊本1935年，第11-52、95-106页；林存和编：《福建之纸》，福建省政府统计处，1941年版，第104-127页；史德宽：《黎川樟村制纸之调查》，《经济旬刊》，1935年第4卷第9期，第1-5页；黄马金：《长汀纸史》，中国轻工业出版社1992年版，第72-81页。

砍下，是一项时间性很强的工作，要保持砍下的竹子老嫩一致，便于后续处理。

2. 剖削竹麻

这个过程主要包括裁筒、削青皮、剖片。把砍下的竹溜下山以后，在较平坦之地集中堆放，用砍刀砍成 1.4 米左右的竹筒，是为裁筒。如果能在裁筒时，对竹的老嫩和头尾加以区别分类，则在后续处理中便于按老嫩分别处理，保证竹浆的品质均一。随后，用削刀削去表面的青皮，主要还是为了后面石灰浸渍方便，保证成纸的质量，同时也是为了合理使用青皮，青皮可做竹器和船缆，也可供制粗纸之用。削青皮的厚薄也有讲究，一般靠根部越老的部位削得越多。削青皮的步骤一般出现在制造较高档的毛边纸、玉扣纸的地方，如福建长汀、江西石城等地以前有所采用。而不少地区则是在石灰腌浸、发酵洗净以后，在剥竹麻的工序时将竹皮去除。现在，我们在长汀铁长等地所看到的毛边纸工艺中，也是如此。削青皮之后，再将竹筒剖成 3 厘米（二指宽）左右的竹片，捆成 20 公斤左右的圆把，便于挑到湖塘边腌浸。在上述处理过程中，要保持场地清洁，可铺上削下的竹皮，防止泥沙污染。

3. 落湖

落湖，又称腌灰、腌麻，这是毛边纸原料处理的关键步骤之一，即将竹片放入池中加石灰和清水腌浸。具体方法是将料池底搁上圆木或整竹，铺上一层石灰，竹片平铺其上，一层竹片一层石灰，放至较池口略低位置，再加一层石灰，然后注水入池，用脚踩紧，上面盖以稻草或芦席等，压以树枝或整竹，最上面再压石块。石灰的用量一般在 10%（对竹片，因嫩竹片含水量较高），春夏季的腌料时间一般为 40～60 天。

4. 漂洗

漂洗也是原料处理的关键步骤，主要包括洗和漂两个步骤。"洗"为洗灰，"漂"为漂竹麻。洗灰阶段，是为了洗去黏附在竹片上的石灰，方法可由人入池中搅动石灰水，放干石灰水，加入清水，用齿耙钩住竹片摆洗，换水数次以后，一层层捞出竹片，堆在塘边，放干池水。漂竹麻又分为漂黄水和漂黑水两个步骤，主要是使竹片发酵，除去木素、果胶等。漂黄水是将上述洗净的竹片一层层重新放入塘中，上面压以茅草、整竹和石块。然后灌满清水，开始 5 天每天要灌清水和放污水 1 次，第 6 天隔天排灌 1 次，第 8 天隔两天排灌 1 次，第 10 天隔 3 天排灌 1 次，经 13 天浸洗以后，从第 14 天起灌满清水进行水浸发酵。[1] 此时

---

① 造纸工业管理局生产技术处：《手工纸的发酵制浆法》，《造纸工业》，1959 年第 2 期，第 16 页。

水呈黄色，经 5～7 天后，发酵作用减弱，可将水放出，换清水，第二天再换一次。其目的是为了充分洗出竹片内所含的石灰水，同时初步发酵。漂黑水是在漂黄水之后，加入清水，放置 12～14 天，使竹片充分发酵，此时水呈乌黑色。随后每天换水 1 次，清洗 2 次即告完成，注入清水储存以备造纸。

5. 剥料

剥料或称剥竹麻、剥麻，是将发酵成熟之竹片，按当日造纸所需之量取出，手工除去原先未除净的竹皮和竹节部。

6. 踏料

将剥好的竹麻放入踏料槽中，此槽呈长方形，上部和外部开口，槽底稍向槽内部倾斜，放有竹篾编成之竹簟，或称竹笪，将竹麻放在竹笪上，工人两人一组，一手拉吊在上面横梁上的绳索以借力，用另一侧的脚踩竹麻，利用竹篾的角刀揉搓。两人从槽的两端向中间踩拢，再向两端分开，直到将竹麻踩成均匀细腻的竹浆。

7. 打槽

与一般竹纸的打槽方式类似，将竹浆放入抄纸槽中，用竹竿（槽耙）充分搅拌，再用齿耙捞出未充分分散的竹浆。纸槽一般也以竹笪前后相隔以调节纸浆浓度，过滤浆团。抄纸的前槽纸浆的浓度较低。

8. 抄纸

在纸浆中加入黏性的纸药（如椰树叶煮成的椰粉），搅匀后即可抄纸，其法为两人并排站在纸槽的一边，以一人为主，相互配合，将湿纸抄出。如果是尺幅较小的毛边类纸，也可以由一人来抄。

9. 榨纸、干纸

与其他竹纸的制作方法类似，湿纸积到一定高度，即可用木榨将水分榨出，一般榨至原高度的 1/4，每天榨 2 次。然后将纸块运至焙房，一张一张地在焙壁上烘干。焙壁（或称焙笼）以竹篾条编成，外涂黄泥、石灰和沙调成的三合土（长汀），表面还要涂刷桐油、蛋清等制成的混合液，以使表面平整光滑，使用时还要隔一段时间以桐油养护。

10. 整理

将烘干之纸按规格裁去多余的纸边，剔除破张，195～200 张为 1 刀（各地 1 刀的张数略有不同），分刀装捆，盖上牌号印章，即可应市。

以上是传统毛边纸制造的典型工艺。可以看到，大部分工序，与其他竹纸的制法相似，比较有特点的是腌灰及漂洗发酵的步骤，这也是毛边纸制作工艺的核

心。由于生料毛边纸原料不经蒸煮，因此浸料的时间较长，前后约需近 100 天。通过上述步骤，使竹料纤维中的木素和果胶逐步溶出，原料变得柔软易于进行打浆处理。与大多数熟料纸的制作工艺不同，生料毛边纸的原料一般不经过水浸发酵的前处理工序，直接在石灰水中腌浸，再采用漂洗的后发酵工艺。在后发酵工艺中，有所谓的干烧法和水烧法之不同。干烧法即将灰腌洗净后的竹料堆积起来，踩紧并盖上茅草，使其发热，10 天不到即可腐烂，但常有内外不均的现象，所成之纸白度不高。水烧法是将竹料浸入水中发酵，由于其发热慢，可避免干烧法的缺点，但作用力弱，所需时间较长。如果在水浸发酵过程中时常换水，如前面所介绍的方法，则可使所成之纸浆较为洁白，是制造优质生料纸的方法，不过需时长、用水量多。另外，还有先干后湿等方法。在熟料纸的制作过程中，这种后发酵的方法也有所见，如贡川纸、元书纸等，有的还加入热水、人尿或豆浆助其发酵。

毛边纸制作工艺中比较有特色的还有踩料和抄纸方法。竹纸的打浆方法多种多样，优质生料毛边纸的制法中普遍采用赤脚踩的方法，虽然这对于纸匠来说是比较严苛的作业，容易引起一些职业病，但据说脚对打浆的程度控制得比较好，与碓、碾，或是机械打浆机打浆处理的原料相比，纤维的机械损伤较小，所成之纸较为柔和，强度也较好。但实际如何，还需实验来检验。

毛边纸的抄造方法也较为特别。由于毛边纸的尺寸较大，在 1.4 ～ 1.2 米，宽约 60 厘米，一人抄纸比较困难，但与宣纸等大纸制造采用二人对立抬帘的方法不同，在福建、江西部分地区采用双人并立抬帘的方法。以站在左手边之人为主，其右手托纸帘前方 1/2 的中点（即距左端 1/4 处），左手托纸帘左边之中点。右手边之人与之对称，左手托纸帘前方 1/2 的中点（即距右端 1/4 处），右手托纸帘右边之中点，一起将纸帘斜插入近身处的纸浆，舀出纸浆略经晃动以后，将剩余纸浆从左侧倾出。纤维在帘面的流向并非单一的纵横方向，而是带有一定的倾斜角度，这对于纸张的强度等有何影响，还需进一步研究。虽然毛边纸的制法现在已经变化较大，但在传统的毛边纸产区，如福建长汀、宁化等地区，还是保持了这一抄纸方法，只是改用吊帘，在帘的右前端有一绳与横梁相连，以降低劳动强度，但帘的总体结构没有发生太大的变化。

各地毛边纸的制法也有一些不同，福建邵武在制造生料纸时，如制造连史纸一样，腌灰、漂洗以后，也将竹丝日光漂白，只是晒丝时间，由 4 个月缩短为两

个月。①当地主要生产熟料毛边、连史、海月、时则等熟料纸，因此在生产生料纸中引入日晒漂白的工艺有其技术基础。如果说采用熟料法可以缩短造纸周期、提高产品质量，则在生料纸中采用日晒漂白提高白度的动机还有待进一步考察。无独有偶，在江西宜丰的毛边纸制造中，也有将漂洗后的竹料放置在漂白场，长时间受日光和雨水的作用的自然漂白法。当地同时还有使用 10%（对竹丝）漂白粉的漂白法。②

在广东省北部的仁化县扶溪、长江等地区，也出产较好的毛边纸，如重桶纸、玉扣纸。③如第二章的介绍，重桶纸的原料处理工艺与普通毛边纸相似，如灰腌、漂洗、踏料等。所不同的是，抄纸的设备和方式较为特别。踏料以后的洗浆和抄纸工序均在木桶中进行。重桶纸的尺寸较小，与元书纸类似，其制作工艺的种种特点显示其具有一定的原始性。所幸的是，在扶溪镇的蛇离村西溪村小组，至今仍可以看到较为原始的重桶纸制作工艺。

优质的毛边纸、玉扣纸，其纸张呈柔和的淡黄色，纸质极为匀净细腻，除色泽略黄以外，与连史纸相比也不逊色。很难想象，通过灰腌、水漂、脚踩等看似简单的工艺即可制出能与现代机制纸媲美的纸张。上述工序蕴藏了在选料、浸料、打浆各步骤对火候的精确掌握，是简单中见功力的典型，与连史纸精巧繁复的工艺相映成辉，代表了我国竹纸制作工艺的高超水平。遗憾的是，优质毛边纸的产地仅限于福建、江西的少数地区，作为日常书写纸的毛边纸，出于降低成本的目的，很难严格达到上述步骤中的工艺要求，因此也就形成了毛边纸质量较为低劣的现象。在今天，即使是原来优质毛边纸的产地，真正的传统工艺也已基本绝迹，这是很可惜的。

二、熟料毛边纸的传统制作技艺

熟料毛边的制造，现已较为少见，主要可能是与市场对毛边纸需求在量与质上的下降有关。因为对原料的蒸煮，首先可以缩短石灰腌料的时间，提高生产效率。在生料毛边的产地长汀的纸坊，有时也可以看到蒸料的铁锅，在竹浆供应不及之时，可采用蒸煮的方法处理竹料。另外，原料经加碱蒸煮以后，所成纸张白度有所增加，有助于提高纸质。但现在，毛边纸不少已作为迷信用纸使用，在纸

①　翁绍耳，江福堂：《邵武纸之产销调查报告》，私立协和大学农学院农业经济学系，1943 年版，第 3-9 页。

②　胡友鹏：《宜丰之纸业》，《经建季刊》，1948 年第 6 期，第 116-118 页。

③　莫古黎：《广东的土纸业》，《岭南学报》，1929 年第 1 卷第 1 期，第 44-53 页。

质上的要求并不是很高。

根据我们田野调查的结果，江西省铅山县鹅湖镇闩石村还保留有熟料毛边纸作坊，不但该村遗存的手工竹纸制作技艺表现出与《天工开物》较为相似的原始性，其生产过程中的设备与工具均为历史遗物，不少为民国时期的旧物。考虑到另一种熟料纸——关山纸，由于其需要经石灰水、纯碱水二次蒸煮，豆浆发酵，制作工艺繁复，现已绝迹，因此，对于这种制法与之类似的熟料毛边纸的考察，也有助于我们理解关山纸的一些制作工艺。

明末成书的《天工开物·杀青》较为详尽地论述了制作竹纸和皮纸的工艺技术。尤其是对竹纸制作工艺的记载较为详细，更提到江西铅山所产的竹料"柬纸"。从其记录的竹纸制作工艺来看，属于制造中高档书写用纸的熟料纸制作工艺。可以推测，作为江西奉新人的宋应星，极有可能对铅山的竹纸制作工艺进行过调查记录。另外，清末井上陈政的《清国制纸法》中，有关于毛片纸（即毛边纸）和官堆纸制作技艺的记录，也是熟料纸的制作工艺。根据其寻访日记记载，毛片纸制法主要出自陈坊镇附近，并说是明末清初自福建汀州传来，而官堆纸制法则是主要来自对石塘镇观星岭纸厂的调查，其本人也曾到过鹅湖参观纸厂、搜集纸药。[①]

在此，以井上陈政的《清国制纸法》中毛边纸的制法，以及闩石村的熟料毛边纸制法为主，结合宋应星的《天工开物》及部分民国时期文献[②]，试对传统熟料毛边纸的制作技艺进行探讨。

1. 备料

1）砍竹

据井上陈政记载，制毛边纸的竹料为毛竹，是在春分后立夏前，竹笋生长叶子仍包卷未放开时加以砍伐。《天工开物·造竹纸》记载，制造上等竹纸的材料为即将长出枝叶的竹子，临近芒种（阳历6月6日左右）的时候将其砍下，将竹子截断为5～7尺长（1.6～2.2米长一段），就地在山上开塘注水，用以叠塘浸泡。为了防止塘水干涸，还要用竹管饮水瀑流其上，历时百余天之久。而根据民国时期的文献记载，均在立夏前后数日[③]，比之《天工开物》的记载要早近一个月。

① 関彪：支那製紙業，誠文堂，1934，1-30。

② 史德宽：《调查江西纸业报告书》，《经济旬刊》，1935年第5卷第5、6期，第1-18页。

③ 例如，罗济：《竹类造纸学》，自刊本，1935年，第12页；哲之：《江西之手工造纸业》，《工商半月刊》，1934年第6卷第17号，第39-56页；江西工业试验所：《连史纸及关山纸制法》，《经济旬刊》，1935年第4卷第15期（调查），第1-3页。

这可能与地区差别及气候条件的变化有关，也可能是因为对竹的老嫩要求不同。鹅湖门石村当前砍竹工序在立夏之后几天内完成，其时竹子大多已经有10个左右的分枝。

2）叠塘

砍下的竹子在原地先静置几天，然后由工人手持长刀将其砍为2～3段，每段3～4米长，之后另外一名工人负责将竹段彼此平行地堆放在竹山山坡的平地上，四角用竹子插在地上固定，堆叠到1米多高的时候，上面放置一块石块，用竹管将附近的山泉水引过来流淌到石块上，使得水花四溅，保持整个竹堆湿润不干，如此历时60～70天，待到竹料发软变色后，将竹子取下开始剥竹丝。采用叠塘冲浸的方法对砍下的竹料进行预发酵处理，是连史、关山等熟料纸制作工艺的共同特点。《天工开物》中"斩竹漂塘"图画显示，叠塘的设备是一口开在山脚下的池塘（图3-12），而门石村所见为平地堆叠竹料，然后自上而下淋水，虽然形式不同，但对竹子的浸泡发酵原理是一样的。我们还可以看到，图中砍竹工作由两人合作完成，一人手持长刀砍竹，一人负责叠塘浸泡。

图3-12 斩竹漂塘、煮楻足火
[据《天工开物》明崇祯十年（1637）版]

3）剥竹丝

砍竹叠塘之后是剥竹丝的工序。《天工开物》中记载叠塘历时100多天后，进行"加工捶洗"，将竹子的粗壳和青皮洗去，谓之"杀青"。之后，剥离下来的竹丝形如苎麻一般。而在井上陈政的《清国制纸法》中，无论是毛片纸还是官堆纸，浸料时间均只有月余。而剥取竹丝的工序是先以小刀削去竹皮，再在石上以木杵打烂，即"捶"。门石村所用的竹材夏天大概需要60天左右的清水叠塘发酵就可以取出，然后人工剥离竹皮和竹丝。与书中记载不同的是，由于现今社会需求与成本的影响，门石村大多数纸农都选用竹丝、竹皮、稻草三者混合配料造纸，只有少数生产较优质毛边纸的人家才纯用竹丝做料造纸。

4）晾晒

竹丝竹皮剥离后，分别挂在竹架上晾晒1个星期左右，然后打捆运送下山。如果当年不用于造纸，可以堆放在仓库中留待以后使用。

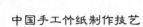

2. 制浆

1）浆池

竹麻丝制备完成以后，就可以腌料做纸了。关于竹丝在石灰浆中的浸泡堆腌时间，《清国制纸法》中记载为40%的石灰液浸一昼夜，堆腌十五六日（冬季），每天还要浇石灰水一次。门石村所见腌料、装锅、蒸煮程序基本与上述记载相同。竹麻丝下山以后，先调制石灰浆，比例为竹丝重量的一半。再把成捆的竹丝放入塘中浸泡一个晚上约12个小时，然后第2天将黏附石灰膏的竹丝取出堆放在旁边的平地上，用塑料布覆盖表面，腌制4～7天，这较井上陈政记载的方法要简单一些。

《天工开物》的记载比较简略，是用上好的石灰化成汁给竹丝上浆，然后装入"榪桶"（亦即后世所称王锅，或者榪锅）蒸煮。

2）蒸煮

据井上陈政记载，将晒后的竹条放入窑内。窑内铁锅上架好木柱，竹丝放在木架之上，叠放至超出窑上木桶以上二三尺，再盖以稻草沙灰。从窑口加煤燃烧使铁锅内的水沸腾，蒸竹丝一昼夜而停，停火一日后从窑内取出竹丝。

宋应星专门描述了明代闽赣地方使用的王锅形制：蒸煮竹料的铁锅直径为4尺（约合1.3米），其高度与宽度如同两广一带煮盐的牢盆一般大小，里面可以盛水10余石，铁锅上面用榪桶盖住。榪桶周长1丈5尺（约合4.8米），直径有4尺多（约合1.3米）。《天工开物》中的"煮榪足火"图描述了明代蒸煮竹料的场景。王锅建筑在高地上，下面开一灶口烧柴加热铁锅中的水，利用蒸汽蒸煮榪桶中的竹料。可以看到，榪桶由长条木板拼合而成，外加麻绳紧箍，形制高大。竹料最上面用木板盖住，用石块加压，避免加热过程中热气散失。

门石村的王锅尺寸比明代的榪桶高大，装锅一次的蒸煮量也成倍提高。竹料在装锅过程中需要预先在中间留出一个通气孔，高度大约为竹料堆高的2/3，然后再用竹料填满剩下的1/3空间，最后用塑料布盖住王锅，以避免热气散失。下面灶口依旧烧柴生火，加热铁锅中的水进行蒸煮，历时1天1夜。这与井上陈政的记载相同，而《天工开物》中记载头道蒸煮需要8天8夜，这可能是竹子原料纤维较老的缘故，需要延长竹料蒸煮时间以便后续处理。但井上陈政记载的制法中，竹丝上还要盖以稻草沙灰，其作用是除了密封以外，还便于维持原料蒸煮时的碱性。

3）漂洗

停火以后便将竹丝取出进行漂洗程序。《天工开物》云：停火一天，取出榪桶中的竹麻丝进行清洗。如非制造粗纸，需要将竹麻丝放入特制的清水漂塘中漂洗。其地面与四周都用木板合缝砌筑，防止泥沙污染。井上陈政记录了具体的漂洗方法，是一人在塘内持竹丝之一端，在水中晃动洗去石灰。在塘侧平地叠放，每天更换塘内清水以洗涤竹丝，约10天洗去石灰，至塘水不再浑浊时止。洗清石灰后还要将其挂在木架上晾晒数日。这与制造连史纸时采用的方法比较相似。而闩石村现在的洗法只是在长9米、宽6米的石砌椭圆形漂塘内清洗。然后将污水放走，再灌入清水，如此反复5～6次。

4）过碱

洗净以后，要对竹丝用碱进行第二次蒸煮处理。《天工开物》记载，洗净后的竹丝要用"柴灰"浆过，再放入王锅中，压平上层竹丝并铺撒一层1寸左右的稻草。王锅中的水沸腾以后将竹丝取出放入另外的容器中，将剩下的柴灰水趁热淋到竹丝上。如此保持10多天的时间，竹丝便发酵完全了。

而在井上陈政记载的毛边纸制法中，竹丝晾晒后要在稻灰水塘内腌浸，稻灰铺满塘底2尺余，注入清水至充满水塘。竹丝在塘内浸四五日取出。然后，在另一塘中将白碱以清水化开，以长柄勺舀白碱水每日1次浇在叠放的竹丝之上，需要五六日或1周的时间。再将竹丝放入窑内，煮四五昼夜至竹丝烂熟为止。这是以传统方法为主，同时引入了化学试剂，步骤较为复杂。

该过碱蒸煮步骤在闩石村被称为"过煎"，已经有所简化，省略了蒸煮之前的碱液"过浆"步骤和蒸煮之后的碱液浇灌步骤，直接用强碱对竹丝进行一次蒸煮，提高了生产效率，降低了成本。

5）漂洗

经过两次蒸煮后的竹料需要先漂洗，然后堆放在料窖中保存，10天以后可以取出进行打浆抄纸。

6）打浆

《天工开物》对打浆的记载比较简略，只是将碱液发酵以后的竹料以水碓春捣。而井上陈政的《清国制纸法》打浆前后还有一些步骤，其主要包括和豆浆，以脚踩烂晒干，再以水碓春捣，随后还要和米浆放入布囊，再以人脚在外踩踏，木棒在内捣碎，和豆浆、米浆的方法与制关山纸类似，但此处主要应是为了改善纸质，使之光润而不渗墨。而打浆洗浆的方法又和连史纸的方法有相似之处，即水碓加脚踩，再加布囊洗浆。这样可以进一步改善纸质，提高白度和均匀度。闩石村打浆的方法较为简单、原始，几乎所有的纸坊都采用脚踩打浆，与生料毛边纸的方法类似。

3. 抄纸

1）打槽

井上陈政的《清国制纸法》关于抄纸和干纸的记录均很简单，而《天工开物》关于抄纸步骤有较为详细的记载，还配有两张图。闩石村保存完好的整套操作工艺和工具设备展示了一个最贴近明代竹纸制作的抄纸现场。前一天晚上打好的纸浆第二天一早就加入纸槽中，大概150斤纸浆可以抄造1500张毛边纸，约为1天1人1张槽的工作量。纸浆加入后，用竹管引入山泉水，交替使用带板的木杆和毛竹竿打槽约1小时，然后加入纸药。

2）抄纸

闩石村抄纸人所用的基本工具和操作流程与《天工开物》中记载的极为相似，均是一人持帘在纸槽中"荡料入帘"（图3-13）。图画中的纸帘较大，纸槽为条石或者砖砌；闩石村纸坊中所用的纸帘较小，现在只有73厘米×50厘米大小，适合于制造小张廉价毛边纸的需求。每张纸抄造完毕后就将附有湿纸的纸帘掀起倒扣，转移到旁边杆杠式榨纸机基座的木板上，然后再行抄造。在闩石村考察所见情形与《天工开物》中的"覆帘压纸"图描绘的场景相似，一天所抄之纸叠成一摞，准备黄昏时用榨纸机榨去多余的水分。

图3-13 荡料入帘、覆帘压纸
（据《天工开物》明崇祯十年（1637）版）

3）榨纸

《天工开物》中"覆帘压纸"图的后半部分的场景便是榨纸的情形。其用木板盖纸，上压大石一块，然后横置一根圆木，用绳索捆缚其两端，下面系在木方桌的四角上，如此将纸榨干，应是一种较为原始而低效的方法。此图的准确性曾引起了亨特的怀疑，其在 *Papermaking-the History and Technique of an Ancient Craft* 中认为，图上采用的帘架覆帘转移湿纸的方法是绘图者的误解所致。[①] 而闩石村所见和江南地区大多数手工造纸产地所见一样，都采用杆杠式榨纸机。

---

① Dard Hunter. Papermaking-the History and Technique of an Ancient Craft, New York: Dover Publications, 1978, 91-93.

4）干纸（焙纸）

湿纸榨干后，一般第二天一早送入焙纸间烘干，并剪裁整理为成品。门石村现今依旧采用如《天工开物》中"透火焙干"（图3-14）图及其文字所记述的焙纸方式，所不同的是，书中记录的砖墙有数米之高大，似乎建筑在室外[1]，而门石村的砖墙较为矮小，建筑在纸坊内部。两者的基本构造和使用原理完全一致，同样是利用柴火加热砖巷中的空气，当砖墙烘热后，把榨干

图3-14　透火焙干
（据《天工开物》明崇祯十年（1637）版）

的湿纸用细铜镊子分开，逐一张贴在墙上，依火力稍许时间就可以揭下，剪裁整理压平成捆。

以上论述中，《天工开物》、《清国制纸法》记载的竹纸制法与门石村现存的制法大致相同，《天工开物》未明确指出其为何种竹纸的制法，但从具体工艺来看，应是当时优质熟料竹纸如柬纸的制法。而《清国制纸法》所记录的毛边纸制法，应该是清末较为高档的熟料毛边的制法，步骤较多，工艺细致。现在门石村毛边纸的制法，应是对上述制法的一种简化，主要是为了适应现在对于低档迷信纸质的需求。

经如此工艺生产出熟料毛边，虽然其外观与毛边纸有相似之处，如纸张略带米黄色，但白度要比一般毛边纸高，同时也具有较高的透明度和吸水性。与明清时期一些书籍印刷时所用的竹纸质地比较相似。

从《福建之纸》中可知，民国时期在福建也有不少地区生产熟料毛边纸，如浦城、松溪、连城、龙岩等地。[2] 该书还特别指出，同一名称之纸，产诸甲地为甲种制法，产诸乙地又为乙种制法，更易淆混。例如，毛边之产诸浦城、邵武、松溪、宁洋、龙岩、连城等县者为熟料，产诸建宁、清流、永安、宁化等县为生料。

---

① 火墙放在室外从保温的角度来看有不合理之处，可能是为了便于表现干纸场景的艺术处理，实际仍可能设在室内。

② 林存和：《福建之纸》，福建省政府统计处，1941年版，第13-17页。

第四节　元书纸的传统制作技艺

元书纸是一类比较特殊的熟料纸，产地分布也不广，主要在浙江富阳，附近的萧山、余杭、临安、诸暨、孝丰等地也有制造，据称均源自富阳。其在制作工艺上与一般高档熟料纸的区别在于，只经过一次石灰浆蒸煮，没有漂白工艺，传统的元书纸制法在石灰浆蒸煮以后还要经过淋尿发酵，所成之纸浅黄而疏松。从纸质看，要低于高等级的生料毛边纸。其原料的石灰蒸煮和淋尿发酵工艺，主要还是可以加速发酵、缩短腌浸处理时间。元书纸的用途介于书写和生活用纸之间，较优质的六千元书、五千元书主要是作为书写用纸，而昌山纸则主要为迷信用纸。

元书纸与后面所要介绍的熟料粗纸，在制作工艺上并没有本质的区别，尤其是与松阳所产的草纸工艺十分相似，但在选料上比较讲究。元书纸作为一类特殊的熟料竹纸，至今仍有相当的地位，其产量也较为可观，除了是因为中低档书写用纸在今日还可以做书法练习用以外，很大程度上得益于其制作工艺的优越性。现代元书纸的制作工艺，也融合了不少的传统工艺要素，因此，可以说元书纸的制作工艺也具有较高的灵活性。在这里，我们根据文献[①]与实地调研的成果，探讨元书纸的传统制作工艺。

上好的元书纸，其选料和制作工艺还是比较讲究的。首先是其原料，以前采用石竹，这种竹要比毛竹小，但纤维质地要比毛竹好，所成之纸，光润洁白，是以前制上等六千元书（即簿坯）的原料。但由于产量少，后来改为使用毛竹。

元书纸的具体制作工序如下。

（1）斫青。一般在小满前后上山砍竹，此时竹开始分枝。石竹的生长，较毛竹为迟，因此一般在夏至节气砍竹。

（2）断青。或称断竹、砍青。将砍下之竹背到削竹场，砍成长约 2 米的竹筒。

（3）削竹。将砍好的竹筒放在事先搭好的竹架（或称木马、撬码）上，用半圆形的削刀，削去竹皮，先削一半，再掉头削另一半。削下的竹皮称皮青，又称黄料，可作为黄纸原料。削去青皮的竹筒，称白坯，为制元书纸的原料。而石竹，秆细肉薄，削竹时较毛竹要难。

（4）拷白。又称拷竹，是将削去青皮的竹筒，用双手捧着在一头垫高的长方

---

① 主要有：朱范：《手工造纸法》，《锄声》，1934 年第 1 卷第 6 期，47-56 页；佚名：《富阳毛竹造纸法概论》，《江苏实业月志》，1921 年第 29 期，第 19-21 页；周关祥：《富阳传统手工造纸》，自刊本，2010年版，第 32-49 页；李少军：《富阳竹纸》，中国科学技术出版社 2010 年版。

形石块上摔打，使竹筒碎裂成片。然后再用铁榔头在石桌上进一步敲碎竹片，并去除中间的竹节。石竹的拷白要相对容易。

（5）断料。将竹片砍成段，长约 40 厘米。再用竹篾扎成捆，每捆重 30 斤左右，一捆称一页。

（6）浸料。或称浸坯。将一捆捆的白坯放入料塘（即清水塘）中，松开捆篾，使水渗入，一般浸泡 5～30 天，使之柔软。浸料时间长短，视竹料砍伐时间，即竹的老嫩而定，小满时削的白坯 5～8 日即可，夏至后削的白坯则要 20～30 天，甚至更长。石竹浸料时间一般可较毛竹为短，嫩者四五天即可。也有先浸料再断料的做法，即先将白坯捆成 60 斤一捆，浸料后拆开洗去污垢，再断成 40 厘米之小段，捆成 30 斤一捆。

（7）浆料。或称腌灰。先将石灰加水调成稀薄浆液，将洗净的白料用长柄钉耙浸入灰浆，搅拌旋转使灰汁充分黏附在料页内外，随即取出堆腌。石灰浆的浓度视白料的老嫩而定，越老的越浓，黄料则需要更浓。堆蓬时间也视白料的老嫩而定，嫩者 1～2 日，老者二三日乃至 10 日不等。

（8）煮料，或称入镬。将浆好的白料竖放于皮镬（即蒸煮锅）内，一般一锅可容 600 页左右。加水浸没竹料，日夜蒸煮。嫩者 4～5 日，老者 7～8 日。熄火第 2 日取出，随即浸入料塘清水中，以免灰质燥结在竹料上，使纤维变硬。

（9）翻滩，即洗涤。人站在水中，将浸清水之料页逐件旋转翻动，故名。每天要翻 1～2 次，翻后还要将料页竖在木凳上，用木勺盛水浇去里面的灰质，全部翻完后，放去塘内污水，灌以清水，如此洗涤 8～9 次，约需 10 日才能将附着的石灰完全去除。如果石灰去除不净，会影响所成纸张的色泽和紧度。

（10）淋尿。或称淋料或浆尿。经翻滩洗净的白料重新捆扎，放入尿桶，逐页用人尿淋浸，以便更好地脱去灰质，并便于后面的堆腌发酵。

（11）堆蓬。将浸过尿的白料横放堆叠成蓬，下垫竹片或木板，上面和四周以茅草围好，堆腌发酵，时间视气温而定，一般为 1～2 周。如果是黄料，则堆蓬时间更长，有的还要再蒸煮一次。

（12）落塘，也称入窖。将堆过蓬的白料，一页页地竖放于料塘中，引入清水浸泡，也可以略浇清尿，起到缓慢发酵的作用。一般约需 10 日，水色逐渐转红变黑即可。随后将料取出用小木榨榨去水分。

（13）舂料。舂料使用水碓或脚碓，脚碓的形制和其他地区使用的，尤其是制皮纸的脚碓略有不同，尺寸较大。碓头为木制，以木制成斗状容纳竹料，一人或两人踩踏碓杆的另一端，同时用长木棒搅动木斗内的竹料，约 1 小时，当料已

成细绒状时，再加少量水舂片刻，使其成干粥状。

（14）抄纸。纸槽为石板或木板制成，将舂好之料放入纸槽，用木耙掏匀，再用细竹竿进一步打匀。稍后前面压上竹篱笆（也称槽帘），使大部分料浆沉淀在竹篱之下，抄纸时用木耙搅几次，使沉淀的料浆渐渐上升。抄纸时以二手端帘，舀起纸浆，前后左右晃动，向前倒出多余之纸浆，再将纸帘上的湿纸转移到纸床上。纸帘以前为1抄1张，后改为1抄2张，20世纪60年代，又出现了吊帘，1次可抄3张。

（15）榨纸。湿纸积到500张，即使用木榨将大部分水榨去，榨去水分的湿纸块称"纸筒"。一般1天要榨2块。

（16）晒纸，也称牵纸、烘纸。与南方大多数地区一样，使用火墙烘纸，火墙当地称"煏弄"。先用"鹅榔头"在纸筒上划几下，将湿纸划松，然后捻开一角，再用嘴吹气，顺势用手逐张撕起，用松毛刷贴于火墙上，干后揭下。

（17）整理。元书纸以100张为1刀，50刀为1件。用小型木榨压平，再用竹篾捆好，四周用砂石、磨砖磨平，打上红色、蓝色的牌号、产地、品名、等级等印记即成。

元书纸的传统制法与其他地区的竹纸制作技艺相比较，主要有以下特点。

（1）削竹。去除竹皮是制作书写用竹纸的必要工序。连史纸一般是先经过叠塘冲浸，使竹料柔软以后，再用手工的方法剥出竹丝；以前毛边纸虽也有削竹工序，但还要在灰腌以后剥去竹皮，现在则一般省去削竹步骤。而元书纸则是靠在腌浸以前用削刀削去竹皮，相对来说比腌后再剥难度要大，但这样处理以后，对于后面的拷白、断料等工序较为有利，同时可在后面的工序中将白料和黄料分开处理，提高腌料、蒸煮的效率，便于对火候的控制，提高成品质量。

（2）制料。制料包括蒸煮和发酵。与高档熟料竹纸的制作工艺相比，元书纸采用仅灰蒸的一步蒸煮法，是制熟料粗纸常用的方法，因此纸张的白度不高，纸质较为疏松。但由于选料的讲究（包括竹种、砍竹时间、削竹皮等），使纸张仍有可能保持较高的质量。灰蒸工艺容易使碳酸钙附着在纤维上难以去除，人尿浸渍可以部分解决这一问题，同时人尿又可以加速发酵，可谓一举两得，是元书纸制作最有特色的部分。实际上，在浙江、福建等不少地区熟料粗纸的传统制作工艺中，只要是采用一次灰蒸，随后用人尿发酵还是相当普遍的。[①] 只是这些地区

① 根据文献，例如，集思：《松阳纸业》，《浙江工业》，1941年第3卷第5、6期，第28-29页；林存和：《福建之纸》，福建省政府统计处，1941年版，第114页，在松阳草纸、邵武连史，光泽北纸的制造中，均有淋尿工艺。

熟料粗纸的制作已基本灭绝，大多改用较为简单的生料法，因此富阳的人尿发酵工艺显得较为特别，特别是用于书写纸的制作中。在富阳，现在这一工艺也已很难看到，而是采用烧碱等强碱以代替石灰蒸煮和人尿发酵。从另一个角度来看，也可以认为元书纸的制料工艺，是熟料粗纸制作工艺的改良和精细化，带有一定的原始性。其采用堆腌发酵，而后的水浸发酵较为简单粗率是造成纸质疏松、白度不及优质生料毛边纸的另一主要原因。

（3）抄纸。元书纸的制作工艺中另一个比较特别之处是，抄纸时不使用纸药，这在竹纸特别是书写用竹纸的制作工艺中是不多见的。因此，在抄纸过程中需要不断进行人工搅拌，现在的元书纸制作中也继承了这一传统，只是改用了电动搅拌器。元书纸的尺寸也更多地带有生活用纸的特征。不过在李少军的《富阳竹纸》中，介绍了以前使用猕猴桃、木槿叶、滑叶果作为纸药的情况，尤其是使用滑叶果的果实加水与石灰浆烧煮后，捞出舂击，做成圆球储藏在水中，这种制作纸药的方法较为特别。[1] 但在其他文献与我们的调查中均未发现，关于其使用时期和范围还要进一步考察。

从以上特征来看，元书纸的制作工艺，应是从当地供日常生活用的熟料粗纸制作工艺演化而来的，仍带有较多的原始特征，但在选料、备料等方面有所改良，与毛边纸、连史纸的工艺有较大区别。考虑到浙江地区竹纸生产的特点，即产量大、以生活用纸为主，元书纸制作工艺的出现也就不奇怪了。在竹纸生产普遍面临危机的今天，作为书写用纸的元书纸仍能生存和发展，其产品定位、纸质特点和相应的制作工艺还是值得进一步考察和借鉴的。

第五节　表芯纸等生料粗纸的传统制作技艺

以表芯纸为代表的生活用纸，以前在民间的使用量很大，其用途主要为包装、祭祀、引火、拭秽等。表芯纸的主要产地为江西，尤其是江西万载等地。其对于纸张白度、均匀度的要求不高，因此制作工艺也较为简单、粗率，但其基本制作工艺，与毛边纸相差不大。从广义上讲，各地非书写用途的粗质竹纸，都可以归入表芯纸类，如江西之花笺、火纸，湖南的花尖、火纸，浙江的黄烧纸，福建的甲纸、海纸等。因此，这类竹纸产地分布很广，在主要的竹产区一般均有制造。例如，江苏地区基本上由长江和淮河下游的大片冲积平原组成，历来并非纸

---

① 李少军：《富阳竹纸》，中国科学技术出版社 2010 年版，第 174 页。

产区。而在南端与皖浙交界的宜兴，由于属丘陵地带，盛产毛竹，因此民国时期也有表芯纸产出，为江苏少数竹纸产区之一。[①]另外，在云南、贵州、广西等少数民族地区，至今仍有不少表芯纸类生料竹纸的生产。所产之纸主要在本地使用，受外界影响较小而得以保留。

表芯纸之粗，从其制作工艺来说，主要表现在以下几个方面。

（1）原料的选择。一般竹纸的制造多选初生未分枝的嫩竹，因其纤维幼细，所成纸张较为细腻；同时嫩竹也便于腌浸、打浆，从而实现纤维的分离、分散。而表芯纸的制造，对于竹之老嫩的要求并不严格，并有使用1年生以内的老竹的偏向，是其纤维获得率较高之故。老竹的处理较嫩竹困难，使用老竹制纸一般需要长时间的石灰腌浸，如云南禄丰九渡的腌料一般需5个月。另外，表芯纸的制造，对于竹种的选择也不严格。一般优质竹纸，均选用较为粗大的毛竹等，因其竹肉较厚，便于去除外皮，以择取内部优质的竹丝。而表芯纸的制造，可以说对竹的大小粗细并无要求，制纸时一般不去除外皮。在一些优质竹纸的产区，如江西铅山、福建长汀也有表芯纸类的产出，其主要原料，则是使用制纸时产生的竹皮等下脚料，以实现废物利用，如长汀所产的节包纸。

（2）制浆工艺。优质竹纸的制浆工艺，除选料比较讲究以外，还需多次蒸煮，以提高所成纸张的白度和均匀度。即便是毛边、玉扣等生料纸，也需在石灰中腌浸以后，经过细致的清水发酵漂洗工艺，以除去大部分果胶、淀粉等杂质，便于纤维分散。表芯纸的制浆，除因竹料较老需要长时间石灰腌浸或蒸煮以外，其他工序均较粗率，如没有竹皮的去除、原料的拣选过程。另外，由于含有竹皮等较硬的材料，打浆方法一般采用石碾或水碓舂碎。而毛边纸则一般采用脚踩的方法，便于控制纤维的分离程度，防止打浆不充分产生的纤维团块，或是过度打浆引起的纤维受损。连史纸在制浆过程中则使用水碓和脚踩二阶段的打浆工艺，使纸浆能充分分离和分散。

（3）成纸。表芯纸由于其选料和制浆工艺的粗糙，一般纸张中有较多的纤维束和竹皮产生的纸筋。由于作为包装、引火、拭秽等用纸的需要，一般均较普通竹纸为厚，而且比较疏松。其纸张较毛边、连史等书写用纸为小，有些迷信用纸长宽仅有二三十厘米，从提高抄纸效率而言，在传统的表芯类粗纸产区，多采用一抄数张的纸帘。即在纸帘上编上粗绳作为分割线，抄纸时粗绳处堆积的纸浆较少，便于成纸以后的分离。一般纸帘为长条形，抄后可分为5～6张小纸。

① 张熙谦：《宜兴张渚制纸调查录》，《江苏省立第二农业学校农蚕汇刊》，1919年第2期，第21-23页。

（4）干燥。表芯纸与连史、毛边等质量较高的竹纸一样，也有采用火墙烘干的办法，但作为引火纸、烧纸等较为粗厚的纸，由于在墙上的附着性较差，同时对纸张的平滑度要求也不高，因此常常采用自然晾干的方法。这样也可以节省燃料开支和减少火墙养护的麻烦。自然晾干的方法可以一张或数张纸叠在一起，挂在竹竿上在室内阴干，也有在室外草地或石滩上晒干的，如清同治十三年（1874）《湖州府志》中，引唐靖《前溪逸志》的记载介绍黄纸制法时说："曝之日，弥冈被阜，或飙风骤雨，妇女倾家争拾，上下山坂，捷于猨猱，少顷则委而土耳。"①

（5）计量。表芯纸的尺寸常常比毛边、连史等书写用纸要小，因此计量单位的张数也比较多，例如，江西表芯纸以 36 张为 1 刀，72 刀为 1 束。而有些更粗质的纸更以重量计数。

表芯纸类生料粗纸的产地分布极广，可以说在南方竹类生长地区均有这类纸的生产，因为其需求量大，制作较为容易。能够保留至今的竹纸生产点，大多数均生产这类粗纸，供包装和迷信之用。

生料粗纸虽然也有精粗之分，但考察其制法，各地大同小异，变化不大。这里，以皖南赣北的表芯纸和四川的凉山竹纸为例，介绍表芯纸类竹纸的传统制作方法。

关于表芯纸的制法，19 世纪末 20 世纪初，日本人井上陈政和内山弥左卫门②均曾进行过调查，他们同时也都调查了宣纸的制法。井上陈政所提为生料纸制造法，主要是对江西铅山所做的调查，较为简略，而内山弥左卫门是对安徽泾县清水塘村的调查，较为详细。民国时期江西地区的纸业调查报告中也有对表芯纸制法的简单介绍。③④⑤

这里所介绍的表芯纸传统制法，主要是参考上述文献，以及长期在江西铅山石塘镇从事造纸工作的石礼雄的口述。

①　宗源瀚，周学浚：《湖州府志》，清同治十三年（1873 年）刊，（台湾）成文出版社 1970 年影印本，第 645 页。

②　1906 年内山弥左卫门写了一篇名为《中国制纸法》的文章，刊登在《日本工业化学杂志》第九编第 98 号上。原文可见関彪：支那製紙業。有方一中之译稿：《造纸法之研究（续）》，刊于《安徽实业杂志》，1924 年第 4 卷第 7 号，第 20-32 页；刘威编：《造纸》，中国科学社 1941 年，第 17-26 页。

③　王峥嵘，钱子宁：《江西纸业之调查》，《工业中心》，1934 年第 3 卷第 9 期，第 276-285 页。

④　胡友鹏：《宜丰之纸业》，《经建季刊》，1948 年第 6 期，第 116-118 页。

⑤　哲之：《江西之手工造纸业》，《工商半月刊》，1934 年第 6 卷第 17 号，第 39-56 页，其关于表芯纸制造法为内山弥左卫门调查报告之节录。

表芯纸之质地与一般粗制相比，尚算细腻，只是颜色较书写纸为深，制作工序与一般生料纸差别不大。

（1）砍竹。制表芯纸时砍竹时间较晚，一般是在小满前后（5月21日左右），而制连史、毛边等的竹料在立夏（5月5日）前后砍伐的较多。但表芯纸仍以较高大的毛竹为主要原料。砍下以后，截成约一人高，再劈成4～8片。

（2）腌浸。在竹林附近就近挖塘，以石灰、黏土、小石砌好。池底横圆木数根，上覆竹条编成的底板，便于放水时浸渍竹料的废液滴出，与制毛边纸时的做法相似。将作为原料的竹片堆放其上，一层竹片加一层石灰，石灰用量为20%～40%（对原料）。至早稻收割完之后（约7月底，据此推算，约在塘中腌浸两个多月），取出，用清水将石灰洗掉，再叠塘发酵，然后再放水浸泡，过一段时间将水放掉，至冬天的时候竹料就可以用了（以上为江西铅山制法）。清代安徽泾县的方法为将石灰和石灰水去除后，仍堆积于池中约一星期的时间，让其发热，再注入清水降温并洗去残余石灰，再放掉水让竹料继续发酵，一星期后再注入水，如此反复三四次，以充分洗去石灰，并借助发酵的作用使纸料柔软易剥。这与制生料毛边纸的制法也很相似。

（3）制料。腌好的竹片已很柔软，可用清水洗净，剥去竹皮。竹肉部分可用脚踩烂，竹皮较硬，可用石碾或水碓打烂。制好一点的纸时，可用纯竹肉，但一般均掺入竹皮。也有不分竹皮、竹肉的，而是一起用水碓打烂者（江西万载），则质量应较差。

（4）抄纸。将上述纸料放入抄纸槽中，加入纸药（如万载用香叶树汁，宜丰用毛冬瓜、六利萧或南脑），搅拌均匀后，一人以纸帘抄纸。积到一定的厚度，以木榨将湿纸中的水分榨出，再分张撕开，贴在焙笼上，用火烘干。

（5）成品。将烘干之纸，用竹绳捆扎，磨整边沿即可，长59厘米、宽43厘米（江西宜丰）。或每担分两捆，共150～160刀，每刀36张，每担100斤（江西万载、宜丰）。也有将纸切去边缘的，以36张为1刀，集72刀为1束，再用竹绳捆扎（安徽泾县），纸长1尺4寸，宽1尺8寸，与江西的表芯纸相似。[①]

由此可以看到，皖赣地区典型的表芯纸制法与毛边纸相差不大，主要区别是

---

① 2014年4月，我们对内山弥左卫门曾调查过的泾县西北部的孤峰乡清水塘村、盘坑村、殷家冲村进行了调查。当地在2000年左右已不再生产传统表芯纸（大表纸），但仍可见打浆机、抄纸槽及纸帘等设备及工具。其造纸方法与内山弥左卫所记录的方法基本一致，特别是灰腌后多次水浸发酵的工序，以及纸张的计量。但后期已改用机械打浆机打浆，并且不再在焙笼上烘干，而是在地上晒干。纸张的尺幅也有所缩小，由1抄1张逐步变为1抄4张。

表芯纸制作时在砍竹以后均不削皮，而是在制料时剥去竹片外层较硬的竹皮，剥下的竹皮一般还要加入纸浆中再加以利用，有的甚至不再剥去竹皮。还有一个区别是，一般灰腌以后的发酵过程采用堆腌发酵，或是采用先堆腌后水浸的发酵方法，比毛边纸一般使用的水浸发酵时间要短、效力大，适合于对较老竹料的处理。这些区别，对所成纸张的纸质有较明显的影响，主要是纸张黄而疏松，有粗筋。另外，表芯纸一般作为引火及卫生纸之用，所以普遍较为粗厚。

从选料与制作方法看，严格意义上的表芯纸在生料粗纸中还算是比较讲究的，如江西宜丰本地除了产表芯、花尖（花笺）等以外，还产质量更次的火纸，主要供迷信及日用，在竹料的选择和掺用竹皮的比例上，均较表芯纸为劣。

由此看来，第二章所介绍的浙江黄岩半岭堂千张纸、云南禄丰九渡竹纸，也可以归入表芯纸类，现在主要为迷信用纸。这类纸张和典型的表芯纸相比，颜色更黄，纸质也更为粗厚疏松。从其选料和制法来看，主要是由于所用之竹较老，一般采用自然晾干之故。此类纸的产地还有许多，其生产工艺比较简单，技术要求也不高，在此就不一一罗列了。

比较特别的有民国时期西康省宁远府德昌、巴洞（今属四川凉山彝族自治州德昌县）等地的竹纸制造法。其原料主要为建竹，由于原料关系，制成之纸，质粗色暗，只能做包装和纸媒（吃水烟用）。其制浆过程如下[①]：

1. 泡漩水：由山上砍伐下来的嫩竹料，先浸入水塘中，大约经过十五日至二十日之久，等待浮面起泡沫，水能在手指间拉长丝为止。

2. 捶捣：泡漩水以后，将竹料取出捶捣，使竹料裂开，以便泡灰水时容易与石灰起作用。

3. 泡灰水：捣裂的竹料浸入灰池中，约经三月，竹料因受石灰的性[②]及发酵作用，竹料以内非纤维素物质即被溶出或分解，每千斤生竹约用石灰六百斤。

4. 洗净：用水洗净石灰浸过的竹料。

5. 捶捣：竹料再经捶捣一次，增加碎裂程度。

6. 泼碱：将竹料堆集一处，泼以土碱、曲料、食盐三样物料的混合溶液，使其发酵生热，每千斤竹料大约用土碱四十斤、曲药一斤、食盐一斤，若不发热，可陆续加泼土碱少许，用草覆盖，至发热为止，泼碱

① 赵泽宣：《宁属手工造纸概况及其改良意见》，《新宁远》，第 1 卷第 8-9 期，1941 年，第 6-9 页。
② 原文如此，可能是"碱性"，脱漏一"碱"字。

发热以后，大约再堆置二十日。

7.洗净，切碎：泼碱发热后的竹料，用水洗净切成长约一寸半的料子。

8.晾干，春碾：切碎的料子，当晾干后，用水碾碾细，或用水春春细，依照上述程序制成的料，叫做生料，时间大约须经过五个月之久。

宁远的生料粗纸制作方法，与其他地区的同类纸制作方法相比，有诸多不同之处。

首先是竹料砍下之后，要经清水浸泡发酵，这是一般熟料纸常用的预处理方法，而生料纸常常是直接放入石灰水中浸泡。先水浸的做法，可使竹料软化，可能是为了使石灰水能更好地渗入竹料中。

宁远竹纸制造法中最为特殊的是泼碱，采用碱水堆腌热发酵的方法，在生料法中还是仅此一例，与湖南浏阳地区熟料贡纸、云南鹤庆龙珠竹纸的发酵工序有些相似，但这二者都是需要经过碱液蒸煮、洗涤以后进行，还是有些不同。而加入曲药以加速发酵，与富阳元书纸的淋尿发酵、贡川纸的豆浆发酵方法有异曲同工之妙。上述发酵方法，在其他地区，都是用于熟料纸的发酵制浆，在宁远出现这样的生料发酵法，其原因可能是当地的造纸法来源于熟料竹纸的产地，而宁远本地当时也有熟料竹纸的制造。在其制作工艺中，石灰浸泡的时间缩短为 10～20 天，随后再用清水煮七八天，加碱煮 10～20 天，不再泼碱发酵。因此，当地的生料法，可以认为是对熟料法蒸煮工艺的一种简化，其好处是可以节省不少燃料，缺点是需要消耗较长的时间。因此，《宁属手工造纸概况及其改良意见》一文中也提出：土法造纸，手续烦琐，费时太久，生料法制浆需时 5 个月之久，而熟料法又需要消耗较多的燃料。从制造粗纸的角度来看，上述两种方法都不够经济。这可能是由于建竹与白夹竹、慈竹相比，不那么适合造纸。

在宁远的竹纸制造中，还有一个很特别的地方是发酵以后，还要将竹料切成长约 1 寸半的料子。切碎原料的工序，即古代文献中所谓的"截"或"剉"，其在造纸技术的发展过程中是一项历史悠久的工艺。因为在造纸术发明之初，无论是废麻还是构皮、桑皮，由于其纤维较长，为防止纤维缠绕成团影响打浆，一般都要用刀先切成 2 厘米左右的小块。而竹料的纤维较短，一般通过春打即可碎裂分散，所以在竹纸制造中，均省略了此步骤。宁远竹纸的制造中还有此工序，原因可能是其制法较为原始，还保留有部分麻纸、皮纸的制作工艺。或是借鉴了部分皮纸的制作工艺，以便于打浆，因为宁远当时也是构皮纸的产地。

总之，民国时期宁远的生料粗竹纸制造法，存在诸多与其他地区不同之处，有一些工序显得过于繁杂，需要进一步考察和研究。

第六节　熟料粗纸的传统制作技艺

以表芯纸为代表的生活用纸，对纸质的要求不高，因此在选料和制作工艺上均比较粗糙，为了降低成本，在制浆过程中常常采用生料法，即不经蒸煮，仅采用石灰浆腌浸的方法。但在有些地区，也用熟料法生产生活用粗纸。从全国范围内来看，这种制法比较少见，常常出现在中高档熟料纸的传统产区。其在研究竹纸制作技艺的流传及演变方面，较之生料粗纸更具有独特的价值。

一、浙江土黄纸的传统制作技艺

浙江地区的竹纸制造以中低档竹纸为主，元书纸是其中的代表。在浙江所产的竹纸中，虽然也有毛边、连史等名目，但所产不多，元书纸的质量还属上乘，主要供书写之用，至今仍为书法练习用纸。好的元书纸，即所谓的六千元书，呈淡黄色，光滑细腻，可与优质毛边纸媲美。但元书纸纸质普遍较为疏松，质量在毛边之下。除此以外的大量竹纸，均为迷信和包装等生活用纸，如主要供焚化用的黄纸类（如烧纸、黄元、黄标、海放等），以及温州附近所产的屏纸（如南屏、溪屏等），主要为迷信用纸和卫生用纸。

在这些日常生活用的粗纸中，根据其制作技艺，又可分为熟料纸和生料纸。表芯纸等即属于生料纸，竹料只是经过石灰浆浸泡，不用蒸煮。而在元书纸的产区，如富阳大源山区，以前也生产质量较为低劣的黄料纸，其和元书纸的不同主要在于选料，元书纸的原料采用嫩竹的竹肉（即白料），而黄料纸则使用削下的竹皮。在其他工序如蒸煮和淋尿上则差异不大。由于竹皮较为坚硬，一般堆腌发酵和蒸煮的时间均比白料的长，如腌料时黄料石灰用量为白料之倍，而且石灰堆腌白料为 2 天，黄料需 10 余天，蒸煮白料为 5 ～ 6 天，黄料需 10 天。[1] 采用熟料法生产黄料纸的原因，主要是充分利用制元书纸产生的下脚料，并利用元书纸的生产设备。

---

① 佚名：《富阳毛竹造纸法概论》，《江苏实业月志》，1921 年第 29 期，第 19-21 页。

民国时期，在浙江省西南部的松阳县，也生产熟料粗纸，名草纸，长 1 尺 7 寸 7 分，宽 6 寸，质地粗糙，颜色黄暗，主要做迷信、包装等用。其制作技术与富阳的元书纸相似，主要工序如下①②：伐竹→退青→缚把→石灰浸渍→蒸竹→洁洗→入木桶→尿渍→碓碎→加药料→捞纸→压榨→分散→阴干→打装。

集思在《松阳纸业》一文中也指出："这种草纸是亦乎富阳、萧山等处制造方法，专作拭秽用的。"

由于所制为粗纸，其伐竹时间较元书为晚，在小满以后 5 日，最迟亦需在芒种前二三日。而元书纸的竹料砍伐时间则为立夏至小满，迟则竹身变老只能做黄纸。因此，松阳竹纸原料的处理时间均较元书纸为长，以退青、石灰浸渍和尿渍为例：

> 退青——将截断甩碎成片之竹片即浸于附近竹林之山塘内，其时间如山塘内为死水，则需二十余日，日活水则需三十余日，如此浸渍谓之退青。如水干掉则竹变黑，纸色暗黄。

> 石灰浸渍——将捆成之把，浸入纸塘内，加以石灰，其分量每把约一斤半。浸渍后十日内，须翻二次，至第二十日改为一次，谓之翻塘。石灰浸渍时，在四五月须廿多天，在冬时须一月以上，然在热时亦有浸十五日即可者，惟翻塘每日就须二次，如此浸竹若超过上定热寒二时间，时间过长，则有影响于纸色之变黄。

> 尿渍——竹丝入桶后，每桶须纯人尿二百斤（即百八十把），浸渍五六日后引进清水。再延长至十日始排出尿水，重入清水。复隔十日后即可碓碎做纸，惟此种水浸时间以愈长为愈佳。

而元书纸的制造，一般只需水浸 5～20 天，石灰浆浸 1～2 天，再堆腌 2～3 天即可。淋尿则是在尿桶中浸一下即取出堆放，任其发酵。

松阳草纸的蒸料时间则相对较短：

> 蒸竹——用石灰渍就之竹把，一百至三百把，横直整齐置于蒸锅内，并加水至蒸桶四分之三，将桶口略盖，然后以最强火力煮之，蒸竹时间以当日十二时起至下午七时，并视其蒸水泡至□表面时始可退火，然仍须压闭在内，至翌日晨五时可将已蒸竹把起出，以人工打碎之。

---

① 许超等：《松阳纸业之调查》，《浙江建设》，1940 年第 2 期，第 112-120 页。

② 集思：《松阳纸业》，《浙江工业》，1941 年第 3 卷第 5、6 期，第 28-29 页。

蒸竹时间仅为 7 小时，连放置时间算在内，也不过 27 小时左右，与元书纸原料 5 天左右的蒸煮期相比要缩短不少。考虑到其原料为较老之竹，而且并不去除竹皮，这样的蒸煮作用有限。另外，干燥方法也反映了粗纸制造的特点：

> 阴干——将分散之纸，每十八张至廿二张，成为一团，躺在室内竹杆上阴干，然不能经暴日晒干，因将变为红色也。

在松阳草纸的制法中，石灰浆浸渍时间长而蒸煮时间很短、采用阴干等的特点，带有部分生料法的特征。可以说是在元书纸制法的基础上，根据实际需要，结合了普通生料纸的做法以降低成本。而其中上等纸（使用竹肉的秃料纸）也可供写字之用。

而在浙江有些地区，专门生产黄纸，为提高竹料的产率，专门使用老竹，且对竹皮、竹肉不加以区分，相应地煮料的时间也要增加。夏逎芬在《土黄纸制造法》[①]一书中专门介绍了这种熟料黄纸的制法，其大致工艺如下。

（1）原料配合。制纸原料，主要是石竹和淡竹，嫩竹不能用，需要采用生长已经有两三年的老竹。

（2）原料初制。竹砍下山后，不能多日在太阳下曝晒，就要把所有的竹竿分截成每段约长 4 尺，再将全部竹段分做 30 市斤重量的箍把。把全部箍把分批放入水碓里舂成碎片，俗名叫"敲老竹"。从竹段变成竹片，使片上的裂纹均匀，每段竹节上的节片要打净，一箍把打完，箍成原把。

（3）生胚沉浸。将已打成竹片的生料放入浸竹池沉浸，三四天即可浸润，一星期左右生胚已渐渐起发酵作用。

（4）生胚灰煮。灰和煮是两种手续。把 1300 市斤石灰，分 3 批放入拌料塘，和清水一次溶化成灰浆，每次溶化好后，就可把生胚一箍把一箍把地依次浸入拌料塘掺拌，使灰浆深入箍把中心，就可捞起堆在一旁，等待入镬。

煮，俗名叫作"煮皮镬"。生胚全部灰拌以后，依箍把堆砌镬中，10 000 斤竹的生胚，和清水约 4500 斤，盛好水后，镬顶用土泥浆糊盖，不可泄气，就可用松柴烧煮了。火力要先用烈火，后用文火，不能中断，5～7 天，可告成熟。流尽镬底浊水，燃料全熄，让它再焖蒸 10 天，即成熟料。

（5）熟料洗晒。熟料焖蒸期满以后，就要洗晒，从砌叠最高层的熟料箍把依次扛起，掷入清水里洗涤。洗涤时，把箍把放在水中的石子上，用木棍轻轻打

---

① 夏逎芬：《土黄纸制造法》，中华书局 1951 年版。

捣，再用两脚徐徐地搓踏，这样反复做了三四次，熟料箍把上的黄汁已挤净，再把箍把竖立在水中，用水桶盛着清水，从上而下淋洗熟料箍把，使横夹在碎片裂纹里的灰末渣滓，全被淋出，洗涤完毕，在太阳下曝晒，熟料晒燥收藏以后，制纸时再舂末成料。

（6）熟料浸沥。熟料要浸在清水中，浸的时间，大都是 24 小时，再沥。沥的时间，大都和浸一样，做到"浸要透，沥要燥"。

（7）原料制成。已浸润沥燥的熟料，经过水碓舂捣，就成料末了。舂捣时，先把熟料两箍把放入臼中，用一根细竹竿在臼中挑拨；大约 6 小时可舂成一臼。

除老竹以外，还有一种叫嫩竹皮青的，可以搀入制造，大约用 3/10 的比例搀入，制成的纸，格外坚韧光洁。

（8）打浆。打浆是制造过程中最重要的一项。先把原料倒入浆料塘，再用清水和润，工人用双脚搓踏，使料末布满全塘，再翻一次，从右踏到左，翻身后的料，又布满全塘，再翻再踏，10 次左右，料末已极细腻成浆，可以制造。

（9）制造。制成原料经打浆后，即可将其分批倒入槽中制造，每次倒入槽中横着的竹篅一面，两人对立，用 4 尺长的小竹竿奋力捣划，使细腻的料末流入竹篅的另一面，捣划 30 分钟，料末已极细腻地浮在水中，全槽呈一片黄汁，就可以开始制造了。制造用极细的竹丝帘子，搁在帘床上，双手捧着帘床，向黄汁中侧倒下去，然后平放着轻轻捞起，竹帘上就有薄薄的一张纸了。捞成一件，就可压榨。初次压榨，纸上的水汁，纷纷向四周迸出，放松开来，再加重压上，使水继续迸出，这样反复三四次。

（10）焙烘，俗名叫"晒纸"。在室内特制焙笼，在焙笼上先涂上一层薄薄的面粉浆，用温和的火力焙烘，工人在每块纸上撕下 5 张一叠，贴在焙笼上，反转再焙一次就燥了。焙烘要 5 人合作，两人专做撕贴工作，两人反转收落，整理折齐，一人烧火打杂，每日可焙燥 5 件。

（11）打件。焙烘好了的纸，就可依照规定的刀数、张数，用篾捆成 1 件。1 件纸是 38 足刀，1 足刀是 90 张。1 件纸捆好以后，纸边要用刨刀刨去，然后再用砂石磨光，再将制造户的名字和其他如商标一类的印章盖好，就完成了。

当时的土黄纸制造工艺，除了在选料上选用老竹，造成所制的纸张发黄以外，其他工艺还是比较讲究的。例如，其腌浸过程中使用连史、关山等熟料纸常用的先水浸、再石灰腌的方法。在打浆过程中，也采用水碓和脚踩二阶段打浆的方法，除了缺少最后的洗料以外，打浆方法几乎与江西铅山连史纸的方法

无异，传统浙南屏纸的制作技艺即属此列。之所以形成这样的特点，可能与当地制作熟料纸的传统有关；另外，在劳动力成本比较低的时代，利用有限的资源，制造更多符合用途的纸张是其主要追求的目标。而现在，在屏纸的制造过程中，为了降低燃料和劳动力成本，已省略了石灰水蒸煮工艺，代之以堆腌发酵，从熟料粗纸变成了生料粗纸。由此可见，制造白度要求不高的粗纸，生料法与熟料法对产品品质的影响不大。这同时也提示我们，对手工纸制作工艺的研究，要以发展变化的眼光来审视，传统工艺的确定需要文献与田野调查相结合，以去伪存真。

二、福建光泽北纸的传统制作技艺[①]

"北纸"，也称粗纸，质地粗黄，纸幅狭小，一般只做迷信纸用。光泽县原称"杭川"，司前一带属于杭北，清溪村一带独具特色的手工纸因此得名"北纸"。据文献称，北纸的生产历史悠久，始于唐朝，造纸技术是从江西引进的。[②] 从前，司前一带产的连史纸都通过驿道销往江西，而北纸由船水运南下销往光泽县城等地。

司前乡清溪村在历史上以生产北纸闻名。新中国成立前，村子里几乎家家都做"北纸"，而新中国成立前期村中只有 5 ~ 6 家人在做连史纸，其价格大约是北纸的几倍。清溪村 1960 年停止生产连史纸，其后一直生产北纸直至 1997 年。据清溪村村主任高陪水称，1997 年以前大概 60% 的家庭都还在做北纸，而乡里的其他村子很少有做此种纸的。清溪村供销社 20 世纪 60 年代开始统一收购手工纸，1982 年村里分田到户，1983 年以后供销社便停止收购手工纸。高陪水 1985 年开始学习做北纸，跟师傅学了 3 年。1996 ~ 1997 年，20 多张纸槽一起停工，此后便再未生产。

1. 备料

1）砍竹

在立夏时节，趁竹子还未分叉之时将其砍下。原料以本地所产毛竹为主，如果短缺就到附近的村子购买。竹子砍下后将其静置山坡上，待到过完芒种以后，砍成约 1.6 米长的一段，在平地上堆叠为立方体。在竹堆上引水浇淋，历时约半个多月。

① 据 2007 年 5 月对光泽县司前乡清溪村村主任高陪水的调查。

② 陈后文：《司前毛竹与历史悠久的北纸生产》，《光泽文史资料》第 17 辑，政协光泽县文史资料委员会，1997 年，第 88-92 页。

2）拆水

将竹子取下，用木棍将竹条打扁，然后在竹架上晾晒。晾干后收下山，存放待用。

2. 制浆

1）做料

用手将竹丝弯成捆，再用稻草捆成小把，每把约长 0.7 米，约有碗口粗。然后将竹丝放入漂塘中，压上石头，保持活水不断冲洗 3～5 天，用流水将竹丝中的泥沙等杂质除去。

2）腌石灰

石灰的用量为 2500 斤干竹丝（一锅蒸煮量）消耗生石灰 1300 斤。先将生石灰在灰塘中用水化开，然后放入大约 250 斤的竹丝，用脚将其在石灰浆中踩踏片刻，半小时后取出堆放在一旁的平地上，然后再取 250 斤竹丝重复腌石灰的工序，直到 2500 斤竹丝全部浸渍过石灰堆放在一起。最后，将灰塘中剩余的石灰浆浇灌在竹丝堆上，表面用稻草覆盖，如此静置 10 多天（夏季）以至半个月（冬季）。

3）蒸煮

将腌制好的竹丝 2500 斤全部取出放入王锅（图 3-15），堆放的时候竹丝中间预留一个通气孔，上面用木板作为锅盖，周围的缝隙还要糊上泥巴防止漏气。下面加清水蒸煮两天两夜，停火后还要焖 1 天 1 夜。

4）漂洗

将蒸煮过的竹丝用叉子取出，先铺放在漂塘（图 3-16）旁边的石块上，用工具将其打散，然后放入漂塘中，引入活水，一边过水一边人工脚踩进行漂洗。如果 5～6 个人工做，需要洗一天方能洗净 2500 斤料。洗完后，将竹丝取出堆放在一旁，先将漂塘洗干净，然后再把竹丝放入塘中，灌入清水浸泡一

图 3-15　王锅
（光泽司前乡，2007 年 5 月）

图 3-16　漂塘
（光泽司前乡，2007 年 5 月）

个晚上，第二天再洗一次。

5）发酵

将洗好的竹丝一次取出 2500 斤，堆放在料池（尺寸为 4 米×4 米×1 米）中，压紧实，并在上面压上一块石块。将人尿两桶（约 130 多斤）浇淋在竹丝上，两天两夜后加入清水至满边，如此发酵 1 个月，其间要保持水分，冬天则需要 1 个多月。

6）碓料

碓料的头天取出 100 多斤竹料，放在干净的地上晾晒，第二天放到水碓中打浆。打浆的时候人工将粗竹皮拣选出来。大约 100 斤料可以拣出 5 ～ 6 斤杂质。在河水充足的时候，1 个小时可以打完 100 斤竹料。

7）洗料

将打浆完毕的纸浆取出送到纸厂小槽中，加满水，用木质钯子搅拌约 20 分钟，使得纸浆搅散均匀。然后用一团竹丝作为滤网堵住出水口，将水放掉，剩下小槽中的纸浆。

3. 抄纸

1）打槽

将小槽中的纸浆取出放到大槽中，加入清水打槽，然后如同前次洗料的做法，再将水放走，留下洗净的纸浆。

2）抄纸

清溪村所用的纸药为一种绿色的卵形叶子，当地人就称之为"纸药"（图 3-17），将其采来后打烂滤水，取其汁液作为纸药。抄纸的纸帘子长 97 厘米、宽 44 厘米，为江西铅山所做。20 世纪 90 年代制作北纸的纸帘子为铅山陈坊熊姓人家所制，价格为 60 元一个（1989 年）。买来的纸帘子通常需要经过改造，一般有两个方面：一是将宽度裁去大约 10 厘米；二是根据纸张的市场需求和成本，用细绳将纸帘帘面分为若干块，20 世纪 90 年代中后期的纸帘已经演变为一张纸帘可以同时抄造 6 张长条状纸。配合的帘架（图 3-18）长 95 厘

图 3-17 纸药
（光泽司前乡，2007 年 5 月）

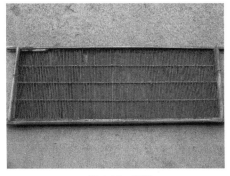

图 3-18 帘架
（光泽司前乡，2007 年 5 月）

米、宽36厘米，一个人一天可以抄造1000多张北纸。

3）榨纸

每天傍晚进行榨纸，所用榨纸机与他处所见杠杆式一致。

4）干纸

将榨干的纸堆扛回来，掰开成几堆，然后由妇女逐堆将纸分开。待到第二天，将湿纸5张一摞地摊晒在草地上，大概1个多小时就可以晒好。收回干纸直接可以包装，不用剪裁。北纸的计量为5张一其，50其一小捆，9小捆一大捆，4大捆一挑。

5）销售

北纸除了当地的销售，过去主要是用肩挑或竹排等从司前运至城关沿路销售，县域里的销售量约占一半左右。20世纪60年代公路修通后，大批运往城关，据有关部门提供的数字，1956～1983年，仅国家就收购了草纸3万余担。[①]

光泽县司前乡北纸的制作技艺，融合了连史纸和元书纸这两种熟料纸的制法，又根据其作为迷信纸的用途有所变化。北纸前半段的制作工序，与当地连史纸的制法类似，主要包括水浸、灰腌和蒸煮等步骤，在叠塘冲浸和腌石灰时的具体做法上也很相似。只是有的步骤处理时间较短，如叠塘冲浸的方法，制连史纸时传统上需要约两个月，而北纸只需半个多月。蒸煮也仅限于石灰腌浸后的一次蒸煮。上述工序，其目的都是为了除去木素、淀粉、果胶等杂质，便于取出竹丝并加以分散。长时间水浸发酵、多次蒸煮固然有助于纸质的提高，但无疑会影响纤维的获得率，对于粗纸的制造显然无此必要。只要能够达到便于纤维分散的目的即可。北纸的后续发酵工艺，则与元书纸相仿，采用人尿发酵的方法，所不同的是淋尿堆腌时间较短，仅两天，随后即加水发酵1个月，以便于控制发酵程度。这与前面介绍的松阳草纸的发酵工艺更为相似。综合来看，北纸的制作工艺仍可归于元书纸的工艺体系，而从富阳元书纸到松阳草纸，再到北纸，从发酵工艺等方面呈现出了逐步过渡的特征，北纸在前处理工艺上，则借鉴了连史纸的一些做法。

作为迷信、包装、卫生用途的粗纸，一般以采用生料制法为多，其原因不外乎是节省燃料，对白度、均匀度等纸质的要求不高。而从上述浙江黄纸和福建北纸的制作工艺特点来看，熟料粗纸的出现和发展，主要有以下原因。

（1）当地有比较成熟的制熟料纸的技术，例如，浙江富阳、福建光泽等地，

---

① 陈后文：《司前毛竹与历史悠久的北纸生产》，《光泽文史资料第17辑》，政协光泽县文史资料委员会，1997年，第88-92页。

可以使用已有的场地、设备和技术，降低生产成本。

（2）当地有合适的原料来源，制中高档竹纸一般采用竹肉，而竹皮则可制作粗纸。例如，连史、关山，甚至毛边纸的产地，均有较低档的生活用纸产出，但一般多是为了满足本地需要，不作为主要产品输出。

（3）随着需求的变化而对原有工艺的改良。这种情况自古至今一直存在，例如，浙江松阳历史上由做草纸，又改为制作黄钱纸、毛边纸等，主要是根据市场的需要而变化的。而技术的融合、改良，是寻求一种最为合理的技术路线。

而近年来，更多的则是书写纸需求下降引起的技术退化，例如，江西铅山鹅湖的熟料毛边纸，其主要用途已作为迷信纸，原料中一般掺入稻草，而纸张的均匀度明显下降，这与原料选择和打浆工艺的退化有关。其所制之纸，也退化为粗纸，但在白度和透明度等方面仍保留有部分熟料优质纸的特征。云南鹤庆的龙珠历史上主要生产供书写用的较优质的竹纸，其制作工艺借鉴了四川夹江的制法，采用石灰与大碱二次蒸煮的方法，较为讲究。从近年（2007年）的调查结果，虽然仍可以看到二次蒸煮的工艺，由于主要作为迷信纸之用，原料使用较细的小山竹，干燥法也已改为自然晾干的方法。虽然当地民国时期即已有迷信纸的生产，但竹纸的劣胜优汰造成整体工艺的退化还是较为明显的。

第七节　传统竹纸制作技艺的若干特点及其多样性

行文至此，我们已经对各类典型的竹纸传统制作技艺进行了介绍和分析，但对于我国各地曾经有过的令人惊叹的竹纸制造的多样性而言，似乎仍有意犹未尽之感。同时，竹纸制作工艺，应源于更为古老的麻纸、皮纸的制作工艺，但由于原料等的差异，产生了不少与其他手工纸制作工艺不同的特点，在本节中，笔者想就其中的一些问题进行探讨。

一、选料

对手工纸的制造来说，原料选择的重要性自不待言，尤其是制造优质纸。对于麻纸制造而言，很少采用直接取自植物的麻来造纸，而是使用破麻布、麻绳、麻袋等已经处理过的麻纤维，因此，相对来说可以比较简单的方法造出质量较高的麻纸。由于使用的是废料，来源复杂，对于原料的选择则比较困难。而不同原料所制的皮纸呈现出了较为不同的面貌，也产生了不同的用途，例如，桑皮、楮皮纤维较长，所制皮纸可以看到较粗的纤维，纸张强度较大，而青檀皮、雁皮等相对来说纤维较为细短，所成之纸较为细腻。同时，同样的植物纤维，由于生长条件和砍伐时间的不同，也会对纸质有所影响。例如，北方地区，制造构皮（楮皮）纸的陕西西安北张村等地，有分别使用春构和冬构两种不同时期砍伐的原料来制纸的情况。冬构皮所造之纸白中略带浅黄色，可作为书写、书画之用，而春构皮所造之纸呈灰色，只能作为裱糊和包装之用。

在竹纸的制造中，同样也存在竹种与砍伐时间的选择问题。制造高级竹纸，一般要选择竹肉部分较厚的竹种，同时对砍伐时间及竹材部位的选择也有讲究；而普通竹纸，特别是制造包装、祭祀用纸时，则没有太多的选择，甚至特意使用较为劣质的原料以降低成本。

关于各地使用的竹种和砍伐时间，可见附录二所整理的竹纸制造法一览表。竹种的选择，主要还是根据当地竹类资源的情况。竹纸制造的常用竹种有以下几类。

图 3-19　长出两个枝的嫩竹
（宁化治平乡，2007 年 5 月）

（1）毛竹。又称茅竹、猫竹、江南竹、楠竹、孟宗竹等，学名 *Phyllostachys heterocycla cv. Pubescens*，又作 *Phyllostachys edulis(Carr.)H.de Lehaie* 或 *Phyllostachys pubescens Mazel ex H.de Lehaie*[①]，在长江以南各省分布广泛，一般高 7～10 米，直径 10～15 厘米。高大者高可达 20 余米，直径可达 30 厘米。在建筑、家具等行业用途广泛，也是最常见的造纸用竹。毛竹产量大，肉部较厚，可制造高级竹纸。而茎皮层组织较为紧密，碱液不容易渗透，只能用于制造粗纸。毛竹在江南地区，如浙江、江西、福建、湖南等省使用最广，主要用来制造连史纸、毛边纸、元书纸等书写用纸。

（2）白夹竹。即淡竹，又名钓鱼竹，学名 *Phyllostachys puberula Makino*，产于我国南方的江苏、浙江、湖北、四川、安徽等省，尤以四川为多。秆高可达 10 米，直径约 5 厘米，春季发笋，是四川地区，如夹江、梁平等地造竹纸的主

---

①　郭起荣，杨光耀，杜天真等：《毛竹命名的百年之争》，《世界竹藤通讯》，2006 年第 4 卷第 1 期，第 18-20 页。

要原料，所含灰分较少，硅土量低，在当地被视为优质的造纸原料。

（3）观音竹。一般观音竹又称凤尾竹，是一种小型丛生观赏型竹。而实际上造纸所用观音竹可能即孝顺竹，学名 *Bambusa multiplex (Lour.) Raeuschel ex J. A. et J. H. Schult*，秆高 4～6 米，直径 2～4 厘米，为我国丛生竹中分布最广的一种，在东南至西南部均有分布。夏季生笋，作为造纸原料一般在 10～11 月砍伐。在四川地区，观音竹是重要的造纸原料。

（4）慈竹。又称钓鱼慈，学名 *Neosinocalamus affinis (Rendle) Keng f*，主要产于四川盆地、甘肃及陕西南部、湖南及湖北西部等，秆丛生，高约 10 米，直径 3～8 厘米。慈竹 7 月底到 8 月发笋，作为造纸原料常在 9～11 月砍伐，砍料期较长，是四川地区主要的造纸原料，尤以铜梁县为多。慈竹的灰分特别高，含硅量也高，所制手工纸质地不如白夹竹所制细腻、柔软。

（5）苦竹。又称伞柄竹，学名 *Pleioblastus amarus (Keng) keng f*，秆高 3～5 米，直径约 2 厘米，笋略带苦味，产于江苏、安徽、浙江、福建等省。四川、福建等地区将其作为造纸原料，产量不大。

（6）水竹。学名 *Phyllostachys heteroclada oliver*，高可达 10 米，直径约 5 厘米，丛生。在浙江温州、瞿溪等地常作为原料，生产迷信、卫生用纸——屏纸。

（7）石竹。又名轿杠竹，学名 *Phyllostachys lithophila Hayata*，主要产于台湾省，浙江也有出产。秆高可达 10 米，直径 5 厘米左右。石竹曾是浙江造优质元书纸的主要原料。一说浙江所用石竹是指另一种灰竹（学名 *Phyllostachys nuda McClure*）。

需要指出的是，竹类的命名也存在同名异种和同种异名的情况，因此在各地造纸用竹类的认定方面还需要做进一步的工作。

二、制浆工艺

制浆工艺包括腌浸、蒸煮和发酵，这三者存在一定的联系，如腌浸过程，有的就是一种发酵过程，但有的又不仅仅是起发酵作用，如石灰等碱液的腌浸，主要是溶出大部分的木素，而发酵，特别是竹料砍下以后的水浸发酵，又有助于石灰腌浸时碱液的渗透和果胶、淀粉的溶出。蒸煮处理常常被用于腌浸处理的补充和替代。但在竹纸的制作工艺，乃至中国手工纸（包括皮纸、麻纸等）的制作工艺中，普遍使用石灰水腌浸的方法，这是和其他大多数国家（如邻近的日本、韩国及欧洲诸国等）手工纸制造技术的不同之处。关于为何中国手工纸的原料处理普遍使用石灰水腌浸，这是一个看似超出了竹纸制造工艺讨论范畴的问题，但实际却可能和竹纸的制造有关。在麻纸和皮纸的制造工艺中，国外较少采用石灰浸泡或者蒸煮的方法，而代之以草木灰汁浸渍以后直接蒸煮的方法，或是直接浇水堆腌发酵的方法。潘吉星先生在其《中国造纸技术史稿》中，为了探讨早期的纸张制造方法，曾使用破麻布为原料，采用11种不同的工序制造麻纸，通过将所成之纸与古纸的对比，得出的结论为：早期麻纸的制作工序一般应包括草木灰水浸渍和蒸煮的工艺。[①] 如果缺少灰浸、蒸煮，则纸张粗厚发硬，松散易裂，难以称为真正意义上的纸。如果加以灰浸，则会使纸张外观改良不少。为了进行敦煌汉代悬泉纸的复原，我们也曾与日本学者合作，使用大麻纤维为原料，分别采用水浸、木灰液浸、纯碱液浸，不加以蒸煮即打浆造纸的方法，试制了一些麻纸，结果仅采用短时间水浸的方法处理的原料，所成的纸张纸质较为松散，缺乏强度；而碱液的浸渍，对所成的纸张质地的影响较大，同时随后打浆的程度也对纸质有明显的影响。由此可知，碱液的浸渍（1天以上），即碱对纸料的化学作用，对于纸张的制造有重要意义。麻、皮等原料处理起来相对容易，而且造纸所用之麻一般为破布、渔网、麻鞋等废麻，已经过水沤等处理。而除中国以外的国家，手工造纸主要是使用麻或皮，采用草木灰水浸、蒸煮的方法即可溶出果胶等杂质，使原料符合打浆的需要。在笔者所进行的调查中，即有人称其可以在1天内完成从皮纸的原料处理到抄纸的整个过程。[②] 这对于竹纸的制造是无法想象的。竹纸的制造由于采用竹的茎秆纤维，质地远较麻、皮为硬，其中所含的木素、果胶、淀粉等杂质含量较多，因此需要经过较长时间的腌浸处理。而采用上述造麻纸、皮纸的原料处理方法则难以达到目的，因为木灰的碱性较弱，而石灰水的主要成分氢氧化钙的碱性较强，而且能够长时间维持其碱性。因此，在化学试剂，如烧碱（氢氧化钠）被用于造纸之前，采用石灰水来处理竹料是必然的选择。即在古代，石灰水对于竹纸制造是必需的助剂，而皮纸、麻纸则使用草木灰等弱碱即可。造纸术传入朝鲜半岛、日本和中亚，是在唐或唐以前，而当时我国还未使用竹料造纸，或是处于很不成熟的起步阶段。可以推测，当时我国也应该主要使用草木灰作为纸料处理的碱性助剂。而此后，随着竹纸制造技术的发展与普及，使用石灰水腌浸、蒸煮的技术也发展起来，并且作为一种简便、有效的方法在皮纸、麻纸的制造中得到应用。这也可以部分解释为何我国在造纸过程中使用石灰水如此普遍。当然至今仍有部分地区制造皮纸或麻纸不用石灰水而是用草木灰水

---

① 潘吉星：《中国造纸技术史稿》，文物出版社1979年版，第38-42页。

② 据笔者2012年对于诸暨青口皮纸制作技艺传人杨志义的调查。

来处理原料[①]，这可以认为是古代技术的孑遗。

当然，使用石灰水也有一些缺点，例如，石灰水吸收空气中的二氧化碳形成的碳酸钙容易沉积在纤维表面，使纤维发硬，特别是当浸灰蒸煮以后放置时间太长的时候。另外，石灰颗粒如果不能在后面的工序中充分去除，对纸质会有很大的影响。因此，石灰蒸煮后一般要进行二次碱煮，或是堆腌、水浸发酵。元书纸淋尿发酵的目的之一就是，要除去石灰的灰性。

竹纸的制造技术，常常以原料是否需要经过蒸煮而分为熟料法与生料法。这在麻纸、皮纸的制造技术研究中是没有的。因为现在东亚所见皮纸、麻纸的制造，原料均要经过蒸煮处理。[②]根据潘吉星先生和我们的模拟实验可知，碱液浸渍对于麻纸有重要的作用，而蒸煮虽非必需，但从模拟实验纸样与古代纸的对比来看，应是在造纸术发明后不久即出现了原料蒸煮技术，以缩短原料处理时间，提高纸质。可以说采用熟料制纸是造纸技术的一项重要进步。那么在竹纸制造技术的发展过程中，情况又是如何呢？

要回答这个问题，首先要涉及生料法与熟料法在竹纸制造技术中的应用孰先孰后的问题。毫无疑问，在竹纸出现之时，麻、皮的熟料制纸技术已经相当成熟。借鉴当时麻纸、皮纸的制造技术，对竹料进行蒸煮处理以使原料软化，便于纤维分散是比较顺理成章的。但问题是，使用早期典型的麻纸、皮纸制造技术，即短时间水浸、草木灰煮的方法，是难以造出我们所见的可供书写、印刷的竹纸的。而石灰水长时间浸渍、碱液蒸煮才是技术的关键。从对文献记载和调查所见竹纸的传统制作技术的考察可以看到，只要将原先的草木灰煮改成石灰水浸、蒸煮，适当地延长水浸、灰煮的时间，即可造出质地较粗的竹纸。而生料制竹纸，与麻纸、皮纸的制作工艺区别较大。在竹纸的制作工艺中，很可能是熟料法出现在前，而生料法出现在后。在屏纸的制作工艺变迁中，我们也看到了即使在当代，竹纸的制法也有从熟料法向生料法的转变。

另外，关于竹纸制法的文献记录也提示了熟料法在前，生料法在后的现象。例如，唐末冯贽的《云仙杂记》（约 926）卷三称："姜澄十岁时，父苦无纸。澄乃烧糠、熁竹为纸，以供父。澄小子洪儿，乡人号洪儿纸。"烧糠为获得草木灰，熁即为蒸煮之义。可见当时制竹纸需要加草木灰蒸煮，尚处于比较初级的阶段。[③]明代宋应星的《天工开物》中所记载的竹纸制法为二次蒸煮的熟料法。

---

① 如云南傣族的构皮纸。

② 欧洲使用亚麻造纸有不经蒸煮而堆腌发酵者。

③ 潘吉星：《中国造纸史》，上海人民出版社 2009 年版，第 194 页。

清代人严如煜的《三省边防备览》（1822）中记载的陕南竹纸制作技术，更是采用了灰蒸、碱煮、豆汁米浆三次蒸煮的方法。① 清代人黄兴三的《造纸说》（约1850）记载了浙江常山县造竹纸的方法，也是采用加草木灰的蒸煮法，并且有日晒漂白的工序。② 值得注意的是，在清同治十三年（1874）的《湖州府志》中，引唐靖《前溪逸志》的记载，介绍黄纸制法时写道："东沈、钱家边，傍溪分流激石，转水以为碓，以杀竹青而捣之，叠石方空，高广寻丈以置镬，以和垩灰而煮之，捣之以糜其质也，煮之以化其性也，乃浮于水，乃曝于日。浮之以成其形也，曝之以烈其气也，是曰黄纸。"③ 其后又提到，这种黄纸是放在山坡上自然日晒干燥的，应该是用于包装、祭祀用的低档纸。可见当时不仅是书写用的中高档纸，就是低档纸也采用熟料法。

日本人井上陈政在其调查报告书《清国制纸法》中，记载了江西铅山连史纸、毛边纸、官堆纸、生料纸的制法，其中连史纸、毛边纸、官堆纸均为熟料纸，但也出现了生料纸。在讲到铅山陈坊附近的熟料毛边纸制造时，特别说明了造纸人均来自福建汀州，200年前移居此地，均为万姓。因此，可以推测，清初长汀的毛边纸制造法很可能与此地相似，也是采用熟料法。《临汀汇考》卷四《物产考》中介绍了汀州竹纸制法："其法先剖竹杀青，特存其编，投地窖中，渍以灰水，久之乃出，而暴于日，久则纸洁而细，速则粗渗，俗呼竹麻是也。迨其造纸，累石为方空，高广寻丈，以置镬，和垩灰而煮之，以化其性……"其工序为砍竹—渍灰—日晒—灰煮—舂捣—抄纸—烘干。④《清国制纸法》中未指明生料纸产自何地，不过至少在清末，粗纸的制造已经采用生料法。光绪年间刘国光的《长汀县志》记载："邑人截竹置窖中，用石灰水浸数十日，竹软则去皮取穰，踏融，另澂水中以帘盛液而造之。有大小二种，大者曰乾边，又曰毛边，其料有生有熟。又可以造色纸。小者曰斗方、曰花笺，一种用禾茎和竹穰造成，色黄而小，曰煤纸……"⑤ 可见，当地在光绪年间，造毛边纸即有用生料法的。

至此，虽然难以断定生料法出现的具体时间，但在生料法出现的初期，直至

① 严如煜：《三省边防备览》卷九《山货》，道光十年（1830）来鹿堂刊本。

② 杨钟羲：《雪桥诗话续集》卷五，北京古籍出版社1991年版，第315-316页。

③ 宗源瀚，周学浚：《湖州府志》，清同治十三年（1873年）刊，（台湾）成文出版社1970年影印本，第645页。

④ 杨澜：《临汀汇考》卷四《物产考》，转引自林存和：《福建之纸》，福建省政府统计处，1941年版，第110页。

⑤ 刘国光：《长汀县志》卷三十一《物产》，光绪五年（1879）刊，（台湾）成文出版社1967年影印本，第521页。

清代中后期，一般主要是用于制作较为粗劣的竹纸。而包括毛边纸在内的较高级竹纸，应该仍采用熟料法制造。

那么，生料法的出现是竹纸制造技术的进步还是其退化呢？从工序来说，生料法较为简单，其技术核心是石灰水的浸泡和后期发酵，与熟料法相比费时较长，对发酵工艺的要求较高。生料法技术的进步，主要体现在后期发酵工艺的进步上。我们看到，民国时期采用生料法制造的优质竹纸，如福建长汀、宁化的高等级玉扣纸、毛边纸，除了色带微黄以外，纸张的均匀度、光滑细腻的程度与熟料的连史纸相比，一点也不逊色，可见，最晚在清末至民国初期，生料法技术已经达到了成熟期。采用较为简单、低成本的方法，生产出优质的纸张，应该是技术发展的方向。从这点来看，生料法是竹纸制造技术的一项进步，要制造出高级生料纸，生料法自身应该经历了一个不断改良和完善的过程。同时，熟料法也在不断完善，其发展高峰则是连史纸的出现。当然，无论是过去还是现在，也普遍存在使用生料法生产粗纸的现象，这可看作是生料法发展的初级阶段，也可能是对已成熟的生料法的一种简化，各地的情况有所不同，而现在更多的则是技术的退化。

竹纸制造中还有一个特征是发酵工艺的高度发达和完善。可以说，发酵工艺是竹纸制造技术区别于皮纸、麻纸制造技术的最明显特征。在麻纸和皮纸的制造中，也有使用发酵工艺的，如云南罗平板桥募补村的构皮纸制造工艺中，在原料浸石灰水一次蒸煮以后，要浇大碱水（纯碱或烧碱）堆捂五六天发酵，然后再蒸煮。[①] 在传统的制麻工艺中，一般也是将收割下的麻浸在水中发酵，脱去果胶以获得麻纤维，即所谓的沤麻。但在绝大多数麻纸、皮纸的制作工艺中，均是碱煮即可，不需过多发酵。与之相反，在竹纸制造工艺中，一般都有发酵工序。在《手工纸的发酵制浆法》[②] 一文中，作者曾对生料法和熟料法制浆中的发酵工艺进行了总结，生料法中主要为堆置法（草料）、浸渍法，熟料法中主要分（蒸煮）前发酵、后发酵。从对传统工艺的考察和田野调查的结果来看，生料法一般是采用后发酵法，即长时间在石灰水中浸渍以后，将竹料洗净，再长时间在清水中发酵，以进一步除去淀粉、胶质等，也有采用堆腌，或是堆腌与水浸结合的发酵法。而熟料法普遍使用前、后发酵并举的方法，即先将砍下的竹料水浸初步发酵，再灰浸、灰蒸、碱蒸等。在碱蒸以后，放水清洗，此时只要适当放置数日，即可进一步发酵，或是取出再堆腌一段时间，这样能够更充分地去除色素等杂质，所成纸质更好。而如元书纸制造中只经过石灰水一次蒸煮的原料，发酵工

---

① 据 2008 年 8 月 5 日的实地调查。

② 造纸工业管理局生产技术处：《手工纸的发酵制浆法》，《造纸工业》，1959 年第 2 期，第 15-18 页。

艺更为重要，还要淋以人尿加速微生物的生长，促进发酵。在淋尿堆腌以后，还要落塘，在清水中再次缓慢发酵。可以说对发酵过程控制的好坏，直接决定了元书纸的质量。而对于制连史纸这样经历多次蒸煮漂白、工艺繁复的制法而言，发酵一般与蒸煮、漂白后的清洗工艺相结合，可以达到五六次之多，始终贯彻了缓慢、温和、处理充分的理念。

可以说竹纸的制造，离不开发酵工艺，其内在原因还是竹料中的木素、聚戊糖等的含量较麻、皮为高，且质地较为坚硬。在缺乏强碱作为蒸煮剂的古代，发酵工艺作为对较弱碱浸渍、蒸煮以后的补充，不失为一种便利、经济的方法。

三、打浆工艺

打浆与后面的抄纸，常常作为手工造纸的象征而引人瞩目，并且在传统工艺的保护与展示中得到重点关照。而从技术研究的角度而言，其重要性不如制浆工艺。作为一种物理过程，虽然它会对纸张的均匀度、强度、外观产生重要影响，但就纸张的诸多理化性能，如化学成分、白度、耐久性等，在制浆这样一种化学、物理相结合的过程中已基本决定了。当然，对于打浆和抄纸工艺的研究，也有其重要意义，尤其是在技术源流的考察等方面。

竹料的打浆方式，与麻料、皮料没有太大的区别，主要使用碓、碾及脚踩等方式。碓主要是借助重物下落的冲击力，捶碎纸料。碓的形式比较多样，比较原始的形式应该是杵臼和木槌，但这两种捶打方式只见于皮料的打浆处理过程，前者如河北迁安、西安北张、甘肃西和传统的桑皮或构皮的打浆过程，一般还需要先用石碾碾料以初步分散纤维，便于除去外层黑皮。后者，即木槌打浆的方法，则使用比较广泛。但其在我国的傣族、壮族及日本、韩国的皮纸制造中，现在还很常见。但上述方法，不见于竹料的打浆，特别是木槌捶打的方法，可能与竹料在板上捶打，容易飞散有关。竹料的捶打，主要是使用脚碓和水碓，特别是水碓。一般竹料的碓打，下部需要有凹状的容器，以防飞散。传统使用脚碓的有四川夹江等地，而脚碓也是各地皮料打浆的主要工具，不分南北。脚碓作为一种农具，历史非常悠久，不少出土文物中可见其图像，如河北迁安于家村汉墓出土的捣碓俑（图 3-20），以及国家博物馆藏四川彭山出土的舂米画像砖。而在魏晋南北朝的墓葬中，脚碓的陶制模型也常常作为一种明器随葬。元书纸制造中使用的脚碓比较特别，如前文介绍，一人或两人踩踏碓杆的一端，同时用木棒搅动木斗内的竹料。这种形式的脚碓有较久的历史，在元代王祯的《农书》中[1]，有一种较

---

[1] （元）王祯著，王毓瑚校：《王祯农书》，农业出版社 1981 年版，第 280 页。

为大型的堈（即缸）碓（图 3-21），以大缸埋入地下为臼，用于舂米，一缸可舂米 3
石，始于浙人，又名浙碓。而元书纸打浆所用之脚碓，是以宽达 1.4 米左右的木斗
为臼，臼底埋入地下，碓时用木棒搅拌原料，效率较高。水碓，则主要为南方使用，
因为南方水力资源比较丰富。虽然水碓也可用于皮料的处理，但用于竹料的打浆
更为普遍，比较典型的有江西、福建连史纸的制造和浙南屏纸的制造。碾则是使
用碾压的重力和摩擦力来实现原料的碎解。石碾的使用，在北方地区的造纸中十
分普遍，在皮纸制造中，常常是先碾后碓，而麻纸的制造，则主要依靠石碾。在
南方的传统竹纸制造中，碾的使用比较少，一般用于粗纸的制造中，比较典型的
例子是前一章介绍的贵阳香纸沟的水碾，属于轮状的碼碾。而云南禄丰九渡所使
用的，则属于辊碾。在台湾省传统竹纸的制造中，也使用牛拉辊碾进行原料的初
步打浆处理。（图 3-22）[1] 现在富阳元书纸制造中普遍使用的电动碾，也属于辊碾。

图 3-20　汉捣碓俑
（迁安博物馆藏）

图 3-21　缸碓
（据（元）王祯《农书》）

　　脚踩的方式，主要见于竹纸的打浆工序。虽然在有些皮纸制造中，如甘肃
康县皮纸、湖南益阳皮纸和宣纸的传统打浆工序中也有所见，但多作为一种辅助
手段，主要是利用脚搅拌皮料所起的摩擦作用。在毛边纸的制造中，普遍依靠
脚踩打浆。但与皮料的踩浆有所不同，对竹料的踩浆，一般在木槽或石槽中进行
（图 3-23），同时利用人下落的重力和脚的摩擦力，可以说是碓与碾作用的结合。
脚踩的方式，应该便于控制打浆的程度，防止纤维在打浆过程中的过度损伤。在
连史纸的制造中，作为水碓打浆的补充，也要在木槽中踩浆，但与毛边纸制造中
的踩浆相比，强度要低得多，主要是起到搅拌作用，分散水碓打浆过程中产生的
纤维团块。

---

　　① 台湾総督府民政部殖産局：本島製紙業調査書，台北，1909 年，附图。

图 3-22　石轮仔（台湾）
（据《本島製紙業調査書》，1909 年）

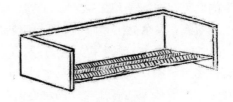

图 3-23　踏料槽
（据林存和《福建之纸》，1941 年）

四、抄纸工艺

1. 纸药等添加剂

在竹纸的抄造过程中，一般均要在纸浆中加入悬浮剂——纸药，传统的纸药均提取自植物的根、茎、叶，各地所使用的纸药可见附录二，这里不再详述。由于植物生长的关系，纸药的使用也有季节性，不少地区在不同季节使用不同的纸药。杨桃藤是东南地区常用的纸药，西南地区有不少地方使用仙人掌。纸药的使用，当然不限于竹纸，对于长纤维的皮纸制造，纸药的作用不仅是防止纤维沉淀，也可防止纤维缠绕成团。不少低档竹纸的制造，并不使用纸药，如温州屏纸的制造，而元书纸的制造中一般也不使用纸药。

除纸药以外，值得注意的是，抄纸过程中其他添加剂的加入。这些添加剂加入的目的，大多是为了改变纸张的平滑度、透明度、润墨性和颜色等。例如，福建连城，传统上在纸浆中需要加入粉泥及米浆。加入粉泥可使纸色光润柔滑，常用于贡川、连史纸的制造。而米浆则为煮白米去其渣滓，加入纸浆中可增加纸纤维的润滑度与黏稠性，在制造京庄、加重纸时使用。而制造改良纸时，为了降低纸的渗墨性，还要再加入松香、陶土、小粉、明矾等。[1]另外，在陕西、江西等地，制造细纸时，常常在加碱蒸煮、洗净后加入米浆、豆浆，一方面可以增加后发酵的速度，同时也可以使所成之纸更加光洁柔滑。

2. 纸帘

纸帘是抄纸用的器具，也是手工造纸最重要的工具之一。抄造竹纸的纸帘，与抄造皮纸、麻纸的纸帘在结构上没有太大的区别，一般都是由木制的帘架和竹丝编成的帘皮构成，抄纸时，为了压住帘皮不致浮起，一般还要有棒状的镊尺（也称边柱）或是三边的压帘框。纸帘的形制，与抄造的纸种关系最大。例如，抄造毛边纸、连史纸的纸帘较大，一般需两人操作。而祭祀用纸和包装纸等生活

---

① 林存和：《福建之纸》，福建省政府统计处 1941 年版，第 110 页。

用纸的纸帘要小一些，但一般也要比大多数北方地区抄造皮纸、麻纸的纸帘要大，纸帘宽度接近 1 个人能较舒适地手持抄纸的极限。这样一次抄纸可以抄出小纸 2 ～ 6 张，便于提高生产效率。

图 3-24　手端帘
（温州泽雅）

温州泽雅抄造屏纸的纸帘（图 3-24），呈长条形，宽高比约为 4：1。其结构较为简单，一般以杉木为框，竹片为龙骨，以承帘皮。配合帘架的宽度，还有两根镊尺，主要作用是抄纸时压住帘皮。而帘皮为竹丝编制，上以大漆，以防腐并便于分离湿纸膜。帘皮上还编上粗线以将整张帘皮等分为 6 块，每一块都是一张屏纸的大小，这样一次就能抄出 6 张纸，同时粗线处纸张较薄，便于分开。帘皮远身处一般编上一根小圆木棒，便于抄好后手持以转移湿纸。而近身处则编上竹片，可以保护娇嫩的帘皮在抄纸过程中不受损伤，保持帘皮有一定的长边方向的强度，而且纸帘的宽度一般要小于帘架宽度约 2 厘米，这样抄纸时多余的纸浆可以流过帘皮一边的竹片，从帘皮与帘架之间的空隙中流出。泽雅抄纸帘的形制，是近代以来抄造日用小型纸张最为典型的代表。在东南地区，尤其是浙江地区的竹纸制造中被广泛使用。在达德·亨特的著作中，其也被作为典型的中国纸帘加以介绍。①

铅山鹅湖制造熟料毛边的纸帘，也属于小型的手端帘（图 3-25）。其基本结构与泽雅的纸帘类似，宽高约为 95 厘米×55 厘米。比较特别的是，压住帘皮的装置，并非是两根木棒，而是左、右和下边三边构成的压帘框，抄纸时可以比较牢固地压住纸帘。结合该处的造纸工艺和纸张尺寸，这种纸帘形制可能是抄造书写用纸纸帘的传统形制，现在已比较少见。与之类似的有广东仁化抄造重桶纸的纸帘，帘架尺寸约为 65 厘米×60 厘米，也使用三边构造的压帘框。重桶纸传统上也是一种日常书写用纸。

图 3-25　手端帘
（铅山鹅湖）

抄造元书纸的传统纸帘已不可见，估计可能是一抄 1 张的小型手端帘，效率较低。现在则普遍采用的是一抄 3 张的较大型吊帘。关于吊帘，将在后面加以探讨。而民国时期至新中国成立之初，采用的是一抄 2 张的手端帘。这种纸帘的

---

① Dard Hunter. Chinese Ceremonial Paper, the Mountain House Press,1937，15.

图 3-26　手提帘
（富阳蔡家坞）

图 3-27　手提帘
（四川省梁平县）

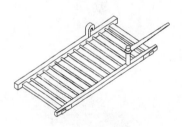

图 3-28　单手提帘
（贵州省贵阳市香纸沟）

结构，与泽雅纸帘的结构类似，特别是帘皮的构造几乎相同。但由于元书纸的尺寸较大，一抄 2 张的纸帘其宽度就在 1.1 米以上，高约 60 厘米，反复操作时，手端较为吃力。因此，有一种改进的形制是在原先设置压帘镊尺的位置，将镊尺与帘架以铰链固定，便于开合。而镊尺上又设置了提手，使手端帘变成了手提帘（图 3-26），可以降低劳动强度。

泽雅式纸帘在西南地区的改进型是现在云南鹤庆、禄丰，以及贵州香纸沟等普遍采用的提端结合式纸帘。其基本构造同泽雅式纸帘，也呈长条状，但一般没有镊尺。这种纸帘最大的特点是，在靠近帘架右手端 1/4 处设有把手，可以开合，抄纸时将把手合上，钩住对面的鹤嘴状钩子，右手提把，左手在另一端压住纸帘，这样抄纸时可以使双臂不必张得过开而消耗体力。同时，纸帘的结构也使抄纸的动作有所改变。一般的泽雅式纸帘，多余的纸浆从近身处流出。而此处的纸帘构造，使得抄纸时多余的纸浆一般向右手边倒出。这种纸帘的出现时间已不可考，但谭旦冏 1941 年在考察四川长宁县万岭乡的草纸制造时，即已记录了该纸帘的形制。①

上述纸帘在西南地区的改进型之一是梁平所见的双手提帘（图 3-27）。即将原先可以开合的一个把手改为左右两个把手，左边这个设在距左端 1/4 处，而右边这个几乎靠近右端。设置两个把手主要是由于二元纸的尺寸远较迷信纸大，抄造大纸设两个把手改为手提帘较为省力，而左右不等距设定，应该是便于借力向一边倒出多余的纸浆。

在抄造更大的纸时，即使改为手提帘，有时也是难以一个人操作。例如，制造长在 1 米以上，甚至 1.4 米左右的毛边纸、连史纸等时，则只能采用双人手端帘的形式。双人大帘的基本形制与单人手端帘（图 3-28）差别不大，但需要两人

---

① 谭旦冏:《中华民间工艺》，台湾省政府新闻处 1973 年版，第 117-120 页。

的熟练配合。一般设掌帘一人，负责主要操作，特别是湿纸的转移，另一人为帮帘，配合掌帘人的动作，起辅助作用。

现在抄造尺幅较大的竹纸时，则普遍使用吊帘。吊帘一般是将活动式纸帘的框架部分悬吊于梁架或有弹性的竹木杆上，以减轻抄纸时手持纸帘所需力量。吊帘在现代东亚手工造纸中很常见，韩国、日本的手工纸抄造大多使用吊帘。吊帘的使用，除了可以减轻抄纸工的劳动强度，也使单人抄造大尺幅的纸成为可能。由于纤维在纸帘上成纸的时间更为充裕，也有助于提高纸张的均匀度，是对抄纸技术的重要革新。

据笔者考证，吊帘最早出现在日本。中国的常见纸种，与西方和日本、韩国的常见纸种相比，要相对薄一些。一般纸料在纸帘上形成湿纸层的时间均很短，多采用一次或二次出水法。因此，两人比较容易配合。而在现代日本和纸的抄造过程中，均使用单人4次以上出水法，纸料在纸帘上停留的时间长，劳动强度较大。从减轻劳动强度的角度来考虑，有开发使用吊帘的内在需求。从现存日本古籍中关于造纸的插图来看，日本最早的吊帘的出现应不晚于明治初年。1879年（明治十二年）1月29日出版的《小学农家读本》中，出现了吊帘的形象（图3-29）。[1]

图3-29　吊帘
（据《小学农家读本》，1879年）

中国出现吊帘的时间比较难以考证。直到民国时期，抄造大尺幅的纸均使用双人抬帘，而未见有使用吊帘的记载。中国引进日本式吊帘，有记载的是在1946年，在浙江设厂的上海勤业文具股份有限公司延请日本高知县技师森下清志传授日式吊帘抄纸技术抄造皮纸。[2]1954年9月，浙江孝丰县人民土纸厂研制成功了"孝丰式吊帘"，用于生产元书纸和卫生纸，大大提高了劳动生产率和纸张质量。这种吊帘的结构，并非是对日本式吊帘的简单模仿，而是在原有手端帘的基础上，在支持竹帘的帘架木框前、后、中间部位设置两个活动弓形手柄，而吊架长臂并不直接与木框或手柄相连，而是与横向贯穿木框下面的木轴相连，起到支撑木框的作用。与日本式吊帘相比，省略了压住竹帘的上面木框部分，较多

① 関義城：古今紙漉紙屋図絵、木耳社、東京、1975。
② 缪大经，傅彬铨：《浙江皮蜡纸机械化资料》，《浙江造纸》，1992年第1期，第52-61页。

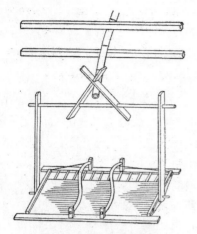

图 3-30　浙江孝丰式吊帘
（据《手工业生产经验选编——造纸》，1958 年）

地保留了当地原有的手端帘构造，抄纸时只需将手柄左右张开即可取出附有湿纸层的纸帘，操作较为简便。

新中国成立初期，纸张需求不断增加，而手工纸产量当时仍占全部纸产量的 25% 左右。提高手工纸的生产效率，满足社会对纸张的需求，成为手工纸生产行业的紧迫任务。在 20 世纪 50 年代中后期，形成了吊帘研制与推广的热潮，各地在原有手端帘或抬帘的基础上，因地制宜，制出了形形色色的吊帘。现在各地竹纸抄造所使用的吊帘，与当时开发的吊帘均有一定的渊源关系。例如，富阳的吊帘与孝丰式吊帘（图 3-30）基本相同，主要用于富阳宣纸与元书纸的抄造，其结构不再赘述。而福建连城抄造连史纸的吊帘（图 3-31），虽然与孝丰式吊帘相似，但两个手柄装在纸帘木框之外近身处，而吊绳直接与木框左右两侧相连，夹江使用的吊帘比较别致，只有一根吊绳连接手柄。它是在西南地区抄造竹纸的传统纸帘基础上改进而成的。一般在木框的一侧设有活动手柄，抄纸时将纸帘斜插入水，捞起纸浆，摆动纸帘使纸浆覆盖整个竹帘以后，多余的纸浆从有手柄的一侧横向倒回纸槽中，张开手柄即可取出纸帘。因此，仅在手柄一侧的木框上悬挂吊绳，较为适合这种结构的纸帘及抄造方式，既可以省力，又不至于对原有的抄纸动作有较大的改变。

福建长汀毛边纸的吊帘（图 3-32）也较为特别，也是在纸帘木框的一边连

图 3-31　福建连城吊帘
（据《手工造纸技术革新与技术革命经验》，1959 年）

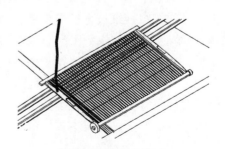

图 3-32　福建长汀吊帘

接有吊绳，抄纸时两个纸工站在同一侧，将纸帘从近身侧插入水中，一次出水即成纸，抄造一张纸的周期只需 15 秒，为大纸抄造中较为迅速者，但抄时需要两人极为默契地配合。这种吊帘应是在原有的制毛边纸双人并立抬帘的基础上发展而来的。①

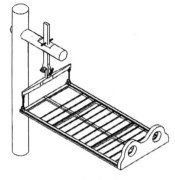

图 3-33　湖南攸县吊帘

湖南吊帘的形制也很特别，其主要构造是将纸帘纵向放置，将帘架的短边悬吊起来，而手持另一短边以抄纸（图 3-33）。这一形制创制于 20 世纪 50 年代，现在已较为少见，在湖南浏阳、攸县等地还有使用，但各处在细节方面还有所不同。这种纵向吊帘应是湖南地区，特别是湖南东部地区抄造尺寸较大的书写用纸时创制的一种特色吊帘。

纵观竹纸抄造纸帘的结构变化，可以看到为了追求抄纸效率，纸帘由小到大的发展趋势。为了降低劳动强度，纸帘又有从手端帘向手提帘变化的倾向。而书写印刷用竹纸尺幅的加大，使单人操作逐步变成双人操作。吊帘的出现，则使单人抄造大纸成为可能。

五、竹纸的规格与计量

1. 竹纸的规格

在造纸技术研究中，纸的规格尺寸比较容易被忽视。竹纸的规格尺寸极其多样，首先与纸张种类密切相关。附录一整理了文献中记录的一些竹纸的规格尺寸。有些纸名直接反映了纸张的规格尺寸信息，如大对方、小对方等，著名的连史纸，其名应源于连四纸，而连四之称，最初应是指纸张的尺寸。因为历史上除连四以外，还有连三、连七等纸名。而连四也有皮料和竹料之分，连史纸即为"竹料连四"，宣纸也称"泾县连四"。

纸张的尺寸，常常反映了纸张的类别、用途等信息，如连史纸、毛边纸等有书写、书画、印刷大量需求的纸，常常尺幅较大，便于艺术创作、批量运输和印刷、装订的整齐划一。元书纸作为日常书写用纸，则尺寸较小，便于随手取用，其他的还有贡川纸、各类信笺纸。而做日常包装之用的竹纸，其尺寸一般也较小，也是为了包装取用方便。例如，节包纸、昌山纸等，以北方的毛头纸，其用

---

① 张绍言：《江西崇仁毛边纸之制造调查与应如何改良意见》，《中农月刊》，1948 年第 9 卷第 3 期，第 25-27 页。

途也是作为日常书写、包装、裱糊用纸，尺寸也不是太大，一般为45～50厘米见方，可以说是与南方竹纸不谋而合。而作为迷信纸、卫生纸的粗纸，其尺寸更小，如南屏纸、黄烧纸、坑边纸，长宽为20～30厘米，也是为了使用方便。而粗纸的抄造，为了提高效率，一般为一抄5～6张，甚至一抄9张。湿纸压榨去水分以后分开，或是干燥以后再裁开。

纸张的大小，也蕴含了造纸技术发展和流传的信息，可以说是竹纸的"基因"之一。总体而言，纸张大者出现较晚，如连史纸、毛边纸等，反过来说，竹纸的名称虽然不可胜数，但考察其尺寸，大致可以知道其属于哪一类纸，如规格为110厘米×60厘米者，可能为连史纸的一种；而长一些的，如135厘米×60厘米者应属于毛边纸类；以三尺、四尺等为名，规格为138厘米×69厘米左右者，一般均为仿宣书画用纸，历史不会很久。四川的贡川纸规格较小，约63厘米×26厘米。笔者认为，一些尺幅较小的中档书写用纸，其规格应该带有早期竹纸的痕迹。这是因为在竹纸出现的唐宋之际，虽然也已有尺幅较大的书画纸出现，但为数不多，竹纸由于其技术还未成熟，只能作为日常生活用纸和书写纸，尺幅不会太大，其后，虽有技术进步引起的纸质改良，但由于纸张用途未发生明显的变化，所以还保留了原来的尺寸，这样的纸种如浙江富阳、萧山等地的元书纸，江西铅山的熟料毛边纸等，当地造纸历史悠久，但以生产书写纸为主，并未如连史纸、毛边纸等发展为书画、印刷用纸。

另外，纸张的尺寸也在不断发生变化，以元书纸为例，1930年，分为五千元书和六千元书，五千元书的规格为43厘米×45厘米，六千元书的规格为45厘米×50厘米。1964年时元书纸的规格为45厘米×50厘米，现在普通元书纸的规格为42厘米×45厘米。长汀毛边纸民国时期的规格为120厘米×57厘米，新中国成立以后，逐步将规格较小的长行纸、大广纸归并入毛边纸，规格统一为135厘米×62厘米。同一种纸的规格，各地也略有不同，如四川梁山（今梁平县）的毛边纸为113.8厘米×41.8厘米。

2. 竹纸的计量

手工纸的计量单位，除了基本单位"张"或"枚"以外，最常见的莫过于"刀"了，这是传统纸张专用的计量单位。至于为何称刀，则无可考，宣纸、连史纸等优质手工纸，一般都需要以50～100张为一沓，用刀、剪裁边，也许与此有关，1刀纸通常是100张。竹纸也以刀为常用计量单位，但1刀纸的张数千差万别。有时，看1刀的张数，可以判断其属于哪一类纸。例如，连史纸一般以100张为1刀，而毛边纸以200张为1刀。实际上，1刀纸常常有不足数的现象，如连史纸有的以 98 张为 1 刀，毛边纸以 195～198 张为 1 刀，主要是由于在检纸过程中，常常要剔除一些残次品，剔下的有时还作为检纸师傅的收入。久而久之，约定俗成，不足数现象即被大家所接受。实际上，这也是一种陋习，新中国成立以后逐步被废除。低档粗纸，其 1 刀数量反而较小，例如，江西表芯纸，一般以 36 张为 1 刀，烧纸 30 张为 1 刀。而湖南的粗纸计量单位还有帖、排等，如烧纸 7～16 张为 1 帖，新化夹板 9 张为 1 排。[①] 张数少的原因之一是，这些纸一般不采用火墙干燥的方法，而是在地上摊晒或是挂在竹竿上晾干。干燥时将一叠湿纸（10～20 张不等）在湿纸块的一角，一张一张地略错开撕下晾干，一叠即作为 1 刀。实际销售时，由于 1 刀粗纸的价值很低，常常以块、件、捆为单位，数量为 1000～5000 张不等。另一个竹纸常用的计量单位是担，这是传统的重量单位，一般以 100 斤为 1 担。竹纸计量中的担，也在 100 斤左右，以 60～80 斤为多，也有多至 120 斤，少至 12 斤者。[②] 同样，粗纸每担的重量较小，常常是 30～40 斤。其原因可能是粗纸较为疏松，体积较大。显然，担的设定，是为了便于运输时的计量。1 担大小的设定，应同时考虑重量和体积。在四川，与担相似的还有挑。除了常见的刀和担，竹纸的计量，还有捆、块、把，应该与包装等计量有关。而比较奇特的是，湖南有些地方竹纸的计量还有球、它、排、尖、合等，应是当地使用的量词。竹纸的计量，应该是考虑竹纸产销诸环节，逐步优化形成的，一方面要重量适当、便于运输，也要价值适宜，便于交易；另一方面常用计量单位还要考虑到零售的方便。钱纸的称量计价，如图 3-34 所示。

图 3-34　钱纸的称量计价
（贵阳香纸沟，2008 年 8 月）

　　总之，竹纸的尺寸，固然首先反映了造纸的历史传统和源流，也与造纸技术、纸张的用途密切相关。而竹纸的计量则和纸张的种类、制造法、运输、销售、使用等存在联系。

---

① 张受森：《湖南之纸》，《湖南经济》，1948 年第 3 期，第 76-88 页。

② 何远程：《崇义县纸业状况》，《经济旬刊》，1935 年第 5 卷第 4 期，第 1-5 页。

第四章

传统竹纸制作技艺的科学研究与保护

第一节　传统竹纸制作技艺的科学研究

　　各类竹纸的传统制作技艺，是千年以来造纸工匠在总结经验教训的基础上不断总结完善、逐步形成的。一方面要实现造纸成本的降低、效率的提高；同时也要不断改进纸质，丰富纸张的品种，适应市场对竹纸的多样化需求，以增强竹纸的生命力。清末以来，随着机制洋纸的输入，以及书写、印刷方式的改变，竹纸的制造面临着前所未有的危机。沿袭以往的思路，也出现了旨在降低成本、适应新需求的竹纸制造工艺的改良研究。同时，随着本国造纸工业的建立，以及物理、化学分析手段的进步，出现了对竹纸制造及理化性质变化的科学研究。这一工作主要集中于20世纪30～50年代。当时手工竹纸的制造，虽然已呈现出衰落，但由于当时的国内外形势，竹纸仍在日常生活用纸中扮演着重要的角色。对竹纸的制造工艺进行研究，主要是使用化学药品、引入机械，以降低劳动强度、提高生产效率，提出了一系列的改良方案，逐步形成了今日手工造纸中，使用化学药品、机械制浆的基础。

　　此后，手工竹纸逐步退出日常用纸领域，其用途走向分化。一部分走高端化道路，作为书画用纸、古籍印刷用纸；而更多的则是作为迷信焚化用纸和包装用纸，成为低档手工纸的代名词。在这一形势下，降低成本、提高竞争力固然很重要，但这方面的技术改良工作已在前面完成，新的手段只能是偷工减料，加入木浆、废纸等廉价材料。另外，对于书画用纸、文物修复用纸而言，纸质的改良对于其生存和发展更为重要。因此，不同造纸工艺对纸质影响的科学研究呈方兴未艾之势，例如，对于竹纸耐久性的研究。这一工作既有竹纸制造企业参与，也有文化遗产保护工作者参与。传统工艺的科学化工作对于其生存和发展具有重要意义，竹纸制造工艺同样如此。

一、竹纸工艺的科学分析

竹纸工艺的改良，兴于 20 世纪 30 年代。其工作主要为借助造纸工业中常用的方法，展开竹浆造纸的模拟实验，探讨不同原料处理方法对纸张化学成分、质地的影响。早期的工作，从原料到方法受机制纸研究的影响，使用的原料均为老竹，蒸煮剂、设备等均为造纸工业中常用的，如使用硫酸钠法、亚硫酸法高温高压蒸煮竹料，这些在手工竹纸的制造中均未使用。其研究目的更多是为了探讨使用竹料代替木材造纸，以充分利用我国竹资源丰富的特点，继承竹纸制造的传统。这方面的研究主要有唐棣源的《中国竹纸料之蒸解及其韧力之研究》[1]，廖定渠的《种竹制纸之研究》[2]，史德宽的《竹浆制造法新旧之比较》[3]，张永惠等的《中国造纸原料之研究（五）——国产老竹纸料制造之研究》[4]，以及综述性质的《竹浆造纸》[5]等。史德宽在其文中，介绍了传统竹纸制法后，提出了竹纸改良的建议，主要是：①原料竹不宜受年龄限制；②制造时间宜缩短；③应利用竹之全部，特别是表皮。然后，作者采用现代造纸的烧碱分级蒸煮和漂白粉漂白法对三四年生的老竹进行处理实验，比较了新旧法的差异。其在最后的总结中写道："竹浆制造，新法优于旧法，毫无疑义，且时代进化，手工业终被机械工业所压倒，征诸近年来手工纸渐告失败，将来能否存在，实属疑问。中国南部，拥有丰富竹林……苟对此天然物产，不能设法利用，在纸业前途，固大堪虞，即为失业民众计，亦属迫不用缓之举。以老竹制纸，在理论上早不成问题，即征诸近数十年印度安南各方面之研究，亦为事实上可成立之事业，况我国为森林甚少，木材

---

①　唐棣源：《中国竹纸料之蒸解及其韧力之研究》，《国立中央研究院化学研究所集刊》，1932 年第 9 期。

②　廖定渠：《种竹制纸之研究》，京华印书馆 1934 年版。

③　史德宽：《竹浆制造法新旧之比较》，《工业中心》，1935 年第 4 卷第 1 期，第 35-39 页。

④　张永惠，李鸣皋：《中国造纸原料之研究（五）——国产老竹纸料制造之研究》，《工业中心》，1948 年第 12 卷第 1 期，第 22-25 页。

⑤　沈彬康：《竹浆造纸》，《化学工业》，1934 年第 10 卷第 2 期，第 50-65 页。

工业，尚未发展，每年五千万元以上之纸类输入，在国家经济立场上亦当杜塞漏卮……"这反映了当时竹料造纸研究和竹纸改良的主要目的。这些工作对于手工竹纸制作技艺的理解和自身的改良作用不大，但其对竹原料化学成分和纤维分析的结果，有助于科学地理解竹纸的性质。

例如，张永惠对几种手工竹纸制造中常用竹种的化学成分进行了分析，结果如表4-1所示

表4-1　竹类之化学成分表　　　　　　　　（单位：%）

种类	水分	灰分	溶液浸出物				果胶 （Pectin）	五碳糖 （Pentosan）	纤维素 （Cellulose）	木质 （Lignin）
			冷水	热水	醚	1%的 NaOH				
			每百分纯干物所含成分							
毛竹	12.14	1.10	2.38	5.96	0.66	30.98	0.72	21.12	45.50	30.67
慈竹	12.56	1.20	2.42	6.78	0.71	31.24	0.87	25.41	44.35	31.28
白夹竹	12.48	1.43	2.13	5.24	0.58	28.65	0.65	22.64	46.47	33.6

从中可知，各竹种间化学成分相差不大，而竹料中木素的含量均较高。

同一时期，江西人罗济所著《竹类造纸学》是一部以手工竹纸制造为主要研究对象的专著。罗济出身于造纸世家，书中对竹纸的传统制法，尤其是江西连史纸、关山纸等的制法作了系统的总结。难能可贵的是，作者通过对传统制法的细致剖析，提出了改良方法，并且身体力行，在浙江龙游开设改良纸厂，试验生产玉版笺等改良竹纸，从实物看，确实质地优良。据此，他提出了对传统方法有所扬弃的竹纸标准制法，包括原料制法、蒸煮法、装料法、漂白法、加油方法等。其中对于豆浆发酵方法的利用、漂白法的利弊分析等方面不乏真知灼见，至今仍有参考价值。诚如衢州徐镜泉在序言中的评价："罗子谈造纸……本末精微，非纸上谈兵者所可比拟，亦非远引欧美满身洋气者，所能望其肩背也。"罗济还有一个宏大的计划，要编一本规模为该书5倍的中国纸业巨集，详载各地的产量和制造情形，并定改良方法，可惜未能问世。

关于竹料的化学成分，1985年，陈友地等人对于产自浙江、广东的毛竹、青皮竹、粉丹竹、撑篙竹、车筒竹、水竹、紫竹、刚竹、淡竹、早竹等十几个不同竹种的化学成分差异进行了较为系统的研究，尤其是分析了不同竹龄的竹材的化学成分。[1]以毛竹为例，结果如表4-2和表4-3所示

---

① 陈友地，秦文龙，李秀玲等：《十种竹材化学成分的研究》，《林产化学与工业》，1985年第5卷第4期，第32-39页。

表4-2 不同竹龄毛竹的化学成分 （单位：%）

竹龄	水分	灰分	冷水抽出物	热水抽出物	1% 的 NaOH 抽出物	苯‐醇抽出物	木素	多戊糖	综纤维素	α‐纤维素
半年生	9.00	1.77	5.41	3.26	27.34	1.60	26.36	22.19	76.62	61.97
1 年生	9.79	1.13	8.13	6.34	29.34	3.67	24.77	22.97	75.07	59.82
3 年生	8.55	0.69	7.10	5.41	26.91	3.88	26.20	22.11	75.09	60.55
7 年生	8.51	0.52	7.14	5.47	26.83	4.78	26.75	22.04	74.98	59.09

表4-3 不同竹龄的毛竹灰分成分变化

元素（竹龄）	1 年生	7 年生
Cu（ppb，下同）	544	324
Zn	640	436
Co	23.20	2.76
Ni	10.40	8.52
Pb	91.8	57.8
Mo	25.0	15.4
Cr	21.8	24.0
V	20.8	24.2
Ca（ppm, 下同）	8.4	14.5
Al	痕迹	痕迹
P	30.4	12.8
Fe	2.12	1.00
Mn	0.74	2.90
Mg	16.1	31.6
Ti	0.260	0.002
K	317.0	55.6
Ma	2.72	2.44

从上可知，造纸常用的毛竹 α‐纤维素的含量较高，灰分含量较低，是较好的造纸原料，但同时木素的含量也较高，需要注意在造纸过程中去除。而竹子生长一年以后，综纤维素、α‐纤维素的含量略有下降，木素含量基本不变或略有增加。在毛竹的无机元素成分中，钙、镁的含量略有增加，钾元素的含量则明显降低。

张喜在《贵州主要竹种的纤维及造纸性能的分析研究》一文中在对贵州产22 个竹种的化学成分与纤维形态及造纸性能进行论述的基础上，分析了不同年

龄及种源对它的影响，进而分析了竹种组内竹种间和竹种组间纤维及造纸性能指标的差异①，并且根据纤维素、木素、灰分量及纤维长度等指标，对各竹种造纸性能进行了分级，其中，凤尾竹、苦竹等为优选原料；湄潭箭竹等为短纤维原料；梁山慈等为高耗碱原料；水竹、油竹等为低纸浆获得率原料。

关于纤维的形态，上文中也提到，不同年龄的竹纤维长度差异不显著，而纤维宽度的差异是极显著的，主要是纤维细胞的次生壁仍在增厚的缘故。这在巴山木竹和霉箭竹的纤维形态上有相似的规律。另外，纤维细胞增厚既可增加竹纤维的本身强度，从而增加纸张强度，又可随年龄的增长而变硬、变脆，降低纸张强度。

郑蓉等在《4种福建乡土竹种的纤维形态分析》中对4年生大木竹、椽竹、苦绿竹、橄榄竹的纤维长度、纤维宽度进行了显微观测与分析，纤维形态在竹秆的不同部位存在着差别，在纵向上，竹材中部的纤维较长，基部次之，顶部居三，而纤维宽度为基部＞中部＞顶部；在径向上，纤维长度为内部＞外部，而纤维宽度的差异不明显。②

以上是对于供机械造纸用的竹原料纤维的成分分析与造纸适性研究，而用于手工竹纸制造的一般为半年生以内的嫩竹，研究较少。较早的研究论文有任鹏程的《手工竹浆之碱处理与漂白试验》、《土产竹丝之物理与化学性质》，卢衍熙的《土法制造竹浆之研究》。③其中，卢衍熙仿照毛边纸的制法，比较系统地研究了伐竹时期、石灰用量、腌灰时间、泡水时间对纸质的影响。结果表明，12%的石灰用量（对鲜竹重量）所制纸质较好，6%及18%以上的石灰用量所制纸质均有下降；而随着腌灰时间30、50、70、90日的递增，纸质逐步提高；而此后的水浸时间，则以25～50日较为适宜。上述三个因素之间存在一定的互补关系。而伐竹时间，则比上述三者对纸质的影响更为显著，以竹子将出枝至5节枝层以下（一般为立夏与小满间）时最为合适。虽然在此文中，用于纸张质量的评定方法，即所谓"质比标准"还有一定的主观因素，但作者能着眼于传统竹纸的材料与制造方法，较为全面细致地研究了各种因素对纸质的影响，甚至还研究了使用不同砍竹时期、不同竹子部位的原料对竹纸的纸质影响，至今还未见其他如此细致的模拟实验研究。相关研究结果，对于我们理解传统工艺对于竹料、处理方式的选择原因有重要参考作用。任鹏程通过对毛边纸料的分析得知，在灰腌水浸以后，

① 张喜：《贵州主要竹种的纤维及造纸性能的分析研究》，《竹子研究汇刊》，1995年第14卷第4期，第14-30页。

② 郑蓉，刘晓晖，廖鹏辉等：《4种福建乡土竹种的纤维形态分析》，《防护林科技》，2010年第4期，第21-26页。

③ 以上三种文献均见于《福州大学自然科学研究所研究汇报》第三号，1952年，第175-192，237-239页。

木素已下降为 6.9%，已适于制造文化用纸，但木素的溶出是石灰的碱性作用还是微生物的发酵作用，未能解明。任鹏程还进行了毛边纸料的碱处理与漂白实验，结果显示，如果欲使用毛边纸料经漂白制造较好的文化用纸，如不预先使用碱液进行蒸煮，则不但消耗的漂白剂（漂粉精）较多，而且效果不佳。这也可以从一个侧面揭示传统制造工艺中蒸煮与漂白的关系：也就是为什么连史纸在日晒漂白前需要二次蒸煮，而毛边纸的制造中几乎没有再加以日晒漂白以提高白度。

在 20 世纪 90 年代，江西省科学院的廖延雄等人对微生物与嫩竹土法造纸的关系进行了较为系统的研究，其研究成果对于理解传统竹纸制造（尤其是生料法）中微生物的作用具有重要的参考价值，是传统竹纸制造的科学研究领域迄今为止最重要的文献之一。[①]

廖延雄等首先研究了铅山、万载、奉新等地所产的 3 个月龄左右的嫩毛竹，在石灰沤、水浸处理成为纸浆以后化学成分的变化。随后又在实验室中模拟嫩竹土法造纸的过程，监测其化学成分的变化。在模拟实验的基础上，对主要微生物予以分离，并将分离菌培养后既有单一作用于嫩竹，也用部分菌株组合共同作用于嫩竹，以求获得软化嫩竹的细菌。

其主要研究结果如下。

1. 虽然各地毛竹的主要化学成分差别不大，但由于制浆工艺不同，所造纸张的质量有很大差异，纸张质量与纤维素含量成正比，与木素含量成反比。土法造纸厂所采样品的化学成分与纸张质量

其具体表格如表 4-4 所示。

表 4-4　土法造纸厂所采样品的化学成分与纸张质量　（单位：%）

采样地点	样品名	纤维素	半纤维素	木素	纸质
铅山	嫩毛竹	50.45	20.66	19.42	纸白而薄
	纸浆	78.11	15.65	5.64	
万载	嫩毛竹	55.42	17.23	19.02	纸淡黄而厚
	纸浆	68.35	13.17	9.32	

---

① 这些文献包括：傅筱冲、廖延雄，曹晖等：《土法造纸木素降解之探索——Ⅰ.嫩毛竹自然发酵过程微生物数量的变化》，《江西科学》，1994 年第 12 卷第 4 期，第 233-237 页；吴小琴，廖延雄，傅筱冲等：《土法造纸木素降解之探索——Ⅱ.嫩毛竹自然制浆过程中的化学成分变化及其分析方法》，《江西科学》，1997 年第 15 卷第 2 期，第 67-72 页；傅筱冲、廖延雄，曹晖等：《土法造纸木素降解之探索——Ⅲ.嫩毛竹自然发酵过程中的细菌分离鉴定与嫩竹软化菌的筛选》，《江西科学》，1998 年第 16 卷第 1 期，第 12-20 页；廖延雄，傅筱冲，吴小琴等：《微生物与嫩竹土法造纸》，《江西科学》，1998 年第 16 卷第 3 期，第 175-178 页。

续表

采样地点	样品名	纤维素	半纤维素	木素	纸质
奉新	嫩毛竹	55.39	19.29	17.25	纸深黄而厚
	石灰沤样	60.83	16.23	12.64	
	纸浆	62.56	14.84	9.87	

（1）在嫩竹的水浸液中，微生物自然增长迅速，活菌数从第 1 天起至 101 天止，每毫升均在 $10^{6.3 \sim 7.4}$ 个，pH 均维持在 7 ～ 8。19 天后一直有原生动物，主要是纤毛虫，49 天后出现真菌到第 70 天为止，主要的微生物仍是细菌。浸至 49 天后嫩竹开始软化。

（2）嫩竹石灰（CaO）浸液中，从第 1 天至 101 天的总活菌数，每毫升为 $10^{2.3 \sim 5.5}$ 个，pH 为 12 ～ 13，无原生动物，无真菌，嫩竹未软化。

（3）从实验室的嫩竹水浸液、嫩竹石灰浸液中采样及采自万载县、奉新县土法造纸发酵池的样品，以营养琼脂及沙堡弱琼脂作细菌分离，共分得 100 株细菌，均为需氧菌或兼性厌氧菌。将所分得的 100 株细菌中的 98 株，分别测定它们对嫩竹的软化能力。这 98 株细菌中只有 3 株能在 3 ～ 4 天内使石灰处理过的嫩竹条软化。这 3 株细菌均来自奉新县沤竹清水池中的发酵液，均为芽孢杆菌属。例如，短小芽孢杆菌（*B. pumillus*），它能使嫩竹于 4 ～ 5 天软化，并能制成土纸。

（4）单株对嫩竹有软化作用的菌是在发酵 71 天以后分出来的，虽然它们在 4 ～ 5 天内能使预处理过的嫩竹进一步软化，但它们在 70 天前的发酵液中菌数没有占优势。如果将这种菌预先制纯培养后，再加入到嫩竹浸渍液，使此菌在嫩竹浸渍液中一开始就在菌数量上占优势，可以大大缩短发酵周期。从 3 个月的自然发酵使竹软化缩短为 4 天。

2. 实验室模拟实验中竹料化学成分的变化

实验室的模拟实验结果，如表 4-5 所示。

表 4-5　实验室的模拟实验结果　　　　　　　（单位：%）

处理方法及时间（天）	化学法				微生物法			
	0	30	49	70	0	30	49	70
半纤维素	20.66	19.22	19.45	19.05	20.66	17.71	17.23	18.71
纤维素	50.45	—	59.95	66.18	50.45	—	61.03	63.74
木素	19.42	18.73	13.30	10.63	19.42	20.28	19.78	20.52

处理方法及 时间（天）	化学与微生物联合法*							
	第一次						第二次	
	0	5	14	21	28	33	0	33
半纤维素	19.29	19.13	17.89	16.17	17.97	18.33	19.29	18.56
纤维素	55.39	58.79	59.85	60.36	63.03	69.19	55.39	68.22
木素	17.32	17.05	12.16	11.87	9.90	7.17	17.32	8.89

　　* 21 天前用石灰水浸泡，之后用水冲洗干净，再接种短小芽孢菌。该组重复实验只做了中点样。表中"—"表示该项未分析的含量。具体原料处理法为：化学法，即用生石灰加水浸泡嫩竹（竹、石灰、水的质量比为 1:3:20），经 70 天后，竹片软化，但不能制浆。微生物法，即细菌液浸泡嫩竹，经 70 天处理后，竹片内壁部分软化，但中间的竹纤维层未解离。化学与微生物联合法，即嫩竹先用 6.5% 的石灰溶液浸泡，石灰溶液与样品的质量比为 1:1，预处理时间为 20 天（室温），之后再用芽孢菌 308 液处理。

　　在石灰浸泡过程（化学法）中，半纤维素的含量基本无变化，木素由于碱的作用，慢慢降解。外观上表现为竹片变软，竹丝分离，形成一条条直径为 1 ~ 2 毫米的细丝，但难以拉断，与土法造纸厂石灰池的情况类似。

　　在细菌浸泡过程（微生物法）中，半纤维素、木素的含量基本无变化，纤维素的含量相对提高，说明在细菌处理过程中，样品中一些其他成分的损失，主要成分更集中，纤维素相对增多了。

　　嫩竹在经石灰预处理后，加入菌液 1 周，即可达到制浆水平，比传统的自然水沤大大缩短了周期。

　　土法造纸工艺需 3 个月甚至 1 年（如铅山连史纸），在实验室 35 天就可达到目的，故所选用的芽孢杆菌很有价值。

　　同时，作者曾用化学和微生物法处理老竹（当年生竹，芒种后砍伐），未能达到制浆造纸的目的，证明在我国的土法造纸中必须用嫩竹。

　　上述研究，对于理解传统竹纸制作中一些工艺环节的科学内涵有重要意义，尤其是水浸发酵和石灰腌浸的作用。

　　在生料法制竹纸的工艺中，一般采用石灰腌浸后，再水浸发酵的方法，通过廖延雄等人的研究，可知石灰发酵的作用主要是通过碱的作用除去大部分木素，但作用较为缓慢，需时较长；水浸发酵主要是依靠细菌等微生物的作用，对竹纤维的 3 种主要成分的含量影响不大，甚至还有上升的趋势。如果采用石灰腌浸后加细菌接种水浸的方法，即可在较短时间内实现脱木素和软化纤维的作用，使竹纤维适于抄纸。这与传统生料法中灰腌加水浸的方法不谋而合，只是依靠自然水

浸发酵，作用要弱一些，需要的时间较长。

通过对土法所造之纸的成分分析（表4-4）也可以知道，从黄而厚的表芯纸类、黄而薄的毛边纸类到白而薄的连史纸类，随着纸张质量的提高，其纤维素的含量明显增加，木素的含量则减少，半纤维素的含量变化不大。相对应的制造工艺，也是从表芯纸原料的石灰腌浸短时间水浸发酵，到毛边纸原料的较长时间的灰腌水浸，再到连史纸制造的多次水浸灰渍蒸煮漂白，其主要目的还是尽可能去除木素，提高纤维素的含量，而发酵过程对果胶、淀粉等成分的除去，也可便于纤维的充分分散，改良纸质。

当然，上述研究也存在一些尚待解明的问题，具体如下。

（1）作者经过实验得出结论，土法造纸必须使用嫩竹。实际上这应该是针对生料法制纸而言的。在制熟料粗纸过程中不一定要用嫩竹，老竹可以采取长时间碱煮，也可以脱去木素。再辅以水浸发酵，同样可以得到适于打浆的竹料。前面所介绍的贵州香纸沟和温州泽雅等地的迷信纸传统制造法即是如此。现在泽雅的屏纸制造甚至也已省去了碱煮步骤，而是采用灰沤以后堆腌发酵的方法，使竹料柔软便于打浆。但所制之纸黄而松软，难以作为书写之用，应该是除去木素等不够充分所造成的。

（2）实验表明，采用接种了某些细菌的水浸泡可以使嫩竹软化，但主要成分纤维素、半纤维素、木素的含量并未发生明显变化，那么水浸发酵的具体作用又是什么呢？在20世纪50年代，曾有人研究了经过水浸发酵得到的所谓脱青竹片与原料嫩竹比较的成分变化。[①]结果表明，嫩竹经水浸泡脱青以后，主要是热水抽出物有明显降低，从14.31%降为3.06%，灰分含量也有所降低。因此，其作用可能是除去了其中的淀粉、果胶和无机盐等成分，使纤维软化，这与麻的水浸发酵脱胶工艺有相似之处，应对后续处理过程中降低用碱量有益。包括本书在内的多数研究结果，也证明了单纯的水浸发酵对除去嫩竹中的木素作用不大。[②]

（3）上述研究显示：培养分离所得的100株细菌来自万载、奉新土法造纸的发酵池和实验室模拟发酵液，但实际只有来自奉新的3株细菌能在3～4天内使石灰处理过的嫩竹条软化，那么是其他发酵液中的细菌不能起到软化嫩竹的作用，还是处理时间不够长之故呢？各地自然环境中的菌种有所不同，但在实际发酵过程中所起的作用应该大同小异，因此在万载所取的发酵液样本中，应该也有

① 四川造纸工业公司：《使用脱青竹片制浆造纸的经验》，《造纸工业的先进经验2（竹浆生产经验）》，轻工业部造纸工业管理局，1956年版，第9-10页。

② 造纸工业管理局：《我国用竹子制造手工纸的方法》，《造纸工业》，1959年第9期，第24-30页。

能软化嫩竹的菌种，可能软化效果有高低之分，或者是采样时机的问题。微生物发酵技术，是造纸工业长期研究的课题，其主要方向是寻找高效的脱木素菌种，与传统竹纸制造中的微生物发酵的作用有所不同，因此，对于竹料传统的水浸发酵技术的科学研究，尤其是有效菌种的分离提取还需要做进一步的工作，这对于传统工艺的合理改良也有重要意义。

近年来，日本学者有吉正明等人也对竹纸制造技术进行了科学研究[1][2]，其主要工作是参照《天工开物》中对竹纸制造法的记述，在实验室从原料的自然发酵开始设定多种发酵和蒸煮条件，进行模拟实验，研究竹纸的制造法与纸质的关系。其所使用的原料为5月中旬砍伐的嫩毛竹，处理方法如表4-6所示。

表4-6 各种样品的原料处理方法

工序	No.1	No.2	No.3	No.4	No.5	No.6	No.7	No.8
青皮的除去	除去	—	除去	除去	不除	不除	不除	不除
自然发酵	石灰水中腌浸3个月				清水中浸渍6个月			
蒸煮剂	纯碱	纯碱	纯碱	石灰	纯碱	纯碱	石灰	石灰
后发酵	无	无	1个月	1个月	无	无	无	2周

注：1号样是将竹以石灰水腌浸自然发酵以后，将外侧变黄的纤维除去，尽量取白色的纤维作为原料，变黄的纤维作为2号样的原料；"—"指无数据。

处理后的原料经石臼打浆以后，采用手工抄纸，再测试纸张的各项理化性能，与福建产的白莲、毛边纸进行比较，其结果如表4-7所示。

表4-7 各试样与白莲、毛边纸的测试结果

样品（蒸煮剂）	定量（克/平方米）	密度（克/立方厘米）	断裂长（千米）		抗张力（千克）		吸水度（毫米/5分）		平均纤维长（毫米）	灰分（%）	碳酸钙换算值（%）	pH
			纵	横	纵	横	纵	横				
木灰	—	0.41	7.04	5.30	—		67	59	1.2	0.7	0.7	7.7
木灰+稻灰	35.1	0.43	7.18	5.51	3.78	2.90	62	54	1.1	0.8	0.7	7.8
No.1	25.9	—	7.52	5.69	2.92	2.21	37	33	1.1	2.4	2.3	8.7
No.2	31.3	—	6.20	3.96	2.91	1.86	59	54	1.2	8.2	—	8.7

---

① 有吉正明、佐味義之：自然発酵法による竹紙の製作、高知県立紙産業技術センター報告，2007，12，76-81。

② 佐味義之：竹紙—古来製法の実践と補修用竹紙抄造の考察、日本美術品の保存修復と装コウ技術 その四、クバプロ。

样品（蒸煮剂）	定量（克/平方米）	密度（克/立方厘米）	断裂长（千米）		抗张力（千克）		吸水度（毫米/5分）		平均纤维长（毫米）	灰分（%）	碳酸钙换算值（%）	pH
			纵	横	纵	横	纵	横				
No.3	34.4	0.51	7.67	6.76	3.96	3.49	50	43	1.2	0.3	0.2	6.6
No.4	27.1	0.38	6.45	4.33	2.62	1.76	60	55	1.3	0.3	0.3	6.8
No.5	26.1	—	7.48	5.31	2.93	2.08	70	60	1.3	1.3	1.2	7.6
No.6	21.6	0.52	10.8	8.02	3.51	2.60	40	32	1.2	0.4	0.3	6.5
No.7	23.1	0.41	9.52	6.44	3.30	2.23	47	42	1.2	0.3	0.3	7.0
No.8	19.9	0.46	7.44	5.43	2.22	1.62	50	45	1.2	0.5	0.3	6.9
白莲	17.2	0.38	6.20	3.54	1.60	0.91	15	12	1.1	2.6	2.4	8.5
毛边	25.4	0.33	4.49	3.67	1.71	1.40	37	33	1.2	0.5	0.2	5.5

注："—"指无数据。

结果表明：采用纯碱蒸煮所得的纸要比使用石灰蒸煮的白，另外使用水浸法发酵所得的纸样要比石灰腌浸所得样品略带红色调。水浸发酵的样品与石灰腌浸的样品相比，纸张中的石灰成分少而显中性。同样蒸煮以后的水浸发酵处理，也可以起到分解石灰颗粒、降低 pH 的作用。纯碱蒸煮的样品比石灰液蒸煮的样品所得纸张的密度要高。蒸煮以后再经自然发酵可以使纤维的离解更加容易，便于打浆处理。

另外，值得注意的是，在蒸煮后的水浸发酵处理过程中，根据《天工开物》的记载[①]，可使用木灰浸渍，即在纸料上铺上稻草灰，加水煮沸，再将竹料放入另一桶中，浇煮沸的灰汁，如此反复 10 余日。在模拟实验中，有吉正明等人也比较了采用木灰和木灰加稻草灰汁腌浸发酵的区别，结果表明，加稻草灰的腌浸液的 pH 从 7.5 变为 10.1，说明稻草灰的覆盖，使腌浸液能维持较高的碱性，所得的纸张白度也较高。

有吉正明等人的研究成果，可以加深我们对传统竹纸制作技艺科学内涵的理解，例如，《天工开物》中所提到的覆盖稻草灰的水浸发酵，以及井上陈政记录的江西连史纸制造中在稻灰塘中的腌浸、窑煮时覆盖稻灰[②]，其目的均是为了维持腌浸、蒸煮过程中溶液有较高的碱性，提高纸张白度。这应该是制造较高级书写用纸时采用的方法。

① 原文为："洗净，用柴灰浆过，再入釜中，其上按平，平铺稻草灰寸许。桶内水滚沸，即取出别桶之中，仍以灰汁淋下。倘水冷，烧滚再淋。如是十余日，自然臭烂。"

② 井上陈政：《清国制纸法》，东京纸博物馆藏 1952 年抄本，第 107-127 页，译文见附录。

另外，纸张的酸度（pH）对纸张的耐久性也有较大的影响[1]，一般来说，毛边纸、元书纸等中低档竹纸的酸性较强，而传统方法制造的连史纸有较强的碱性。相应地，连史纸的耐久性也较好。有吉正明等人的模拟实验表明，石灰的腌浸，有利于提高纸张的碱性，这是显而易见的，应该是石灰在纤维上的沉积，还有一些石灰颗粒的黏附（试样 1 与试样 6 比较）。而烧碱等可溶性碱的蒸煮相较于石灰蒸煮会使纸张的 pH 有所降低（试样 3 与试样 4、试样 6 与试样 7 比较），主要应该是部分石灰的溶解，使纸张中石灰的残留量减少。对于纸张 pH 影响较大的是蒸煮后的水浸发酵。即使使用碱性的石灰腌浸，经 1 个月的水浸发酵，其pH 也大为下降，甚至呈弱酸性（试样 3、试样 4）。但这种蒸煮后的水浸发酵过程为去除纸张灰性、提高纤维柔软度、改善纸质所必需（有的还需加助剂，如人尿），在生料法制浆中更是必要步骤，故毛边纸一般都呈酸性，应主要是后发酵所致。如何实现改善纸质与维持较高的 pH，则应像传统连史纸那样，在石灰腌浸以后，采取多次弱碱蒸煮、清洗漂白的方法，除去过多石灰的残留对纸质的不良影响，又防止水浸发酵使纸张的 pH 下降过大，对纸张耐久性构成隐患。

有吉正明等人模拟实验所制纸样，经笔者观察，与常见的中国竹纸仍有一些差异，主要是纸质较为紧密，透明度和均匀度均较高，有的略偏红棕色。其纸质有点类似于薄型皮纸或打字纸，也和福建浦城的顺太纸有些类似。这固然与实验选料较为讲究，打浆程度过高有关，但这也说明，这样的模拟实验与传统工艺还是存在一些差异的，具体在哪些环节存在差异，还有待进一步研究。同时，这也告诉我们，传统工艺作为活态遗存消失以后，要完全恢复存在很大的难度，其复原工作，除了参考各种文献记录以外，更多的知识应来自于实践。

二、竹纸的耐久性研究

竹纸与皮纸相比，纤维素以外的木质素、半纤维素等杂质含量较高，比较容易发黄老化，也容易招致虫害，因此其保存问题引人关注。近年来，在竹纸中加入木浆、龙须草浆等日益普遍。在原料的处理过程中，使用较为强烈的化学药品，如烧碱与氯漂白剂等，这些制造方法的改变，对于竹纸的耐久性的影响值得进一步研究。

本书在对各种竹纸的制作工艺进行调查和比较的基础上，选择东南地区具有代表性的 7 种手工竹纸，通过加速老化后强度测试等方法，对其耐久性进行比较，并从原料处理方法等方面展开分析。

---

[1]　具体研究结果可见下节。

耐久性研究采用实地调查所获取的竹纸，这些竹纸包括主要供书画、印刷之用的连史纸，日常书写用的毛边纸和玉扣纸，以及现在主要供书法和习字用的元书纸。而主要供包装、迷信之用的表芯纸等粗纸，虽然在各地制造的竹纸中占有很大比重，但其耐久性对使用价值的影响不大，故未选用。另外，选择安徽泾县产净皮宣纸作为对比，宣纸原料为青檀皮加稻草。

各种竹纸的性质，如表4-8所示。

表4-8　研究用纸张的主要性质

纸种	造纸人	产地	时间	定量（$g \cdot m^{-2}$）	pH
老连史纸1	浆源大队造纸厂	江西铅山	1989年	15.6	7.7
老连史纸2	邓炎章	福建连城	1982年	24.9	8.2
新连史纸	邓金坤	福建连城	2006年	18.6	7.1
毛边纸	芦良寿	福建长汀	2006年	24.5	5.0
玉扣纸	黄马金提供	福建长汀	20世纪90年代	24.6	5.0
小元书纸	蔡月华	浙江富阳	2007年	29.9	5.7
精品元书纸	李文德	浙江富阳	2007年	20.8	5.8
宣纸（净皮）	泾县宣纸厂	安徽泾县	2006年	35.1	7.6

上述竹纸的具体蒸煮漂白工艺对比，如表4-9所示。

表4-9　试样蒸煮、漂白工艺比较

纸种	蒸煮工艺	漂白工艺
铅山老连史纸	先石灰蒸煮1次，再用纯碱蒸煮两次，最后用纯碱或者清水蒸煮1次	天然漂白两次，历时约3个月，并在抄纸时辅以少量漂白粉增白
连城老连史纸	烧碱蒸煮1次	天然漂白1次，历时约3个月，并在机械打浆时辅以漂白粉漂白
连城新连史纸	烧碱蒸煮1次	氯水漂白一次，约4小时
长汀老玉扣纸	未蒸煮，灰沤、水浸两次发酵	未漂白
长汀新毛边纸	未蒸煮，灰沤、水浸两次发酵	未漂白
富阳小元书纸	石灰蒸煮1次，人尿发酵	未漂白
富阳精品元书纸	烧碱蒸煮1次	未漂白
安徽新净皮宣	化学碱液蒸煮若干次	青檀皮用化学漂白法，草料用天然漂白法

上述8种纸张，经105℃、40天的加速老化，对其理化性能进行分析比较，

主要包括纸张酸碱度 pH 测定、纸张白度测定、纸张强度测定（包括抗张力、耐折度及撕裂度测试），主要结果如下。

（1）就老化前后的纸张强度变化来看，由于手工纸均匀度一般较机制纸差，因此数据波动性较大，但对于比较纸张的耐久性仍有重要的参考价值，图 4-1 为加速老化前后纸张耐折度的变化。耐折度是指纸张在一定的张力下，所能经受 180°的往复折叠的次数。耐折度是纸张机械强度指标中对于人工加速老化反映最为灵敏的指标，对于评价纸张的耐久性具有较大的参考价值。[1]耐折度主要取决于纤维本身的强度、平均长度和纤维间的结合力大小等因素。[2]结果显示，加速老化后，多数竹纸耐折度下降不明显，其中，以连城新连史纸和安徽净皮宣纸下降的程度稍大。在老化 40 天后，铅山老连史纸、连城老连史纸、连城新连史纸、安徽新净皮宣的耐折度强度保留率依次为 77.9%、79.0%、74.4%、73.1%。可以看出，两种老连史纸的耐折度保留率稍优于新连史纸和安徽净皮宣纸。它们均以天然漂白工艺为主要漂白方式，不同于新连史纸的化学漂白方式和安徽净皮宣的混合漂白方式。

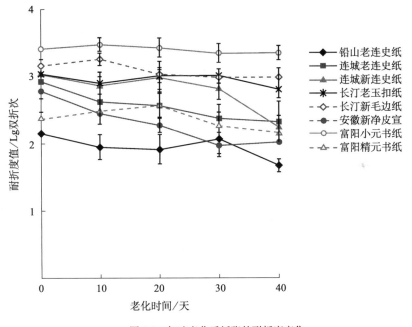

图 4-1　加速老化后纸张的耐折度变化

---

① 夏丽峰，马忻：《纸和纸板物理特性及其试验方法》，轻工业出版社 1990 年版，第 206 页。

② 轻工业部广州轻工业学校，湖南轻工业学校：《制浆造纸分析与检验》，轻工业出版社 1984 年版，第 189 页。

图 4-2 为加速老化前后纸张的撕裂度变化。纸张的撕裂度是指纸张沿切口方向撕裂一定长度所消耗的功。纸张撕裂度的大小取决于纤维长度、纤维交织情况和纤维本身的强度，撕裂纸张所消耗的功包括拉开纤维克服摩擦力所做的功和拉断纤维所做的功两部分，而前者比后者大得多。[①] 通过比较不同纸张在老化后撕裂度值的变化情况，可以衡量纸张纤维长度及其结合力的大小。撕裂度结果显示，以采用传统天然漂白工艺为主的铅山老连史纸和连城老连史纸在老化前后，撕裂度变化曲线基本保持平稳，铅山老连史纸老化 40 天后的撕裂度强度保留率甚至高达 98.9%。而现代工艺制作的连城新连史纸和半现代化工艺制作的安徽新净皮宣纸在老化过程中的撕裂度强度下降较为明显，两者在老化 40 天后的撕裂度强度保留率分别为 57.7% 和 52.8%。

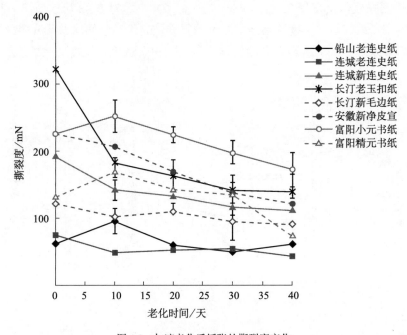

图 4-2　加速老化后纸张的撕裂度变化

铅山和连城两种老连史纸在老化过程中，都表现出较为优良的撕裂度耐久性，但是采用较多传统制作工艺的铅山老连史纸的撕裂度强度保留率为 98.9%，高于连城老连史纸 61.1% 的强度保留率。由制作工艺可知，两种老连史纸都主要

① 陈佩蓉，屈维均，何福望：《制浆造纸试验》，中国轻工业出版社 1990 年版，第 207 页。

采用了传统的天然漂白工艺，但是蒸煮工艺不尽相同。铅山老连史纸采用传统的多次弱碱蒸煮工艺，而连城老连史纸采用强碱一次蒸煮法。根据上文的分析同样可以推测，烧碱作为一种强碱蒸煮剂，可以短时、高效地完成去除木质素等非纤维素杂质的目的，更容易造成纸张纤维素的部分氧化降解，以至影响到纸张的耐久性。在两种生料纸中，毛边纸要比玉扣纸撕裂度下降的程度小，而两种元书纸虽然老化后撕裂度均有所下降，但程度都不大，特别是小元书纸下降程度更小一些，其老化 40 天以后的撕裂度保留率达到 75.8%，而精品元书纸为 56.8%。

有研究表明，纸张的抗张力只有在纸张严重老化时才会表现出来，本实验加速老化后各种竹纸的抗张力变化均不明显，难以据此评价其优劣，在此从略。

（2）竹纸在加速老化过程中，一般都会发生白度降低，即所谓"返黄"的现象，图 4-3 为加速老化前后纸张的白度变化。在手工纸机械强度测试中，由于纸张的不均匀性造成老化曲线波动大、平行样品间的偏差大，可以看到，纸张白度测试受纸张均匀度的影响较小，因此白度变化曲线较为光滑，平行样品的数据偏差很小，可以作为竹纸耐久性评价的重要指标之一。

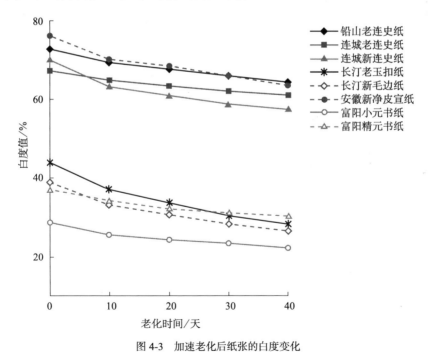

图 4-3 加速老化后纸张的白度变化

通过图 4-3 可以看出，由于采用了漂白工艺，铅山和连城的 3 种连史纸的白

度在老化前后均明显高于未经漂白处理的生料竹纸毛边纸和熟料竹纸元书纸，与安徽新净皮宣纸的白度接近。相比皮料，竹料中含有较多的木素等非纤维素杂质，容易氧化生成有色基团，使得纸张呈色而难以制成洁白的文化用纸，并会降低纸张的耐久性。一般情况下，生料法无法有效地去除木素，从而使得纸张呈现淡黄色而只能制作本色纸，例如，图 4-3 中白度较低的长汀老玉扣纸和长汀新毛边纸。研究表明，运用碱液蒸煮制成的熟料纸，能够去除一部分木素等杂质，但是效果有限。尤其是对于一次蒸煮法，如果不加以漂白处理，也同生料纸一样很难达到洁白的纸张色泽，如元书纸。因此，实验选用的 7 种竹纸，其白度明显分为两组，连史纸类白度在 70% 左右，而毛边纸和元书纸白度为 30% ~ 40%。

在老化前，运用传统天然漂白工艺的铅山老连史纸和采用化学漂白处理的连城新连史纸均表现出较高的白度，分别为 72.6% 和 70.3%，稍低于宣纸的 76.2%。结合不同的漂白工艺可以看出，化学漂白法可以使得纸张在短时期内达到理想的白度，但是，经过老化后可以明显看出，传统天然漂白工艺制作的连史纸的白度值下降较缓慢，而采用化学漂白处理的连史纸则变色较快。在老化 40 天后，铅山、连城所产两种主要采用传统天然漂白工艺的连史纸的白度保留率分别为 88.2% 和 90.7%，均高于连城新连史纸的 81.2% 和安徽新净皮宣纸的 83.5%。

未漂白的两类竹纸，不仅初始白度较低，白度的下降程度也普遍高于漂白竹纸。毛边纸类尤其是玉扣纸的初始白度要稍高于元书纸，但在加速老化的过程中，其白度值下降较快，老化 40 天以后白度的保留率为玉扣纸 64.4%、毛边纸 68.4%。而元书纸白度保留率的下降相对较慢，尤其是使用强碱一次蒸煮的精品元书纸。老化 40 天以后白度的保留率为小元书纸 77.8%，精品元书纸 80.8%。由此可见，在竹纸制造中，如果竹料不经过专门的漂白工艺，不仅所成之纸白度较低，而且在干热老化过程中，其变色速度也比较快，这可能与木素等容易老化变色的成分残留较多有关。

（3）纸张的酸度与其耐久性有着密切的关系。一方面，酸性环境使得纸张纤维素容易发生水解反应，造成纤维素聚合度下降，直接导致纸张强度降低；另一方面，纸张发生老化水解后，易氧化产生酸性物质，而这些酸性物质又会成为加速纤维素水解反应的发生，导致纸张耐久性急剧下降的因素。因此，测量纸张的 pH 可以评价纸张的耐久性，并解释部分纸张老化的原因。与白度的测试结果类似，7 种竹纸的 pH 主要分为两组，连史纸和对比试样宣纸均呈现出碱性，尤其是传统的老连史纸碱性最高，并且在老化过程中能够维持这一碱性。这是因为连史纸经石灰、草木灰等多次蒸煮，而不是在水环境下的长时间发酵，因此易保持其碱性。在 3 种连史纸中，以采用强碱蒸煮、氯水漂白工艺的新连史纸 pH 最低，未老化时为 7.1，40 天加速老化以后变为 6.7，呈弱酸性。毛边纸与元书纸则呈现出弱酸性，并且在老化过程中酸性不断加强，尤以毛边纸、玉扣纸为甚，初始 pH 即为 5.0，加速老化 40 天以后，pH 降为 4.1 左右。而富阳小元书纸和精品元书纸其初始 pH 分别为 5.9、5.8，老化以后降为 5.0 和 4.7。这主要是由于元书纸的原料在碱液（石灰或烧碱）蒸煮以后均要用人尿或水浸，依靠微生物的发酵作用容易生成有机酸，而毛边纸的原料不经蒸煮，是经长时间水浸发酵，也会产生酸性环境。因此，毛边纸、元书纸较之连史纸，在保存过程中容易发生纸张常见的酸化老化（图 4-4）。

根据对几种常见的用于书画、书写、印刷用竹纸的上述耐久性实验结果，结合廖延雄、有吉正明等人的研究成果，可以看到：

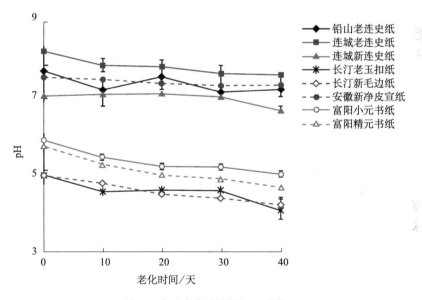

图 4-4　加速老化后纸张的 pH 变化

（1）采用多次蒸煮、漂白工艺制造的高档竹纸连史纸，比中低档竹纸，例如不经蒸煮制得的毛边纸，或是只经一次蒸煮所制的元书纸，在白度和 pH 方面明显要高。连史纸的木素含量明显低于毛边纸，这主要是由于多次碱性蒸煮，而且水浸发酵在蒸煮前，有利于保持纸张较高的 pH；而毛边纸主要依靠灰沤以后的

水浸发酵，元书纸则是石灰蒸煮辅以人尿、水浸发酵，这样木素及其他有色物质去除不完全，纸张白度不高。水浸发酵的目的是脱去果胶和淀粉，同时也是脱去灰质，使纤维柔软。在这一过程中，常常造成纸张 pH 的下降，这在有吉正明等人的模拟实验中也已得到证实，会对纸张的耐久性构成不利影响。在 40 天的干热老化过程中，连史纸与毛边纸、元书纸相比，耐久性（如在白度、撕裂度等方面）要好，但相差并不大。这应该是干热老化对纤维素的酸水解反应没有明显的促进作用，因此由于纸张酸性引起的老化没有湿热老化或自然老化时明显。同时，手工竹纸的耐久性普遍较高，在 40 天的加速老化期间，还未能充分反映出纸张酸度的差异对耐久性的影响，但显然，在自然保存条件下，在抵御外界酸性物质的侵蚀方面，连史纸要明显优于毛边纸和元书纸。

（2）在连史纸中，采用多次蒸煮、天然漂白等传统工艺制造的铅山老连史纸和连城老连史纸，其 pH 明显比强碱一次蒸煮、氯水漂白的新连史纸要高；在加速老化过程中，其机械强度（耐折度、撕裂度）及白度的下降速度也明显低于新连史纸，其耐久性甚至要略优于部分原料采用漂白剂漂白的宣纸。从对皮纸的研究结果可知，使用 NaOH 等强碱作为蒸煮剂，有利于木素等杂质的去除，但同时也有可能对纤维素本身造成损害。而强氧化性漂白剂的使用，会明显降低纸张的耐久性，尤其是抵抗酸性物质侵蚀的能力。[①]

（3）毛边纸与元书纸相比，纸张的物理性能和耐久性差异不明显。在白度方面，毛边纸的初始白度要高于元书纸。需要指出的是，毛边纸的制作工艺各地大致相同，但原料的选择、灰沤水浸的方式与时间长短等均有所不同，造成纸张的质地参差不齐，尤其是灰沤以后的发酵工艺，会对纸张的白度和细腻程度产生重要影响。本次实验所使用的毛边纸和玉扣纸质量属中上，有些质量差的毛边纸可能白度要低于元书纸。总体而言，元书纸的质地较毛边纸要疏松些。但从老化过程中白度的下降速度来看，毛边纸要比元书纸快；同时，元书纸的 pH 始终要比毛边纸大，这可能是由于毛边纸的脱木素过程主要依靠灰沤以后的水浸或堆腌发酵，为达到文化用纸的制浆要求，在酸性状态下放置的时间较长；而元书纸先是部分借助浆石灰以后的碱性蒸煮，而后的发酵过程时间较短，特别是强碱蒸煮的现代工艺。在脱去较多的木素等潜在易呈色物质的同时，碱性残留物较多，因此pH 稍高，且白度较为稳定。

（4）对于强碱蒸煮的影响，也不能一概而论。连史纸传统工艺中使用石灰、

---

① Inaba Masamitsu, Chen Gang et al. The Effect of Cooking Agents on the Permanence of Washi（Part II），Restaurator, 2002,（23）：133-144.

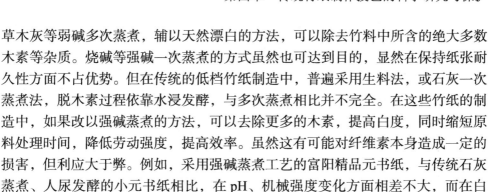

草木灰等弱碱多次蒸煮，辅以天然漂白的方法，可以除去竹料中所含的绝大多数木素等杂质。烧碱等强碱一次蒸煮的方式虽然也可达到目的，显然在保持纸张耐久性方面不占优势。但在传统的低档竹纸制造中，普遍采用生料法，或石灰一次蒸煮法，脱木素过程依靠水浸发酵，与多次蒸煮相比并不完全。在这些竹纸的制造中，如果改以强碱蒸煮的方法，可以去除更多的木素，提高白度，同时缩短原料处理时间，降低劳动强度，提高效率。虽然这有可能对纤维素本身造成一定的损害，但利应大于弊。例如，采用强碱蒸煮工艺的富阳精品元书纸，与传统石灰蒸煮、人尿发酵的小元书纸相比，在 pH、机械强度变化方面相差不大，而在白度方面还要明显优于传统小元书纸。

（5）如果采用弱碱多次蒸煮，但没有像连史纸那样再经漂白工艺所制的竹纸，如前面所介绍的贡川纸类，其耐久性又是如何呢？很遗憾，我们没有找到明确采用贡川纸工艺制造的纸样以供实验，因为传统意义上的贡川纸制造已经绝迹。采用类似工艺所制的竹纸，有云南鹤庆龙珠的竹纸和江西铅山鹅湖的熟料毛边纸，但这两种纸现在均非文化用纸，而是作为包装和迷信纸，前者粗厚，后者薄而杂质较多，二者均色淡而偏米色，与生料毛边的浅黄色有明显不同。由于均匀度较差，难以准确测定机械强度值及老化后的变化。按照其制作工艺推测，贡川纸类的耐久性，应好于毛边纸而略逊于连史纸。实际上，我们测定了鹅湖熟料毛边纸干热老化 40 天以后颜色的变化。其颜色的稳定性并不比现在的宣纸和连史纸差。

通过上述研究，我们可以看到，出于提高生产效率、降低成本的目的而对制作工艺进行的改良，确实在一定程度上影响了纸张的耐久性，尤其是像连史纸这样以工艺精细、纸质上乘、耐久性好而著称的高档竹纸，特别是氯漂白剂等化学药品的采用，会对其耐久性构成损害。但对传统工艺的改变，并不能一概否定，像在中低档竹纸元书纸的制造中，采用较强的蒸煮剂如烧碱等，替代原有的草木灰或纯碱，有利于较为完全地去除杂质，提高生产效率及产品的白度，而不会对纸张的耐久性产生明显的影响。

第二节　传统竹纸制作技艺的保护

纵观中国的造纸技术史，值得夸耀于世的，其一为纸的发明，其二则为竹纸制造技术的高度发达。在麻纸、皮纸、加工纸的制造技术方面，中国固然也有首创和领先之处，但其后分别为西方及朝鲜、日本所继承，并有所发展，尤其是日

本、朝鲜在皮纸的制造方面，有后来者居上之势。而手工竹纸的制造，虽非中国一地，但中国始终处于遥遥领先的地位，竹纸作为一种可快速再生、大量供给的材料，为文化的普及、文明的传承作出了贡献。在传世的书画、古籍、档案中，有大量是以竹纸为载体的。但是从现状来看，形势并不乐观，竹纸生产规模的萎缩相当严重。

历史上竹纸的品种极为繁多，而现状是除了连史纸、毛边纸还有供应以外，其他中高档竹纸几乎已经绝迹。在今天，连史纸虽外观变化不大，但却需借助烧碱及氯漂白剂。其所使用的氯漂白剂主要是依靠其氧化性，使用这种漂白剂所成之纸，抗酸性物质的能力较差，比较容易老化和变黄。而使用强碱蒸煮、机械打浆、铁板干燥也会对其耐久性与纸质产生不良影响，很难说能完全符合文物修复的需要。毛边纸由于已退出日常书写、印刷用纸的市场，日益成为一种习字和迷信用纸，因此对质量并无很高的要求，为了降低成本，厂家普遍转向生产低档纸。

作为竹纸生产方来说，只要有需求，他们也乐于生产修复用的高级竹纸，因为相对而言它的利润率比较高。但事实上，一方面是高档竹纸由于制造工艺繁琐，造成价格高而销路不畅；另一方面，又是书画家、文物修复工作者难以找到适用的竹纸，其结果是这一部分市场没有发育。这可能需要供需双方加强沟通、定点生产，同时供需双方也需要各自有序地组织起来，以形成规模性的供给与需求，以利于在竹纸的品种、产量、质量上保持相对稳定。浙江奉化棠岙的竹纸生产能够得以维持，一定程度上体现了修复纸需求的旺盛，也说明了在竹纸生产和改良方面供需沟通的重要性。

对于一项传统工艺而言，传承人的缺乏可能是最令人担忧的问题。这一问题随着经济的发展会越来越突出，我们所调查的大多数纸坊，工人年纪都在五六十岁左右，有的只是业余生产，年轻人不愿意从事这样繁重而单调的工作。同时，由于竹纸售价过低，一般每日工资只有二三十元，这在农村虽然也算是一笔可观的收入，但是却远远低于城市收入水平，年轻人更愿意到城市打工挣钱。而在浙江富阳、奉化等地区，造纸工人的日工资已经达到100元左右，这反过来又使造纸成本大为提高，在需求低下的情况下，加速了生产规模的萎缩。

竹纸的产地目前主要分布于南方各省，尤其是浙江、福建、江西、四川、湖南、贵州、云南、广西等地区。其品种和制作方法与民国时期相比虽然已大为减少，但仍很丰富，其中绝大多数生产包装和迷信用纸。这是由于不少地方在祭祖、扫墓时，有焚烧纸钱、纸元宝等习惯，仍要消耗大量的手工纸。一些原先用

于书写、印刷的高档竹纸的传统生产技术，如贡川纸、连史纸等则面临着消失的危险。如果没有合理、有效的重点保护措施，其结果将是和大量粗劣迷信纸的制造法一起，随着时间的流逝，玉石俱焚，留下永久的遗憾。

近年来，无论是政府还是民间，对上述问题都已开始重视。各级政府把竹纸的制造列入非物质文化遗产保护名录，并开始规划保护。传统造纸技艺迄今已有7项作为传统手工技艺被列入国家级非物质文化遗产保护名录，其中与竹纸相关的有竹纸制作技艺（包括四川省夹江县和浙江省富阳市）、铅山连四纸制作技艺，更多的则被列入省市级的非物质文化遗产保护名录。而有远见的企业也开始投资恢复传统工艺竹纸的制造，将其视为具有发展潜力的项目。但是，在竹纸传统制作技艺的保护过程中，又出现了一些新的问题，集中体现在保护什么、如何保护等方面，与其他文化遗产保护领域中出现的问题类似，也出现了"破坏性保护"的现象。其中一个重要的原因是，对传统竹纸制作技艺的多元价值认识不清。

我们常常看到，一方面，有些地区出于提高生产效率或发展旅游的目的，抛弃了一些真正有价值的、需要加以保护的传统技艺，尤其是复杂的原料处理、制浆工艺。保留的手工抄纸过程逐渐走样，制造出的纸张也失去了其本来的面目；另一方面，则是对手工造纸遗存缺少研究考证和合理的评估，盲目夸大其价值。在不少对手工造纸的宣传报道中，言必称蔡伦传下来的古法技术，到处都是"造纸术的活化石"。上述问题，在很大程度上对传统竹纸制作技艺的重点保护起了负面作用。

因此，在传统竹纸制作技艺的保护过程中，首先应该搞清保留至今的这些形形色色的技术各自的价值所在，以确定保护重点，有的放矢，有针对性地做好保护工作。关于传统造纸技术的多元价值，笔者曾有文章论述。[1] 其可能的价值表现在：①技术多样性的体现；②传统造纸技术的典型代表；③古代造纸技术的实物遗存；④高档手工纸的制造技术等许多方面。各地竹纸制造技术的价值可以是其中的一个或几个方面。

例如，在贵州贵阳香纸沟的竹纸制造技术中，比较有特色的是老竹长时间蒸煮技术，以及卧式水轮驱动的石碾碾料技术，由此所制的纸张色泽金黄。虽然其制作工艺简单、纸张粗糙，但有些工艺、设备是我国传统竹纸制作技术多样性的体现，在保护工作中，应该注重对上述方面进行重点保护。如果为了提高生产效率和纸张质量，改用嫩竹强碱蒸煮和打浆机打浆的方法，将会使其作为文化遗产

---

①　陈刚：《传统造纸技术的多元价值及其保护》，《中国文物报·遗产周刊》2011年3月18日。

的价值大为下降，沦为为数众多的普通迷信纸制作工艺。

而江西铅山鹅湖镇门石村的毛边纸制造工艺，可以说是传统竹纸制作技艺的"活化石"，虽然生产的纸张现在主要作为迷信和包装之用，但其价值在于较为系统地保留了传统工艺，很多工序可以和《天工开物》所记载的工艺相对照，反映了竹纸制造技术发展到中后期的水平。因此，在其保护工作中应该注重传统技艺的原真性保护，不仅是造纸工艺，而且工具、设备甚至建筑都具有相当的原始性，如仍在使用的石质踏料槽、石质抄纸槽、小型纸帘、烘纸小工具、土焙壁和土坯房等系列工具设备，都应该作为文物加以保护，不应在形制、材料上随意加以改变。

还有一些地方保留了较多与造纸相关的物质遗存，如江西铅山天柱山、篁碧等地的连史纸作坊遗址、陈坊的纸店纸号旧址等，在研究古代造纸技术发展、纸张流通等方面是重要的实物例证，同时对于传统工艺的复原也具有重要价值。浙江温州泽雅的四连碓造纸作坊被列为全国重点文物保护单位起到了很好的示范作用。20多年来，当地政府对于"四连碓造纸作坊群"已形成一系列保护规划：1990年，"四连碓"进入瓯海县第一批县级文物保护单位名单；1994年，泽雅成为省级风景名胜区，"四连碓"为景点之一，由泽雅风景区旅游管理分局和石桥村村委会负责日常维护和管理；2000年，浙江省文物局组织专家和学者对"四连碓造纸作坊"进行考察和评估，翌年正式公布为国家保护单位。其后，温州市、区文物部门积极开展保护工作，完成了地形图测绘，划定保护范围和建设控制地带，编制四连碓造纸作坊保护规划，2005年，黄坑村和水碓坑村作为造纸文化古村落，被浙江省人民政府公布为省级历史文化名村；2007年，泽雅造纸工艺入选浙江省非物质文化遗产名录。

对于连史纸、毛边纸等在书画、印刷、文物修复等领域还有较高使用价值的竹纸制造技术，其价值常具有二重性，即作为重要的非物质文化遗产，它们体现了我国手工造纸高度的技术水平；同时，其制品还有很大的使用价值，有相当的社会需求。笔者以为，在对这些中高档竹纸制造技术的保护上，一方面要恢复传统的制作工艺，开展保存记录和科学研究工作，以挖掘其科学价值，生产出符合需要的传统产品。在可能的情况下，还要对一些已经消失的竹纸，如贡川纸等展开复原研究，以满足文物修复和艺术创作的需要。另一方面，则是对这些竹纸制作工艺的改良，在不改变原有纸张性能的前提下，摸索更高效的生产技术。这一工作必须慎重，以往的不少技术改良，单纯地追求效率，对纸张的质地产生了负面影响，但也不能因噎废食。为了手工纸的可持续发展，对其进行合理的改良是必由之路，如在现代造纸工艺中，原料纤维的筛选、杂质的清除技术就值得引入

和推广。

　　在手工造纸的多元价值保护方面，日本的思路值得借鉴。在文化遗产的保护工作中，日本非常重视其价值的多元性，注重从各个角度、层次加以保护，对传统造纸技术的保护，也体现了这一理念。本身具有代表性的造纸技艺被指定为"重要无形文化财产"；而如果生产的纸张对于其他传统技艺、文物保护有重要使用价值，则被指定为"选定保存技术"；如果造纸及纸张本身在当地文化、习俗中占有重要地位，则被指定为"重要有形民俗文化财产"；而纸帘等工具的制造，虽然其本身的重要性不足以作为重要无形文化财产加以保护，但它们为造纸所必需，因此也要加以保护，作为"需加以记录的无形文化财"进行登录。这种按各自价值特点，分类分层次登录的方法，有利于明确价值，有针对性地进行保护。而我国对于传统造纸技术，现在一般只是将其作为手工技艺类非物质文化遗产加以登录和保护，比较单一，保护目标有的不够明确，有时还会在不当的保护过程中对原有价值产生一定的破坏。

　　在竹纸制作技艺的保护过程中，不可避免的是自然淘汰的问题，这与皮纸、麻纸制作技艺保护的情况有所不同。例如，皮纸的制作技艺现存较少，主要集中在西南少数民族地区，有的经过转型，成为书画及装饰用纸，自我生存能力增强，如贵州贞丰、丹寨的皮纸；有的则保留了较多的传统技艺元素，主要依托当地少数民族生活习俗中对纸的需求，如云南傣族地区的皮纸制造，现在面临着衰退的问题，由于其具有较大的历史、文化价值，大多数皮纸、麻纸的制作技艺需要加以保护。竹纸的制造，以往广泛分布于南方地区，绝大多数产品为包装、祭祀、卫生用纸和低档文化用纸，时至今日，仍是如此。在调查中，我们看到，各地仍有不少这样的活态遗存，大多数制作工艺简单、产品粗劣，有的为了降低成本，在原料中掺入废纸等，在造纸过程中引入打浆机，甚至小型抄纸机，这样无论是技艺和产品都已基本丧失了作为文化遗产被保存的价值。对于这些低档竹纸的制作技艺，除了少数在工具设备、制浆抄纸技术方面有独特之处的需要加以保护以外，大多数可以由其自生自灭，必要时可以适当地加以引导，寻求合适的发展途径，而不必过多地从保护的角度来限制其发展。从某种程度上说，这也是为了将有限的资源用于在前述几方面有较高价值而需要重点保护的竹纸制作技艺上。

　　因此，现阶段急需在普查的基础上，从原料、工艺、工具、纸张的使用价值、历史文化内涵等多方面，对各种竹纸制作技艺进行比较研究，建立起合理的价值评估体系。然后对各地现存的竹纸制作技艺进行评估，以确定各自具有哪些方面的价值，是否需要保护，具体要保护哪些方面，提出具有可操作性的保护方针。

　　具体就各类竹纸制作技艺的保护方针而言，需要保护的低档竹纸的制作技艺，可能要强调其历史价值，注重保护其原真性，如铅山鹅湖、广东仁化的毛边纸制作技艺。而中高档竹纸，如优质连史纸、毛边纸的制作技艺，常常具有多重价值，其保护工作也是一项系统工程，涉及作为文化遗产的多重价值的保护，要努力实现其作为一项活的传统工艺自身的可持续发展。因此，在保护理念上，不能仅仅强调对于传统工艺的原状保护，而要根据其价值的主次、保存现状和条件，量体裁衣，制定合理的保护对策。

附录一　主要产区竹纸的种类、计量与用途

一、浙江

浙江竹纸种类、计量、用途，如附表 1 所示。

附表 1　浙江竹纸种类、计量、用途表^①

纸名	尺寸（厘米）		常用计量单位	用途	备注
	长	宽			
鹿鸣	70～82	33～35.3	150 张（刀）	迷信用纸	富阳、萧山等
京放	115～118	52～61	300 张（刀）	文化用纸	富阳、萧山等
段放	79	52	50 张（刀）		富阳、萧山等
海放	40—51	30	90 张（刀）	迷信用纸	富阳、余杭等
六千元书	51	40	90 张（刀）	文化用纸	富阳、临安
五千元书	45	43	90 张（刀）	文化用纸	富阳、临安
京边	104	49	300 张（刀）	迷信用纸	富阳
长边	104	22	800 张（件）	实用纸（防潮、做电木、纽扣）	富阳
粗高	32～37	25.5～33.5	90 张（刀）	迷信用纸	富阳、孝丰
大黄笺	36	26	约 80 张（刀）		富阳
元书	42～51	41～47		文化用纸	富阳、萧山、诸暨等
连史	110.5	21	200 张（刀）	文化用纸	萧山
昌山	42	33.5	90 张（刀）	实用纸	富阳、萧山等

---

① 资料来源：浙江省政府设计会：《浙江之纸业》，启智印务公司，1940 年版，第 261-298 页。

续表

纸名	尺寸（厘米）		常用计量单位	用途	备注
	长	宽			
南屏	35～48	30～33	约200张（刀）	迷信用纸	衢县、诸暨、永嘉等
花笺	35～46	28.5～34	约80～90张（刀）		衢县、新昌等
方高	34	30	80张（刀）	迷信用纸	江山
生、熟料连七	83	35	150张（刀）		诸暨
长、短边黄纸	104～108	22～18	150张（刀）		诸暨
小京放	31	27			诸暨
黄烧纸	35	29.5	90张（刀）	迷信用纸	富阳
厂黄	69	45	约130张（刀）	迷信用纸	富阳
黄笺	38	31	约100张（刀）		萧山
黄京放	112.5	53.5	300张（刀）	迷信用纸	萧山
黄元	38	31	90张（刀）	迷信用纸、实用纸	萧山
白笺	39	29.5	150张（刀）		萧山
黄长边	104	22	420张（块）		诸暨
连史大京放	117	60		文化用纸	泰顺
七、九刀毛边	128	61	194张（刀）		泰顺
小连黄烧纸	28	15		迷信用纸	余杭
大连	30	24		迷信用纸	余杭
裱心	45	31	约72张（刀）	迷信用纸	临安
红裱	45	31	90张（刀）	实用纸	临安
千张	10	3	560张（刀）		黄岩
大小斗方	36～51	35～51	24张（刀）		黄岩
中青纸	50	26	约45张（刀）		黄岩
二细纸	19	19	58张（刀）		瑞安
小纸篷	27	20	960张（刀）		瑞安
笋壳纸	19	19	10张（刀）		瑞安
押头纸	20	19	90张（刀）		瑞安

续表

纸名	尺寸（厘米）		常用计量单位	用途	备注
	长	宽			
折边	126	21.5	70张（刀）	文化用纸	孝丰
毛角连	27.5	25.5			孝丰
板笺	50	30	90张（刀）		孝丰
江笺	43	32	90张（刀）		孝丰
板折	49.5	46	90张（刀）		孝丰
二号屏纸	28	25	约98张（刀）		武义
交白	34	29	80张（刀）	实用纸	遂安
三连毛边	50	45	90张（刀）		昌化
四连茶箱纸	68	52	90张（刀）		昌化
秃料、竹皮松纸	59	20			松阳
连五	97	61			嵊县
斗坊	26	26	40张（刀）		平阳
四号簿	28	22	80张（刀）		平阳
长连	56	28	约50张（刀）		天台
谱纸	84	49			天台
溪源纸	32	26	88张（刀）		新昌
溪屏	21～33	19～30	约60～90张（刀）		上虞、余姚

注：用途的划分主要依据袁代绪：《浙江省手工造纸业》，科学出版社1959年版，第34-39页。另据该书。其他名目的竹纸还有：①文化用纸：白大京放、白京放、土报、白报、代白纸、花占纸；②实用纸：次大京放、本报、绿报、红报、黑报、小连坯（做纽扣）、料边（做电木、纽扣）、红表正、小红表、厂红、大厂红、粗甲纸、纽扣纸、纽扣长边、角连纸（建筑用）、青槽纸、工业纸、黄方塘、烟纸、大蒙纸、水果包装纸、红绿对表；③迷信用纸：黄大京放、浆黄京放、四才黄、六九寸、九寸纸、九寸尖、大九寸、八一尖、九一尖、六九屏、本屏、屏纸、中元屏、小元屏、龙屏、大海放、小海放、大海放黄、小海放黄、近生纸、近身纸、远生纸、远身纸、小连纸、大帘纸、黄鹿鸣、料海、京表、折表、黄表、红表黄、大红表、表黄、小表黄、中表黄、大平厂、大本、小五千黄、大五千黄、对龙、正龙、熟大斗、熟小斗、生切、小生斗、特大斗、大团花、小团花、大城折、小白尖；④卫生用纸：小刀儿、园刀儿、折刀儿、四六屏、卫生纸、双连卫生纸。

二、福建

福建产纸按用途分类[①] 如下。

（1）白料类（以供缮写书简为主）：顺太、毛太、毛边、白官、毛六、晾纸、白纸、毛纸、全料、大扣、代白、毛八、连史、连三、大广、贡纸、双料、料半、老筐、放筐、小切、官堆、京庄、熟料、香皮、玉扣、明带、书方、仿铺、苦竹、上铺、六四贡、大床、长连、胴格、黄川、贡川、福贡、贡信、大高连、高连、牌庄、广连、五刀、大手本、大贡、小贡、长连贡、洋信、洋庄、和土、行重、京庄加重、赛连、书方、虫太、重料关山、白贝、轻料关山、白莲、改良瑜版、京川、大边、大王、小扛、中扛、海月、时则、白边、狭筐、广纸、洋格、官边、分连、粉边、白福、潮贡、长行、重纸、割信、光连、双连、京连、山贝、奏本。

（2）甲纸类（供包裹物件及其他什用为主）：粗纸、单夹、四夹、生太、蚕太、旗纸、南屏、竹党、甲纸、时甫、煤甫、粗夹、斗方、火纸、排纸、包纸、内山、外山、铺东、铺西、正铺、铺北、铺永、厚夹、三折夹、四折夹、月甲、县张、长连、永利、长甲、洋甲、利甲、斗纸、根纸、蜜纸、纸头、大粗、粗连、中仔纸、尺二、福纸、连素、苦竹、信纸、双连、厚粗、包化、薄粗、小粗化生、轻连、纸渣、大九、小九、半厚夹、扣纸、全料、料皮、厚纸、蚊香、节包、大包、斤包、包烟、夹头、西纸、白庄、北庄、巾纸、黄连、五八仲、中幼、中古、象湖、八刀连、中纸、和司。

（3）海纸类（专供迷信用品）：纽黄、顺太黄、海纸、海黄、海白、黄纸、烟甲、洋甲、烧纸、尤海、云山、古纸、小海、油排、正深、甲黄、海箱、府纸、副海、双黄、安黄、花光、刀排、时古、牌连、黄金、尺二、双土、粉土、黄白连、九刀、六刀、长葛、棋盘、回龙双合、东路、西路、把纸、扫庄、洋稠、金书、朱王、小河双合、冥纸、条丝红纸、南纸。

部分福建竹纸种类、计量及用途，如附表2所示。

附表2　部分福建竹纸种类、计量及用途表（20世纪40年代）[②③]

纸名	尺寸（厘米）		常用计量单位（张）	用途	备注
	长	宽			
玉扣	120	57	200	卷烟、簿册	长汀产，下同

① 据林存和：《福建之纸》，福建省政府统计处，1941年版，第19-21页。

② 据谢慎初：《长汀纸业的研究》，《经济商业期刊》，1941年第1期，第71-78页。

③ 据翁绍耳，江福堂：《邵武纸之产销调查报告》，私立协和大学农学院农业经济学系，1943年，第3-9页。

纸名	尺寸（厘米）		常用计量单位（张）	用途	备注
	长	宽			
长行	107	53	200	印刷、簿册	
大广	120	57	200	印刷、书籍	
改良报纸	117	67	200	印刷、报纸	
粗纸	107	53	200	制造色纸	
毛边	120	53	200	同上	
药水纸	120	53	190	学生簿册	用玉扣加工制成
连史	114	63	98	缮写书简	邵武产，下同
海月	114	63	98	缮写书简	
改良301、302、303	114	63	98	钢笔书写	
斗方	25.5	19.5	30	包装物件及制造纸箔冥币	

部分福建竹纸种类、计量及用途，如附表3所示。

附表3　部分福建竹纸种类、计量及用途表（1967年）[①]

纸名	尺寸（厘米）		常用计量单位	用途	备注
	长	宽			
玉扣纸	138	62	200张（刀）	文化、包装用纸	长汀、宁化等
毛边纸	135	62	200张（刀）	文化、包装、高级卫生纸	将乐、顺昌等
漂料八开毛边纸	83	58	500张（刀）	书写用纸	龙岩、连城
顺太纸	84	49	200张（刀）	文化用纸及复写、金银箔纸	浦城、崇安等
明袋纸	68	42	——	文化及较高级卫生用纸	尤溪、大田等
连史纸	109	63	100张（刀）	书写、印刷、裱褙	邵武、光泽、连城
节包纸	62	47	42张（刀）	包装、卫生用纸	永定、武平等，较粗厚

---

① 据福建省供销合作社日用杂品处：《福建土纸（样品）》，1967年1月。

续表

纸名	尺寸（厘米）		常用计量单位	用途	备注
	长	宽			
厚八刀连	70	33	100张（刀）	包装、卫生用纸	龙岩、漳平，较粗厚
永利纸	64	31	1200张（件）	包装、卫生用纸	南平、尤溪，较粗厚

三、江西

1. 江西各地产竹纸名 [①]

铅山——上下连史、毛边、黄白小捆表、关山、京放、放西、放连、黄箱、大中小光古、改良关山、书川、京川、河表、老二三才、黄白表、大中小则、中小剔、毛八、赤膊、光古、通表、谱纸、河红、厂西、草表、小河表。

广丰——广丰小表、广丰黄表。

万安——小纸、上表、捆表、良口、粗纸、草纸、表芯、竹帘纸。

雩都——峰山、山贝、东山。

金溪——京红、浣江、草纸、祭红、色纸、边纸。

贵溪——夹板。

弋阳——三五包皮、二五包皮、生料包皮、千张包皮、京放、连史。

广昌——广昌大纸、故纸。

赣州——赣州火纸、赣州花尖、烟胶纸。

宜黄——斗方、草纸。

宜春——袁表、宣表、大表纸、表芯纸、大帘纸。

上饶——黄尖、白尖、广信小表、花尖。

黎川——连七。

万载——上中次表芯纸、大剔。

新建——西山大纸、西山火纸。

靖安——干古、斗纸、竹纸、木纸。

奉新——干古（火纸）。

瑞州——斗方、毛边纸。

吉水——烧纸、草纸。

宜丰——花笺、花尖、表芯、把纸。

---

① 哲之：《江西之手工制纸业》，《工商半月刊》，1934年第6卷第17号，第39-56页。

莲花——表芯、粗纸、草纸（粪纸）。

永修——烟纸、表芯。

铜鼓——表芯、火纸、折表纸。

南城——大连七、小连七、白毛边、斗方、草纸、火纸。

玉山——花尖，毛边。

崇仁——毛边、草纸。

萍乡——表纸。

遂川——表芯、大裱纸、烧纸。

丰城——粗壳纸、粗纸。

德安——粗纸、表芯、火纸。

泰和——烧纸、毛边（又名泰和边，过去极负盛名）。

永丰——毛边纸。

临川——表纸。

乐安——毛边纸。

宁都——毛边纸。

资溪——河标纸。

崇义——粗表、火纸、表芯。

龙南——粗纸、火纸。

定南——粗纸、表芯。

石城——官堆纸（毛边纸类之上料者，与泰和纸之美称然）。

吉安——固纸。

兴国——粗纸、毛边纸。

2. 江西产纸按用途分类[①]

（1）印刷及缮写：毛边、全白页边、花胚毛边、湘表纸、漂贡、白贡纸、高方纸、山贝、京文纸、求纸、大连纸、连史、官山、关山纸、官堆纸、大疋、横江纸、玉版、都纸、大西。

（2）日用包裹：浙表、只表、史纸、把纸、二夹纸、表甲纸、小纸、湘表纸、宣纸（宣表）、大帘、古纸、表芯、花笺、加表、小表、琢表、次表、大花笺、小花笺、筱纸、皂纸、寸张纸、磨头纸、岭峰纸、京放、中放、黄尖、卷筒、宜黄、连七、斗方、长方、厂纸、加重毛边纸、重纸、烟纸、都纸、尖纸。

（3）迷信：史纸、黄乾纸、小纸、宣纸（宣表）、古纸、烧纸、筱纸、皂纸、

---

① 据魏天骥：《江西的纸业》，《裕民（遂川）》，1944年第6期，第263-276页。

烧钱纸、高方纸、求纸、福纸、毛长、花尖、黄表、黄裱纸、白裱纸、连七、斗方、长方、黄中则。

（4）制爆竹：点张纸（爆竹）、爆料纸、表芯、高方纸、寸张纸、卷筒。

部分江西竹纸种类、计量，如附表4所示。

附表4　部分江西竹纸种类、计量表[①]

纸名	尺寸（厘米）		常用计量单位	用途	备注
	长	宽			
横江重纸	136	61	200张（刀）		
瑞金玉扣纸	136	61	200张（刀）		
于都重纸	136	61	200张（刀）		
横江加计毛边纸	136	61	200张（刀）		
横江加计毛边纸	136	61	200张（刀）		
万载表芯纸	56	44	36张（刀）		
铅山石塘土报纸	80	55	100张（刀）		
铅山石塘毛边纸	80	55	200张（刀）		

四、湖南

湖南各地产竹纸名如下。[②]

邵阳——官堆（有汉官堆、宝官堆、改良官堆之分），土报纸，时仄，老仄，玉版，花胚，表仄，张半（做大红片的原纸），信壳（有厚薄两种），包烟纸，黄纸（有玉书黄、表仄黄之分），大块纸（即禾纸），顶帐，重仄，茶盘纸，白果纸，生四红，粉四红，特木红，超木红，平广红，长双红，长一红，长玉扣，平玉扣，洋蓝点，洋蓝素，长红片，短红片，老光青，时光青，平一红，老仄绿，长元绿，元绿，长白朱，短白朱，长色粉，平色粉，色羽绫，时刷蓝，冲西，玳瑁花，黄锦花。

---

① 据熊新生：《江西省管土纸的规格说明》，《商品质量标准 鉴质技术实用手册》（下），中国商业出版社1991年版，第825-826页。

② 张受森：《湖南之纸》，《湖南经济》1948年第3期，第76-88页。

　　武冈——时仄、老仄、报纸、官堆火纸、各种色纸。

　　新化——时仄、老仄、提仄、白磅纸、宣花纸、夹板纸。

　　安化——夹板、折表、干古、时尖、顶炮、贡纸、书面纸、报纸、毛边。

　　益阳——顶炮、笋壳、黄表、晒顶、一号、三才、晒纸、干古、东山。

　　桃源——球纸、顶点、官堆、老仄、时仄、花胚、黄表、玉版纸、书面纸、红色杭连纸。

　　常德——漂白丁贡、本色花胚、宝贝纸、球纸。

　　浏阳——贡纸（有漂白二贡、元色二贡、漂白大贡、加重大贡之分），五色杭连纸，元色放匡，元色放切，壳面纸，花胚，玉版，名片纸。

　　平江——花笺纸、贡纸、报纸。

　　衡山——湘包（又名帐帘纸）、包烟纸（有红白两种）、时仄、土报纸、改良官堆、爆竹纸、白果纸。

　　衡阳——时仄、湘包、报纸、爆竹纸、火纸、烧纸。

　　攸县——湘包、毛边、点张、火纸。

　　安仁——时仄、表仄、官堆、改良官堆、土报纸、书壳纸。

　　资兴——高丰纸、编炮纸、火烧纸。

　　永兴——湘包、毛边、花胚、报纸、书壳纸、粗纸。

　　汝城——山贝、玉扣、高峰、火烧纸。

　　桂东——高峰、中帘、小帘、毛边、玉版、方纸、。

　　郴县——桂东纸、土报纸、烧纸、粗马粪纸、白凤纸、黄板纸。

　　桂阳——湘包纸、祁阳纸、点张纸。

　　常宁——湘包纸、顶炮纸、烧纸。

　　祁阳——祁表纸（又曰头印纸）、炮料纸、二炮纸、毛边纸（又曰一五二八纸）。

　　蓝山——湘包、点张、小刀纸。

　　新田——湘包、三裁纸。

　　零陵——湘包、顶炮、祁表、老仄、时仄、爆料纸。

　　东安——顶炮、火纸（又曰二炮纸）、对裁、老仄、官堆、湘包、土报、祁表、书面纸、贡纸。

　　新宁——时仄、老仄、官堆、土报纸、大板纸（又名火纸）、湘包纸（又名永丰纸）。

　　会同——贡纸、土报纸、有色书面纸、神钱纸、四才纸、时仄、二炮纸、粗

火纸、玉版纸、卡片纸。

　　绥宁——时仄、老仄、四裁纸、宝笺纸、当票纸。

　　黔阳——老仄（又名老尖）、时仄（又名时尖）、土报纸。

　　绩县——炮料纸、金溪纸。

　　临武——顶张。

　　通道——火纸。

　　道县——点张。

　　醴陵——火纸。

　　沅陵——毛边、杭连、官堆。

　　溆浦——土报纸。

　　永顺——火纸、钱纸。

　　桑植——烧纸。

　　宁远——湘包、高边纸（即烧纸）。

　　宁乡——火纸。

　　城步——包糖纸、炮料纸、官堆、火纸。

　　晃县——敬神纸。

　　茶陵——花胚、改良官堆、土报纸。

　　湘乡——帐连、良棚、白果、方连。

　　1940年部分湖南纸种类、计量、用途，如附表5所示。

附表5　部分湖南竹纸种类、计量、用途表（1940年）①

纸名	尺寸（厘米）		常用计量单位	用途	备注
	长	宽			
老仄	123～107	57～59	98张（合）（新宁）	书写用	邵阳、武冈、新宁、东安等地产。稍白稍细薄
时仄	89～98	50～53	98张（合）（新宁）	书写用	邵阳、武冈、衡山、新宁东安等地产。淡黄稍粗薄
官堆	133～120	57～60	98张（合）（新宁）	书纸用	邵阳、武冈、新宁等地产。白细，略厚
湘包纸	53	31	94张（刀）（东安）	细白，供书写用	东安、蓝山、零陵等地产
改良官台	133	59			邵阳滩头产
表仄	112	64			同上

---

　　① 张人价：《湖南之纸》，湖南省银行经济研究室，1940年。

纸名	尺寸（厘米）		常用计量单位	用途	备注
	长	宽			
毛边	98	53			同上
宝官台	123	59			同上
改良官堆	130	58			邵阳龙山产
玉版	130	58	200 张（把）		同上
顶帐	55	32			同上
花胚	120	58	200 张（把）		同上
火纸	17	17			同上
玉书黄	129	44	99 张（刀）		同上
报纸	77	53			同上
夹板纸	30	10	9 张（排），17 排（尖）	烧纸	新化琅塘市产
漂白二贡	107	73	105 张（刀）	上等文书用纸	浏阳唐家洲产
原色二贡	107	73	105 张（刀）	上等文书用纸	同上
五色杭连	100	60	100 张（刀）	装潢及写标语	同上
原色花胚	120	57		上等书画纸	同上
原色报纸	113	80	100 张（刀）	新闻纸	同上
壳面纸	107	60		书面纸	同上
帐帘	53	32			衡山东湖乡产
白果	80	42			同上
包烟纸	58	57			同上
土报纸	83	60	96 张（合）	报纸用	新宁桃林等乡产。稍白稍细，略厚
大板	32	15	6 张（叠），40 叠（锁），20 锁（万）		同上。黄，粗厚
对裁纸	47	35	8 张（帖），30 帖（小捆）	粗糙，供迷信用	东安黄泥洞产
大纸	75	38	1000 张（捆）	供包货或迷信用	同上

续表

纸名	尺寸（厘米）		常用计量单位	用途	备注
	长	宽			
点张纸	64	30	80张（刀）	供书写用，以湘包纸渣滓造成	蓝山舜巍乡产
小刀纸	41	25	18张（刀）	供迷信烧化用	同上
顶炮	81	40		包货、迷信用	零陵博爱乡产
祁表	50	40		迷信用	同上
高峰纸	60	47		书写用	桂东产
中帘	27	13		迷信纸	同上
小帘	22	11		迷信纸	同上

20世纪50年代部分湖南竹纸种类、计量，如附表6所示。

附表6　部分湖南竹纸种类、计量表（20世纪50年代）[①]

纸名	尺寸（厘米）		常用计量单位	用途	备注
	长	宽			
玉版纸	130	60	200张（把）		
官堆纸	123	60	100张（刀）		
老仄纸	110	57	100张（刀）		
时仄纸	93	50	100张（刀）		
四红纸	110	55	100张（刀）		大红色
黄标语	107	60	100张（刀）		黄色
绿标语	107	60	100张（刀）		湖绿色
红标语	107	60	100张（刀）		紫红色
帐连纸	60	32	100张（刀）		
白果纸	83	42	论斤		质地粗厚
汉庄折表	58	40	36张（刀）		质地粗厚

---

① 据20世纪50年代中国土产公司湖南省分公司、湖南省供销合作社的《土纸样本》整理。

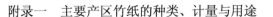

续表

纸名	尺寸（厘米）		常用计量单位	用途	备注
	长	宽			
吴庄折表	58	40	36 张（刀）		质地粗厚
湘字卫生纸	27	20	4000 张（块）		质地粗厚
土字卫生纸	27	20	4000 张（块）		质地粗厚
点张顶炮纸	80	43	2800 张（块）		质地粗厚
晒顶炮纸	83	43			质地粗厚
普通顶炮纸	83	43	2200～2400 张（块）		质地粗厚
漂二贡纸	113	80	100 张（刀）		
老报纸	113	80	100 张（刀）		

五、四川

附表 7　四川竹纸种类、计量、用途表 [1]

纸名	尺寸（厘米）		常用计量单位	用途	备注
	长	宽			
对方	88	50	以万张计	书写用	产自夹江（下同）
贡川	61	25	380 张（码）	书写用	
水纸	73	45	以万张计	书写用	
老连	61	42	以万计	流水账簿及包物用	
川连	49	22	380 张（码）	书写用	
土报纸	77	53		印刷及包物用	
粉对方	88	50	以万张计	书写用	带"粉"字者为漂白纸
粉贡川	61	25	380 张（码）	书写用	
粉水纸	73	45	以万张计	书写用	
粉川连	49	22	380 张（码）	书写用	
粉连史	122	68	96 张（刀）	书写用	

---

① 据以下资料整理而成：钟崇敏：《四川手工纸业调查报告》，中国农民银行经济研究处，1943 年版；梁彬文：《四川纸业调查报告》，《建设周讯》，1937 年第 1 卷第 10 期，第 15-30 页；沈家铭：《川省主要产纸区域之调查》，《农林新报》，第 16-18 期合刊，第 16-38 页；张永惠：《铜梁县纸业调查报告》，《工业中心》，1938 年第 7 卷第 2 期，第 40-48 页。

续表

纸名	尺寸（厘米）		常用计量单位	用途	备注
	长	宽			
粉报纸	77	53		印刷用	
印纸	33	18		焚烧用	
白中连	32	23		焚烧用	
黄中连	32	23	60张（皮）	焚烧用	
黄土连	40	30	90张（刀）	焚烧用	
厚蓝梅	110	53	200张（合）	做坯纸	又作"厚南梅"
薄蓝梅	95	52	200张（合）	做坯纸	又作"薄南梅"
水纸	73	45	以万张计	做坯纸	
厚长纸	98	54	200张（合）	做坯纸	
薄长纸	88	46	200张（合）	做坯纸	
五尺对料			200张（合）	做对子坯纸	
六尺对料			200张（合）	做对子坯纸	
八尺对料			200张（合）	做对子坯纸	
上色正银朱	117	55	96张（刀）	写家神及对子	以下为染色加工纸
厚平亢	105	55	96张（刀）	喜事灯彩及请帖	
厚巨青	98	54	96张（刀）	灯彩等用	
薄巨青	88	48	96张（刀）	包水烟扎灯花灯	
厚加色	98	54	96张（刀）	喜事请帖	
薄长红	88	48	96张（刀）	喜事请帖	
顶上松尖	88	48	96张（刀）	扎纸衣等	
黄金尖	88	48	96张（刀）	素帖素对等	
上洋蓝	88	48	90张（刀）	糊火柴盒	
黑蜡光	102	54	90张（刀）	包针包银朱	
大黄尖	55	35	90张（刀）	包香用	
新闻	78	58	1000张（令）	印报	产自铜梁（下同）
小对方	91	50	100张（刀）	书写印刷	
大对方	115	57	100张（刀）	书写印刷	

纸名	尺寸（厘米）		常用计量单位	用途	备注
	长	宽			
黄罗文	98	61	96 张（刀）	焚化	
本色罗文	98	61	100 张（刀）	作黄罗文坯纸	
贡川	63	26	95 张（刀）	书写印刷	
漂白元边	132	57	100 张（刀）	书写印刷	
本色元边	131	56	100 张（刀）	簿具	
白书连	100	53	100 张（刀）	书写印刷	宽又作 33 厘米
黄书连	100	53	100 张（刀）	书写	
金川	83	41	100 张（刀）	书写	
白金川	83	41	100 张（刀）		
殷家钩边	88	50	100 张（刀）		
钩边	92	50	100 张（刀）	书写印刷	
书连	102	32	100 张（刀）	书写迷信	
白花坯	138	50	100 张（刀）		
花坯	138	50	100 张（刀）	书写印刷	
水纸	112	61	100 张（刀）	书写迷信	尺寸又作长 79 宽 28
罗表	111	68	100 张（刀）	书写印刷	尺寸又作长 77 宽 28
大方登	60	25	10 张（合）	簿具及卷纸花	
小方登	42	17	10 张（合）	焚化	
筒纸	27	27	80 张（合）	焚化	
条纸	133	27	16 张（合）		
提庄筒纸	37	37	80 张（合）	簿具	
毛条	133	27	16 张（合）		
单张大纸壳	87	52	96 张（合）	包裹及制纸盒	另有夹二、三、四大纸壳，尺寸相同，每盒张数递减
单张小纸壳	80	40	48 张（合）	包裹及制纸盒	另有夹二、三、四小纸壳，尺寸相同，每盒张数递减

纸名	尺寸（厘米）		常用计量单位	用途	备注
	长	宽			
二元	130	59	100张（刀）	书写	产自梁山（今梁平，下同）
温记	107	42	200张（刀）	书写	
对方	91	47.5	以千计	书写	
毛边	113.8	41.8	100张（刀）	书写杂用	
朱笺	116	56.5	96张（刀）	书写	
雄笺	48.1	37.8	96张（刀）	书写	
龙笺	54.5	48.6	96张（刀）	书写	
佛青	97	47.5	96张（刀）	书写	
元绿纸	72.4	46.4	96张（刀）	书写	
毛黄	81.4	41.2	96张（刀）	迷信	
粉笺	46	31.5	90张（刀）	书写	
梅红	107.4	56.2	96张（刀）	化装	
乌金	69.1	47.9	96张（刀）	迷信化装	
阴花	76.2	47	96张（刀）	迷信	
加色	45.7	47.6	96张（刀）	迷信	
帽达	45.7	38.8	50张（刀）	迷信	
各色	44	38.6	96张（刀）	迷信	
洋锦	87.5	38.1	96张（刀）	迷信	
大扣	43.5	38.1	96张（刀）	迷信	
砖花	77.5	48	96张（刀）	迷信	
泥金	84.8	50.3	96张（刀）	迷信	
冷金	167.8	75.8	96张（刀）	迷信	
烟青	65	30.3	96张（刀）	迷信	

附录二 竹纸传统制造法简表

附表 8 竹纸传统制造法简表

产地	纸种	竹种、砍竹时间	削料法	腌浸法	蒸煮法	后发酵法	漂白法	打浆法	纸药、填料	干燥法	备注	出处
		高级文化纸（高级书法、印刷、书写）主要包括连史纸、高连纸等，工艺特点是原料经多次蒸煮，并经过天然漂白										
江西	连史	立夏前后数日	水浸后剥取竹丝	水浸、灰沤	灰、碱	×	灰蒸后日光漂白	水碓加脚踩	毛冬瓜、楠脑、鸭屎柴	火焙（砖、竹、石灰、纸筋、红黄染料、食盐、秀油）		竹类造纸学
江西河口	连史	立夏	水浸后剥去青皮	水浸、灰沤	碱、灰	×	碱煮后日光漂白、漂粉	水碓加脚踩	√	火焙（竹篾、石灰、油漆）		连史纸及关山纸制造法
江西铅山	连史		水浸后去皮	水浸、灰沤	灰、碱	×	灰蒸后日光漂白	捣烂	毛桃树根	火焙（纸筋、桐油）		铅山纸业调查
江西铅山	熟料细纸	立夏后	水浸后分竹皮、竹丝	水浸、灰堆腌	灰、碱、灰	×	碱煮后日光漂白	水碓、脚踩	√	火焙		调查江西纸业报告书
江西	熟料细纸	小满	水浸后分竹皮、竹丝	水浸、灰堆腌	灰、碱、灰	×	碱煮后日光漂白、漂粉		冬季：布头、苘、鸡屎柴，全年：水底丛	火焙		江西手工制纸业
福建	熟料	谷雨后2~3日	×（连城√）	水浸、灰沤	灰/碱、碱/灰	×	日光、人尿漂白	水力、兽力、脚踩	植物胶汁	火焙：砖、竹、黄土、石灰；	纸帘涂柿油和漆	福建之纸
福建连城	熟料高连	清明立夏间	水浸后剥皮	水浸、灰沤	灰、灰、碱	×	日光漂白和漂粉（打浆后）	水碓	椰叶汁	火焙		福建沙县连城手工纸业之调查

续表

产地	纸种	竹种、砍竹时间	削料法	腌浸法	蒸煮法	后发酵法	漂白法	打浆法	纸药、填料	干燥法（附焙墙材料）	备注	出处
福建光泽	连史	猫竹，春分后立夏前	水浸后剥皮	水浸、灰沤、碱水浸	灰、碱（漂白后）	×	碱煮后日光漂白	水碓、脚碓	杨条药	火焙		清国制纸法
福建邵武	熟料毛边	麻竹、绵竹、堂竹，清明谷雨	水浸后剥皮	水浸	灰或碱	×	日光漂白	脚碓	野枇杷根、毛藤、狗尿胆、虎尾根、柏树	火焙		邵武纸产销调查报告
福建邵武	连史	立夏前后	水浸后剥皮	水浸、灰沤、碱水浸	碱	×	日光漂白	水碓		火焙		邵武连史纸生产简况
福建光泽	连史	立夏后	水浸后剥皮	水浸、灰沤（2次）	灰、碱	×	日光漂白	略	略	火焙		漫谈手工制造连史纸
次级文化纸（印刷、书写纸）主要是贡川纸、关山纸等，原料一般经多次蒸煮，但传统纸上不加天然漂白												
江西关山	关山	立夏前后数日	水浸后剥取竹丝	水浸、灰沤	灰、碱	豆浆发酵	×	水碓、脚碓	毛冬瓜、六里小、光藤、鸭尿柴	阴焙、涌焙	纸帘漆景佳；国产土漆数次	竹类造纸学
江西铅山	毛片纸	毛竹，春分后立夏前	水浸后剥竹丝	水浸、灰沤、碱水浸	灰、碱	豆浆掺和	×	水碓、脚碓	米浆、杨条药	火焙		清国制纸法
江西铅山	官堆	毛竹，春分雨前	水浸后剥竹丝	水浸、灰沤、碱水浸	灰、碱	豆浆掺和	×	水碓、脚碓		火焙		清国制纸法

续表

产地	纸种	竹种、砍竹时间	削料法	腌浸法	蒸煮法	后发酵法	漂白法	打浆法	纸药、填料	干燥法（附焙墙材料）	备注	出处
江西铅山	关山			稻藁、竹丝灰沤	灰		漂白		橡子树		稻藁、竹丝各半	铅山纸业调查
江西河口	关山	立夏	剥去青皮	干腌	碱、碱	水浸	×	水碓或脚踩	√	火焙（竹篾、石灰、油漆）		连史纸及关山纸制法
江西茶亭里	白贡纸	立夏	水浸后剥竹青	水浸	灰、碱（以泥封口）	×	漂粉	脚蒸（碱蒸及脚踩后）	√	火焙		江西纸业之调查
江西铅山	熟料	立夏、小满间	水浸后剥竹青	水浸、浆灰堆腌	灰、碱	豆浆发酵盖稻草	×	脚踩、水碓	冬季：布头青、鸡屎柴，全年：水底丛	火焙（竹篾、石灰及辰油及桐油）	下等纸加少量稻草	江西纸业之调查
江西	熟料	南竹、金竹、水竹、慈竹等	削去青皮	灰沤	灰	豆浆堆腌发酵	×	（人、牲畜）脚踩	琉璃㾏、毛冬瓜	火焙		本省特产连史边纸制造过程
江西	细纸	立夏	×	灰沤	灰	豆汁发酵	×		√	火焙	制黄表时同时加豆汁与姜黄	江西之手工造纸业
湖南	熟料	南竹、金竹、水竹、慈竹等，春砍	削去青皮	灰沤	灰、碱	沸水浸	文书用纸加漂粉	牛力碾/水碓/人力捣/踹	√	火焙（砖、木、石灰、桐油）	应为浏阳制法	湖南之纸
四川夹江				水浸、灰沤	灰		漂粉	白舂	滑叶水			四川之纸业

续表

产地	纸种	竹种、砍竹时间	削料法	腌浸法	蒸煮法	后发酵法	漂白法	打浆法	纸药、填料	干燥法（附焙墙材料）	备注	出处
四川	熟料	白夹竹五、六月，慈竹、观音竹十、十一月		水浸、加灰（堆或浸）	灰、碱	水浸、堆置或加糯米、大豆汁	漂粉（捣料后）	脚碓（夹江）、脚踩（梁山）、石碾（铜梁）	∨	冷焙（夹江）、火焙	本色纸不漂白，有的地方加稻草	四川手工纸业调查报告
四川夹江		立夏后10日中	×	水浸、灰沤	灰、碱	堆料	硫黄熏（包装前）	∨	∨	天然干燥		四川纸业调查报告
四川夹江		小满至芒种白夹竹、金竹、水竹、慈竹、斑竹、冷竹		水浸、灰沤	灰、碱	水浸后堆置	漂粉（捣料后），最后用硫黄熏白整理	舂	滑树叶	房壁以石灰涂之，磨成镜面，甚有以蜡磨其面者		四川夹江县之纸业
四川夹江	本色纸	三、四月（白夹竹、水竹、金竹、斑竹、苦竹），九、十月（慈竹）		水浸、灰腌	碱煮	水浸、堆置	×　制漂白纸加漂白粉	脚碓	滑叶子	冷焙		川省主要产纸区域之调查

续表

产地	纸种	竹种、砍竹时间	削料法	腌浸法	蒸煮法	后发酵法	漂白法	打浆法	纸药、填料	干燥法（附焙墙材料）	备注	出处
四川铜梁	漂白对方	四月（白夹竹），九月（慈竹）	×	灰沤	灰、碱	豆汁	漂粉（碾料后）	木槌、石碾			竹料：草料=8：2	铜梁县纸业调查报告
		草料	削去小枝、笋箨	水浸	灰、碱	堆置池中盖以稻草						
四川铜梁		四、五月（苦竹、瘦竹），九、十月（慈竹、水竹）		灰沤	灰煮、碱煮（中间需打料）	加豆汁堆置发酵	漂粉	人手碓、牛碾、水碓	松香肥皂、明矾、白土、加色	火焙（竹子、泥、纸筋、石灰）		我国手工造纸法
四川梁山	白纸	白夹竹、慈竹、瘦竹、斑竹		水浸、浆灰堆腌	灰蒸、碱煮	米浆、加豆浆	×	脚碓	滑根汁	火焙		川东富源之一造纸
四川绵竹	白大纸、黄大纸	三、四月（百簳竹），八、九月（慈竹）		水浸、浆灰堆腌	碱煮	堆置发汗	×	脚碓	松根、老芦	火焙		川省主要产纸区域之调查

产地	纸种	竹种、砍竹时间	削料法	腌浸法	蒸煮法	后发酵法	漂白法	打浆法	纸药、填料	干燥法（附焙墙材料）	备注	出处
四川怀远	土纸	白夹竹、拐棍竹等，阴历三、四月	×	水浸、浆灰	灰、碱、清水	×	×	脚踩	野生树叶	火焙		怀远镇附近纸业调查
贵州	竹纸			腌灰、浸水	灰、碱		漂粉（遵义漂贡川纸）	√	杉根、秋葵根			贵州之造纸工业
陕南巴山	毛边	阴历季春	×	水浸	先碱后灰	×	×	脚踩	厚朴树根、羊桃蔓根	火焙（木、泥、石灰）		陕南纸业
生料纸（普通印刷、书写纸），原料不加蒸煮，多采用灰腌再水浸的发酵方法												
江西石城	毛边	立夏前	√	灰沤	×	水浸盖茅草	×		蓝叶	火焙	嫩者制五六毛边，老者制八刀毛边	竹类造纸学
江西石城	横江重纸	谷雨后3~5天	√	灰沤	×	水浸	×	脚踩	蓝叶（毛冬青）	火焙		横江重纸史话
江西宁都	毛边	立夏	√	灰沤	×	水浸	×	脚踩	固冬青	火焙		江西宁都毛边产纸产销调查
江西崇仁	毛边	苦竹，四月	灰沤后剥皮	灰沤	×		×	脚踩	槐叶	火焙（石灰、桐油）		江西崇仁毛边之制造调查与应如何改良意见

续表

产地	纸种	竹种、砍竹时间	削料法	腌浸法	蒸煮法	后发酵法	漂白法	打浆法	纸药、填料	干燥法（附烙墙材料）	备注	出处
江西宜丰	毛边、花笺、表芯	毛竹，小满前	灰沤后剥皮	灰沤	×		漂粉或日光漂白	水碓	六利萧瓜、毛冬、南脑	火焙	花笺、表芯不必漂白，表芯胶水较花笺竹多青少	宜丰之纸业
江西铅山	生料	立夏	×	灰沤	×	水浸	×	水碓	上季：毛冬瓜、六利萧，中季：六利青、南脑	火焙（竹、石灰、辰油、桐油）		江西纸业之调查
江西崇义	磨头、高方、山贝、表芯、烧纸	立夏	×	灰沤	×	水浸盖笋青皮或芒叶	×	脚踩	细冬青、大叶胶	火焙（竹、灰泥、腊、桐油）		崇义县纸业状况
江西黎川	生料毛边	嫩竹	√	灰沤	×	水浸	×	脚踩	膏叶	火焙（竹、石灰、黄土、麻）		调查江西纸业报告书
江西贵溪文坊	京表	立夏、小满间	发酵后剥皮	灰沤	×	水浸	×	水碓	姜黄、野生植物叶	火焙（砖、石灰）		贵溪县文坊京表纸业概况
江西铅山	京放		×	灰沤	×	水浸	×	水碓	√（与连史所用不同）	火焙		铅山纸业调查
江西大余	重纸、东庄纸	毛竹，立夏前后1~2天	√	灰沤	×	水浸	×	脚踩（穿麻草鞋）		火焙		大余土纸及其生产工艺

续表

产地	纸种	竹种、砍竹时间	削料法	腌浸法	蒸煮法	后发酵法	漂白法	打浆法	纸药、填料	干燥法（附焙墙材料）	备注	出处
福建	毛边纸	清明立夏间	砍后去皮	灰沤	×	水浸	×	脚踩	椰液汁	火焙	甲纸、海纸用竹麻纸较粗	福建手工业纸概况及其改良动态
福建	生料	谷雨	×（连城√）	水浸、灰沤	×	水浸盖稻草或竹皮	×	水力、兽力、脚踩	植物胶汁	火焙（桐油、蛋白汁；铜器擦）		福建之纸
福建长汀		三、四月		灰沤	×	水浸盖芦苇	×	脚踩		火焙		福建长汀纸业调查
福建长汀		立夏前后	√	灰沤	×	水浸盖芒草	×	脚踩	√	火焙	应为毛边纸制法	长汀赤坰背造纸工业概况
福建连城	生料毛边	清明立夏间	发酵后剥皮	灰沤	×	水浸盖芦席	×	脚踩	椰液汁	火焙（桐油、卵清）		福建沙县连城手工纸业之调查
福建邵武	生料斗方	麻竹、绵竹、篁竹、清明谷雨	水浸后剥皮	灰沤	×	×	日光漂白	脚踩	野枇杷根、毛藤、狗尿胆、虎尾根、柏树	火焙		邵武纸之产销调查报告
福建邵武	毛边纸	毛竹、立夏至小满	√	灰沤	×	盖茅草堆腌	×	脚踩		火焙		邵武洪墩纸业调查

续表

产地	纸种	竹种、砍竹时间	削料法	腌浸法	蒸煮法	后发酵法	漂白法	打浆法	纸药、填料	干燥法（附焙墙材料）	备注	出处
福建顺昌	毛边纸	毛竹，立夏前后3天	√，发酵后再剥	灰沤	×	水浸	×	脚踩		火焙		郑坊纸业兴衰
浙江泰顺	花笺、毛边等	孟宗竹，小满	√	灰沤	×	水浸	×					泰顺纸业
浙江庆元	毛边纸	芒种过后	×	灰沤	×	水浸日晒雨淋	×	脚踩	道生根	火焙	汀州等地传来	庆元毛边-调查报告
湖南	生料	春暮	√	灰沤	×	堆料盖稻草	×	牛力碾/水碓/人力捣/踏	√	火焙（石灰、桐油）	粗纸日光晒干	湖南之纸
湖南新化	时格纸	阳历五、六月间	√	灰沤	×	水浸	×	碓捣	野生胡椒叶	火焙（竹篾、猪血、桐油）		湖南新化的手工造纸业
四川	生料	白夹竹五、六月，慈竹、观音竹十、十一月		水浸，灰沤	×	水浸，堆置	×	脚踩（梁山）、石碓（铜梁）	√	火焙	本色纸不漂白，有的地方加稻草	四川手工纸业调查报告

续表

产地	纸种	竹种、砍竹时间	削料法	腌浸法	蒸煮法	后发酵法	漂白法	打浆法	纸药、填料	干燥法（附焙墙材料）	备注	出处
四川梁平	生料二元纸	三、四月间		灰沤	×		×	脚踩		阴干	细浆做二元纸，下层做火炮纸、盐壳纸	手工造纸法
广东北江	玉扣、山贝、重桶纸	毛竹，立夏前后	√ 桶纸不削	灰沤	×	水浸	×	脚踩	大兰胶、大叶冬青、小叶冬青、冷露根、胡藤胶、刨花胶	火焙		广东北江纸业调查报告
广东北部	重桶纸	茅竹	√	灰沤	×	水浸盖稻草、树皮，或竹糠	×	脚踩	细叶冬青、大叶冬青、白兰香	火焙（竹、石灰）		广东的土纸业
广西融县	全料纸	南竹、撑篙竹	发酵后剥去	灰沤	×	干沤	×	脚踩	神仙叶	火焙		调查融县贝江流域制纸业报告书
熟料粗纸（习字、包装、迷信等中低档用途）												
浙江	元书	立夏	√	水浸、灰沤	灰、清水	人尿发酵	×	人力或水力	×	火焙（石灰、纸筋）	不及毛边	竹类造纸学
浙江	黄白纸	立夏末、小满初	削去青皮	水浸、灰沤	灰	人尿发酵	×	水碓、脚碓	植物胶汁	火焙	石、木纸槽	浙江之纸业

续表

产地	纸种	竹种、砍竹时间	削料法	腌浸法	蒸煮法	后发酵法	漂白法	打浆法	纸药、填料	干燥法（附培墙材料）	备注	出处
浙江		小满	削去青皮	水浸、灰沤	灰煮	人尿发酵	×	水碓、脚碓	植物胶汁	火焙	应为元书纸制法	浙江之纸
浙江富阳萧山		小满后芒种前	削去青皮	水浸、浆灰	灰	人尿发酵	炊下后水中漂白、或漂粉	脚碓	青桐枝、藤梨梗（余杭）	火焙（砖、竹、石灰、纸筋）	应为元书纸制法	富阳萧山等县纸业之考察
浙江富阳		小满前7日至芒种前20日	削去青皮	水浸、浆灰	灰	淋尿、堆料、水浸	×	石臼（脚碓或水碓）	藤梨梗（余杭）	火焙（有的用日光晒干）	应为元书纸制法	浙江省工造纸业
浙江庆元	竹纸	孟宗竹，立夏前后3～4日	削去青皮	水浸、灰沤	烧碱煮	煮前水浸	漂粉	碓、踏白	白土、松香、明矾、染料、滑石粉	火焙（砖、竹、石灰、细麻、桐油）		庆元手工竹纸的制法
浙江	土黄纸	石竹、冻竹，2～3年的老竹	×	水浸、浆灰	灰（密封）	锅中焖10天	×	水碓、脚碓	×	火焙（面粉浆）、五张叠晒	衬纸、纸、槽边水镬（冬天暖手）	土黄纸制造法
浙江松阳	松纸（草纸）	小满后芒种前2～3日	×	水浸、灰沤	灰	人尿发酵	×	水碓	营柳、陈梨茎	竹竿上阴干		松阳县纸业之调查
浙江温州	卫生纸	水竹	×	灰沤	清水（已废止）	×	×	水碓后脚踩	×	日晒	产于泽雅山区	卫生纸的制作过程

续表

产地	纸种	竹种、砍竹时间	削料法	腌浸法	蒸煮法	后发酵法	漂白法	打浆法	纸药、填料	干燥法（附焙墙材料）	备注	出处
福建光泽	北纸	毛竹，谷雨至立夏		原地发霉后灰沤	灰		水漂	水碓	√	晒干		司前毛竹与历史悠久的北纸生产
陕西西镇县	火纸		×	灰沤	灰	×	×	水碓	小淯	晒干	点火用	陕西省造纸之纸业与造纸试验目录
四川绵竹	黄小纸	两年生老竹		水浸、浆灰堆腌	碱煮	堆置发汗	×	脚碓	松根、老芦	晾干		川省主要产纸区域之调查
四川安县	熟料钱纸坯子	慈竹，十一至十二月		水浸、浆灰堆腌	碱煮	堆置发汗（在碱煮前）	硫黄熏蒸（在晾干后）	牛力碓加脚踩（在堆置发酵前）	松根	晾干		川省主要产纸区域之调查
西康宁远	火纸	建竹	×	水浸、灰沤	水煮再碱煮	×	×	切后水碓或水碾	√	火焙		宁属手工造纸概况及其改良意见
贵州贵阳	钱纸	嫩竹	×	灰沤	灰	泡煮	×	石碾	渭叶	晾干		陇脚村土造纸
生料粗料纸（迷信、点火、卫生纸，火纸，斗方，表芯，花芯，南屏等类）包括黄烧纸												
浙江	黄烧纸	老嫩不拘	×	水浸、灰沤	×	×	×	水碓	×，姜黄	草地晒干		土纸之制造方法、浙江之纸业

续表

产地	纸种	竹种、砍竹时间	削料法	腌浸法	蒸煮法	后发酵法	漂白法	打浆法	纸药、填料	干燥法（附焙墙材料）	备注	出处
浙江瞿溪	南屏纸	水竹	×	水浸、灰沤	×	×	×	水碓		晒干		永嘉瞿溪南屏纸调查
浙江	花头		×	灰沤	×	×	×	人力或水力	橡子小		黄、红染料	竹类造纸学
浙江	南屏		×	灰沤	×	×	×	水力	×		较花头更饮	竹类造纸学
浙江遂安	花头、表黄等	小满前后	腌料后剥皮	灰沤	×	×	×	碓		火焙		遂安土纸
江苏宜兴	表芯纸	出笋三月余	×	灰沤	×	堆置发酵	×	牛力碓（竹皮）、脚踩（竹肉）	滑叶（香叶草）			宜兴张渚制纸调查录
安徽泾县	表芯纸	孟宗竹，三、四月	×	灰沤	×	堆置再加水浸	×	脚踩，竹皮用牛碾	香叶树	火焙		支那制纸业
江西万载	表芯	小满	×	灰沤	×	水浸盖稻草	×	水碓	香叶树汁	火焙		江西纸业之调查
江西宜黄	斗方	小满	×	灰沤	×	水浸	×	水碓		晒干	料较毛边连史老	调查江西纸业报告书

续表

产地	纸种	竹种、收竹时间	削料法	腌浸法	蒸煮法	后发酵法	漂白法	打浆法	纸药、填料	干燥法（附焙墙材料）	备注	出处
福建永春	五八中纸	麻竹，立夏、小满间	×，造海纸需削	灰沤	×	水浸盖稻草或竹皮	×	牛踏	滑叶	火焙		永春玉坑乡一带产纸概况
福建永定	节包纸 黄纸	毛竹（分大花竹、石山竹），小满前后	×	灰沤	×	水浸	×	皮用水碓、肉用脚踩	大叶、细叶拉藜、水杉树根	火焙	黄纸落槽时加姜黄	永定土纸生产工艺及其他
福建光泽	黄纸	毛竹，小满前两天开始	×	灰沤	×	堆腌后水浸	×	水碓	大药水、姜黄	火焙		中桂黄纸业的兴衰
台湾嘉义等	白皮、竹肉、金古等	桂竹、麻竹，阴历四月中下旬	×	灰沤	×	水浸	×	牛力碾	油叶	火焙		本岛制纸业调查书
湖南安化	夹板折表			灰沤	×	堆料覆草	×			火焙或晒干	折表质量较好	湖南之纸（书）

续表

产地	纸种	竹种、砍竹时间	削料法	淹浸法	蒸煮法	后发酵法	漂白法	打浆法	纸药、填料	干燥法（附焙墙材料）	备注	出处
湖南益阳	顶炮、笋壳		√，笋壳纸不削	灰沤	×	覆稻草发酵	×	脚踩再牛碾	山叶汁	火焙	笋壳纸为顶炮纸加料，顶炮筋另有三尺、晒顶	湖南之纸（书）
湖南祁阳	祁表	小满节前		灰沤	×	水浸覆稻草	×	木碓		晒干		湖南之纸（书）
四川安县	中窗纸、生料钱纸	慈竹，十一至十二月	×	灰沤	×	堆置发汗	×	牛力碾	松根	晾干		川省主要产纸区域之调查
四川长宁	草纸（潼河、切方、炮纸）	楠竹、慈竹、篁竹，冬季砍嫩竹	×	灰沤	×	水浸	×	牛力碾	木香、苦丁、野棉花	火焙	炮纸加稻草，干纸用晒干	中华民间工艺
西康宁远	火纸	建竹	×	水浸、灰沤	×	泼土碱、曲料、食盐盖草	×	切后水碓或水碾	√	火焙		宁属手工造纸概况及其改良意见
云南易村		凤尾竹，阴历十一月至次年正月	×	灰沤	×	取出堆晒盖以稻草	×	牛力碾	杉根、仙人掌	火焙		"易村"的纸坊

续表

产地	纸种	竹种、砍竹时间	削料法	淹浸法	蒸煮法	后发酵法	漂白法	打浆法	纸药、填料	干燥法（附焙墙材料）	备注	出处
云南广南	土纸	金竹、苦竹、薄竹、大蛮竹	×	灰沤	×	水浸	×	石碾	杉松根	晒干		者卡村的造纸工艺及流程
广东信宜	天堂纸	箪竹		日晒后水浸、灰沤	×			水碓、脚踩		晒干		调查信宜县德亮区金洞水洞之纸业报告
广东罗定	万金纸	箪竹		水浸	×	撒石灰盖稻草平地堆腌、淋水	×	水碓		晾干		罗定土纸生产发展概况

注：①纸名、竹种、砍竹时间、纸药等项均按原文，纸药等项参见文献；蒸煮、淹浸、蒸煮、发酵、打浆、干燥等项为求表述简洁，均适当作了规范统一；②出处仅列出文献名称，其版次、卷期等请参见文献；③表中空白处表示不详，"√"表示有此项步骤，"×"表示无此项步骤，但具体做法不详。蒸煮法中的"灰"特指石灰，"碱"指土碱，纸碱或烧碱

附录三 井上陈政《清国制纸法》中国竹纸制作技艺部分①

连史纸

纸料

纸料为猫竹。

猫竹为竹中巨大者，生长极其迅速，一年中能长高至三丈，底径约五六寸，节间长三四寸以上。叶形细尖（即我国所说的孟宗竹）。

春分后立夏前猫竹笋生长至六七尺，笋下部径四五寸，笋上生芽。叶子仍包卷时砍伐作为纸料。

将纸料放在清水中腌浸。

砍伐后将圆竹纵向劈开数条，在清水池塘中浸月余，视其腐软后从塘内取出用小刀将竹皮剥去，保存竹肉及竹丝（竹丝为竹肉间纤维质部分），每一二斤为一束，每八十斤为一大把。

木杵打烂法

剥去竹肉②，取竹肉放在平面石头上，用木杵打烂。竹肉经磨碎，纤维质露出成麻丝状，称为竹丝，为制纸的原料。

---

① 井上陈政在 1885 年，受日本大藏省印刷局派遣，对我国东南地区的传统造纸技术进行了较为系统的调查。虽然其目的在于刺探我国产业技术的情报，并且采用了一些诸如伪装中国人、伪称经商等非正常手段，但客观上为我们研究清代手工造纸技术留下了一份宝贵的记录。尤其是井上陈政出于其印刷造纸的专业背景和搜集情报的职业敏感，选择了当时最能反映我国造纸技术高超水平的宣纸和高档竹纸作为调查对象，较为完整地记录了上述手工纸在清末时期的制作工艺。其调查报告书是现存最早的关于宣纸和连史纸的详细工艺记录。由于其情报搜集的特殊性质，该文献长期不为人知，尤其是在我国学术界。本部分以日本纸博物馆 1952 年抄本为底本，从中选取竹纸制造法部分译出，并据纸博物馆所藏油印原本订正了一些抄本中的错误。关于井上陈政其人及调查中国制纸术的经过，请参见：陈刚：《井上陈政与〈清国制纸法〉》，《史林》，2012 年第 3 期，第 128-132 页。

② 应为剥去竹皮。

石灰塘腌浸法

竹丝经打烂后，在石灰塘中浸一昼夜取出。石灰塘纵二三丈，宽一二丈，大小不等，深约二三尺。塘底以石块叠成，其间以石灰砌实。塘侧一方有细沟相通（沟宽七八寸，深尺余），以供引水之便。另外，亦供放水之用。

晒阳法

将从塘中取出的竹丝堆积于塘侧的平地上（平地须以石灰砌好，保持清洁）。堆积高三尺，平列六七尺，如此晾晒。伏夏时十二三天，冬日需二十天，每天浇一次石灰水，务使充分渗透（八十斤竹丝须四十斤石灰相配合，过则腌坏，少则不能烂熟，需注意适度）。

洗清法

晾晒完以后，将竹丝放在清水塘中洗清（水塘大小构造与石灰塘相同）。将浸过石灰的竹丝放入清水塘中，徒工站在塘内，以手抓住竹丝一端在清水中摇动数回，洗去石灰粉，然后将竹丝堆至塘边平地，如此七八天或十天，每天清洗至洗尽石灰，塘水不再混浊而止。

晒干法

将洗清的竹丝挂在木架上晒干。木架以竹或木制成，竹丝挂于其上约十天可以晒干。

晒干后，再如前法将竹丝在石灰塘中腌浸，清水塘中洗清（二次石灰塘腌，二次清水洗清），然后入窑蒸。

窑蒸法

窑高丈余，方五六尺，石块或砖砌成，一面纵三尺，宽二尺许，开口供烧柴之便，侧面开一口以供锅中漏水。窑口径五尺许，内部呈摩盆形以石或石灰砌好。距窑底五尺余处，安置直径三尺、深尺半许的铁锅以受火。窑上装高四五尺的木桶。

蒸纸料时，先将窑中铁锅注满清水，锅上架横木，纸料载于架木之上直到木桶之上四五尺，装纸料时，在纸料中间插入空节竹筒以通烟气，装完后拔去。纸料上部以稻草沙灰或木板盖上，蒸煮2昼夜。熄火后，纸料在窑内放一天后取出。

洗清与晒架

取出后，在清水塘内如前法清洗五六天，至去除石灰为止。在木架上晒干。冬天十天，夏天约五六天晒干。

稻灰水与白碱水腌浸法

晒完后，将竹丝在稻灰塘中腌浸。稻灰为稻草所烧之灰，在池塘内腐烂。塘大小不等，塘底、塘侧以石或石灰砌成。塘深三尺许，塘底下部一二尺堆满稻灰，加入清水，将竹丝放入塘中，待稻灰水充分腌透后，将竹丝从稻灰水塘中取出，约需六七天。堆于塘边平地（即石灰砌成之地），纸料堆积高二三尺许，宽四五丈，将白碱以适当清水溶化，用长柄勺每天从上浇三四回，如此十三天（大约八十斤竹丝需要二十斤白碱）。

窑煮法

过碱晒阳后，装入窑内煮烂。此时竹丝安放至窑上木桶口稍低处，以稻草沙灰密闭，以竹笕在窑内导入清水（或云此时除去木桶，窑内将纸料一丈高堆积密盖），五六个昼夜大火烧，使竹丝腐烂。视腐烂适度时停火，在窑内放置一天，待冷却后取出。

清水塘漂洗法

窑中取出后，将竹丝放入清水塘中。塘深三尺许，纵横大小不等（大抵一二丈，横七八寸①）。竹丝放入其中，上以竹棒纵横放置，压以石块，以防竹丝流动。开启塘一边的细沟以竹笕徐徐导入清水，洗清碱水。一边开启塘边细沟，以放去不洁水。关闭排水沟，从导水口注入清水，如此新陈交换，尽量除去碱水，至纸料呈洁白而止。

纸料呈洁白后，从塘中取出，挂在木架上晒干。晴天五六天晒干。

打清法

晒干后，竹丝宛如绞干后的毛巾状。妇女用手细细分解，用小竹棒迎风上下棒打竹丝，黏附的碱粉脱落（此时碱粉脱落状如米糟），然后以长竹棒在清洁的板上抽打多量竹丝数回，然后整理。

赶料法

竹丝整理好以后，妇女在室内的大桌子上将竹丝摊开，仔细将污物黑处等除去。将竹丝半斤左右用手薄薄摊开（如妇女裁缝时将棉展开放入衣中），做成直径一尺许的圆形，名曰圆饼。

山上晒法

赶料圆饼作成后，送至山上晒。山高低不等，约五六丈至十七八丈。山上有一种树似茶树，干矮高约一尺许，叶大如茶叶，圆形，巧加栽培宛如茶树。树干交错，树丛高低甚为平均，圆饼送至山上，放于此树叶上，晾晒三个月有余。要有数回降雨，竹丝渐渐脱去黑色，变为黄色，又渐渐变为洁白。表面洁白后，翻面使表里均洁白，从山上收下，再用白碱水腌浸。

---

① 应为 7～8 尺。

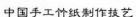

竹丝从山上收下，再放入碱水塘中腌浸。塘纵一二丈，横七八尺，深二三尺。白碱放入塘内，以适宜清水混合，竹丝放入其中充分腐软后取出（大约一昼夜或者两天，以竹丝八十斤，白碱五六斤或七八斤之比例）。

再次窑蒸法

将竹丝从白碱水塘取出，直接放在窑内蒸（与第一次蒸法相同），烧煤强火一昼夜，然后熄火一天后，将竹丝从窑内取出即可。连史纸须经两次窑蒸，一次窑煮（或云为使竹丝更加腐烂，还有一次窑煮）。再次在清水塘中洗清。

竹丝从窑中取出后，放入清水塘中。从导水沟将清水徐徐注入，从排水沟将污水排出，渐渐洗去白碱。竹丝至洁白需要二十天。竹丝洁白后，排尽水，竹丝放在塘内自然晒干。晒完后，用番席将纸料担至溪水边，用柄勺浇灌溪水，晒阳，如此灌水十几回，至纸料洁白为止。

赶料法

纸料晒干后，妇女在室内将其分散，用细竹棒打击除去碎屑。整理同时用手一点点梳理纸料，以除去杂质、黑斑等，然后送去舂捣。

舂碎法

舂器如我国的舂米器（但引溪水运转石碓）。舂为巨石中央凿成臼状。赶料完的料放在此臼中舂碎，每天可舂二十斤料，舂碎的二十斤料可以装满两个高二尺余直径一尺余的木桶。

用碓臼舂碎的纸料送至槽船室，放入木桶。桶高三尺，纵五尺，横四尺左右。纸料放入此桶，以人两脚踏碎。

用脚踏烂后，纸料放入长三尺，口二尺许的布囊中，以丁字形棍棒从囊口插入捣纸料，使之磨碎，然后放入槽船供抄纸。

槽船

槽船纵六尺，横五尺，深二尺余，木造，其中约放入三十斤原料以抄纸。

帘工

帘工两人，隔槽船相对抄纸。帘为竹帘，帘架四周为木，中以芦苇杆横架。以帘抄纸，抄出后放于槽旁木桌上，与各处相同。

配药（杨条药）

将杨条药枝干长一尺余截断，纵向剖开，树汁流出而得。将其浸入清水桶中取汁液滑水。每抄十七八枚纸，以径六七寸，深七八寸的圆形小桶舀出，和以两小桶清水投入槽船中。

压机将抄出的纸压榨方法与他处相同。

干燥室

干燥室有别为一室者，或与抄纸槽船同室。设长方形火炉，火炉底阔头狭，高五尺许，横二丈许纵三尺余。一面设火炉口，作为烧柴处。炉的横面以石灰砌成，极其光滑，以便贴纸。可以贴十枚连史纸。干燥工以手贴纸，一手持帚，均匀地刷上墙，帚长五寸，毛长一寸余，毛极其柔软。火炉温度 70～80℃。

工时

每天上午七点至下午八九点。一天抄纸冬天八百张，夏天天长时，一天一千张。干燥工一天冬天为一千张，夏天一千二百张。

工费 抄帘

上等工每日给百文至二百文，其他下等工三四十文至五六十文，最下等工即捶竹丝等，但饭食由主人提供。

纸料 纸药价值

竹丝（即嫩竹打烂后所成之丝）：每八十斤 一元。

白碱：每百斤五元。

石灰：每百斤三四十钱。

煤：每百斤二三十钱。

制纸价值

连史纸长三尺二寸，宽一尺八寸。造纸厂以九十八张为一刀，二十四刀为一担，每担最上等者，头号中一等、二等、三等价分别价七两二钱、七两、六两七八钱；上等中一号、二号、三号分别价六两三四钱、六两、五两七八钱；中等中四号、五号、六号、七号分别价五两四五钱、五两一二钱、四两七八钱、四两四五钱、四两一二钱[①]；下等者每担三两几钱，最下者二两四钱。

制纸与纸料比较

纸料一百六十斤可制纸六十斤。

纸重

上等纸每刀二斤多，每担重六十余斤。

又连史纸上等品中有一担十五刀者，每担价四两五六钱。

连史纸造纸厂以九十八张为一刀，二十四刀为一担。另交付行家整理。由行家检定纸张的头号、二号、三号，确定价值。另雇工人仔细检查，将破纸、皱纸除去，检查纸的正反两面，用剃刀除去污秽，并用长毛刷刷去痕迹。以九十五张

---

① 原文如此，四等而有五价。

为一刀（每刀减去三张以作检纸整理费用）。以二十四刀为一担，裁边完成连史纸制作，打包运往各地。

检纸工一天检查一担纸，打包工也非常熟练，每天一人工钱百文，饭一般由主人供给。

连史纸产地

连史纸的产地在清国全境以福建邵武府为最盛，制纸户皆在该府西北部，该府与江西省相邻，中有群山。该府北部与江西广信府邻接之处造纸最盛。今将该府北部制纸各村地名列于下。其他虽有造纸厂但规模不大处于偏僻小村者从略。

邵武府光泽县北部念三都所辖：

大富村、龚家宿、黄柏柱、洪家庵、西溪口、管家凹、紫蟑蠊、磨乱州、培角湾、染坑、坝头、夫人庙、夫人村、磜头、磜明、龟坑、杨家蓬、茅草州、坝头坪、龚家边、苏州、虾阳、藤家边、枫树下、高家下、岭家州。

念四都所辖内：

狗牙坑、峰田、蟠田、水竹窠、管家州、松林下、新间街、南塘、乌石、东山、台山、中州、峰林口、毛家堪、鹅公窠、王家坊、瑶坛上、大坑口、崇林木、五里排、观音堂、揭坑、山院、萧家湾、积谷岭、梅坪、李家坊、鹅山下、陈辽。

廿五都所辖内：

云磜坑、半山、二逢、三逢、低背坑、山口、洪家墩、紫溪、藤家坊、寒坊、桃坪、鲍家州、长迳、林下、垅头、西坑、岭头、黄泥坑、大坪、迳下、源头、杨柳坑、半山溪、蜈公坑。

廿六都所辖内：

渡里、苦竹坑、早雨早、王家州、祝家边、傅家坪。

又邵武府西部大埔江一带也大量生产连史纸。此外江西赣州府也产连史纸但纸质粗劣而产量少。

毛片纸制造法

纸料

纸料为猫竹（与连史纸相同）。

春分后立夏前竹笋生长叶子仍包卷未放开时加以砍伐（与连史纸相同）。

竹丝制作法

将砍伐后的竹子纵剖在清水塘中腌浸月余使之腐烂。然后取出用小刀将竹皮剥去留下竹肉。将竹肉放在石上以木杵打烂成麻丝状称为竹丝，作为纸料（与连史纸相同）。

石灰水塘腌浸法

已成之竹丝在石灰水塘内腌浸一昼夜（石灰水塘的构造与相同，大小深浅亦同）。每百斤原料需要石灰四十斤。

一昼夜经过后，将竹丝从塘中取出叠放在塘侧的平地上（平地以石灰砌好，保持清洁）。高低以三四尺为限，平列可至五六丈。此叠置竹丝之上每天一次用长柄勺浇石灰水。如此阳晒十五六日止（与连史纸相同）。

窑蒸法

阳晒后的竹条放入窑内（窑与连史纸所记相同）。窑内铁锅上架好木柱，竹丝放在木架之上，叠放至超出窑上木桶以上二三尺，上再盖以稻草沙灰。从窑口加煤燃烧使铁锅内水沸腾，蒸竹丝一昼夜而停（此时窑内有五六十担竹丝，一担一百斤）。停火一日后从窑内取出竹丝。

清水洗清法

窑内取出之竹丝在清水塘中洗清（塘的构造大小与连史纸所记相同）。洗法为一人在塘内持竹丝之一端，在水中晃动洗去石灰。在塘侧平地叠放，每天更换塘内清水以洗涤竹丝约十天洗去石灰，至塘水不再浑浊时止。洗清石灰后挂在木架上阳晒数日。

稻灰水白碱水腌浸法

竹丝阳晒后将竹丝在稻灰水塘内腌浸（塘构造和别的塘相同，纵横一丈余，深约三四尺。稻灰铺满塘底二尺余，注入清水至充满水塘。将竹丝浸在其中）。在塘内浸四五日取出。

从塘内取出后叠放在塘侧平地（高二三尺，平铺三四丈或五六丈，视竹丝多寡而定）。在另一塘中将白碱以清水化开，以长柄勺舀白碱水每日一次浇在叠放之竹丝之上，要五六日或 1 周时间。每百斤竹丝需白碱十四五斤。

窑煮法

白碱水腌浸完之后，将竹丝放入窑内（窑与前相同）。此次将窑内铁锅上的架木除去，竹丝从窑底叠放至窑顶，上盖稻草沙灰密封，用空节竹管往窑内注入清水，以防烧干。从窑口加煤燃烧四五昼夜至竹丝烂熟为止。

停火后竹丝在窑内放置一昼夜冷却。

清水塘内洗清法

竹丝从窑内取出放入清水塘（塘纵二三丈横一二丈深四五尺，塘底塘侧以石

灰致密砌固。塘内周围距塘侧六七寸位置围以竹栅，塘底距底五六寸以木板铺密。塘上一面开阔七八寸深尺许的小沟以排水（我巡览的纸厂中料塘构造如此精致的还是首见）。竹丝在塘内即竹栅内板底上叠放，竹丝上纵横盖数条长竹[1]并放置石块以防流动。从导水沟灌注清水渐次充满塘内，然后开启排水沟排水，以新陈代谢洗去碱水，至竹丝呈洁白色约十八日止。

此后排净塘内之水晒干竹丝。

赶料

竹丝晒干后固结成豆腐状，妇女以手搓摩竹丝，将秽物及一切黑处细细点检除去。

和豆浆

此后在塘内掺和豆浆。大豆在石臼上磨制而成的汤汁（与制豆腐时相同）与竹丝掺和，百斤竹丝需十八斤豆浆。与豆浆掺和时，以人脚踩踏磨烂，然后放置自然晒干。

舂碎

赶料结束后即舂碎（杵臼与我国舂米之相同，臼为叠石而成甚为坚牢）。以溪水运转杵至舂碎磨烂而止（与连史纸相同）。

和米浆

舂碎完以后的竹丝装在木桶中（桶深四五尺横三四尺深三尺）掺和米浆，以人脚踩踏。米浆也是以石臼将米磨碎后放入布囊中，浸于水中取其汤汁。百斤竹丝需米浆二十四五斤。竹丝洁白的话十八斤亦可。掺和米浆后装入布囊（长三尺口径尺半许），以脚从囊上踩踏，并以丁字形木棒从囊口插入捣碎，然后放入槽船中抄纸。

槽船

槽船木造[2]，纵横长短深浅均与连史纸的大致相同。

抄帘

帘为竹制，帘工二名对立抄纸。

压榨器（与连史纸相同）

干燥炉

干燥炉为长方形，横二丈余纵面二尺许，炉底宽二尺许，炉头窄约一尺许。纵面设炉口以烧柴，横长部以石灰致密涂光滑以供贴纸。毛片纸可贴十张，温度

---

① 1952年抄本误作"长所"。
② 1952年抄本误作"木槌"。

在 80℃内外。

配药

配药为杨条药。割取枝干浸于清水中以浸出黏液（与连史纸相同），百斤原料需七八斤药水。

工费

抄帘干燥等上等工每日七八十文至百文，下等工即烧火或洗竹丝石灰等，工人每日三四十文，但饭食由主人提供。

工时

每日上午五六点开始至下午七八点。每日抄纸九百张干燥一千张。

包装种类数量

所制纸长四尺五寸宽一尺八寸，制纸户以一百九十八张为一刀，十刀为一担。行商以检纸包装费用减去三张，以一百九十五张为一刀，三十刀为一担，一刀重量九斤为上等品，其次八斤七斤半七斤者为中等品。

纸价

上等品每担五两四五钱、五两一二钱、五两不等，中等品四两七八钱至四两五六钱，下等品四两三四钱至四两。

原料价值

竹丝价值：每八十斤一元。

白碱：每百斤五元左右。

石灰：每百斤三四十钱。

石灰：每百斤二十余钱。

杨条药：每百斤三十钱。

大约精制料二十多斤可造纸六百张。

纸厂概算

每担即百斤以银七钱计，五十担竹丝值银三十五两，与白碱十八两、石灰煤柴稻灰等杂费相加四十余两，即百两的工费可产纸值一百五十两，利润为五十两，但从开始造纸至出纸需半年，工人的工资与伙食费均需由此支出。

参考

我寻访陈坊镇的毛片纸厂，皆雷姓，约有六十余户，纸厂有大小，每厂每年产纸七八十担或百担纸，一年输出额约值银二万余两。

毛片纸以福建汀州境内产出者为全国之冠，陈坊的纸厂皆二百年前从汀州移居此地，现在仍通用汀州话。

官堆

纸料

猫竹（与连史纸相同）。

春分雨前在竹笋生长至高五六尺，枝上芽叶仍包卷时砍伐。

竹丝制造法

砍伐后将圆竹纵剖，在清水塘中腌浸腐烂大约三四十日，此后从塘中取出，以小刀将竹皮削去只存竹肉。以木杵在石台上打烂，露出纤维呈麻丝状。

石灰水塘腌浸法

竹丝在石灰水塘中腌浸三四日（石灰水塘构造大小与前记相同）至石灰腌浸充分腐烂后取出。竹丝百斤需石灰少则四十斤多则五六十斤。

窑蒸法

窑（构造与连史纸相同），从石灰水塘取出之竹丝装于窑内，至窑上木桶口之上五六尺。堆积时在窑内插入空节竹筒以通气。堆积完毕后拔去竹筒，在其上盖以稻草沙灰，从窑口烧柴，烧窑二昼夜后止（窑有大小，大窑一回可蒸竹丝百担即一万斤）。

停火一昼夜以后取出竹丝在清水塘中洗净。

清水塘洗净

此后将竹丝在清水塘内洗净（塘构造及洗法与连史纸相同），洗净后挂在木架上阳晒，每日清洗一次以洗去石灰至清水（洗后）不再混浊为止，大约需十日。

稻灰水白碱水腌浸法

稻灰水塘（与前记之处相同），阳晒后之竹丝在此塘中腌浸一日，然后取出纸料堆积在平地上，每天用长柄勺舀碱水浇在纸料上。每百斤竹丝要稻灰五六斤。

窑煮法

经稻灰水浸过的竹丝装入窑内，比木桶口稍低，从其上以长柄勺浇白碱水。百斤竹丝要白碱四五斤。稻草及沙灰盖在竹丝上，盖上以小空节竹筒[①]导入清水，或此时除去窑上木桶，将竹丝在窑内堆至丈高，其上加盖，每次只十余担，蒸过的百担竹丝要分十三四回煮烂。从窑口烧柴以强火煮，至煮烂为止约需五六昼夜。

煮烂以后，停止以竹筒导水，一昼夜烧以微火使竹丝熟烂且收干，然后移至清水塘。

清水塘洗清法

清水塘（构造同前），窑内煮烂的竹丝放入塘中，竹丝上纵横放上长竹棒并

---

① 原文作"竹算"。

压上石块以防竹丝流动。昼间开启导水沟使清水充满，夜间开启排水沟使污水流出，如此新陈交换二十天后白碱水流出，竹丝呈洁白色。

掺和豆浆

豆浆塘深六尺纵六尺横五尺左右，四面以石灰涂刷牢固，将洁白的竹丝放在此塘以内，掺和豆浆。（豆浆制造法与毛片纸所记相同），夏天以清水掺和冬天以热水掺和。加豆浆的同时以长四五尺的棍棒将纸料捣烂。然后以脚踩踏。大约六七天在掺和的塘内自然晒干。此时如豆腐凝结状。百担即一万斤竹丝约需大豆七八斗。

舂碎

豆浆掺和晒干后，再舂碎（舂器以溪水运转，与连史纸所记相同）。

赶料

舂碎的纸料放入室内的缸中，一点点取出放在大桌竹笯上，由妇女细细点检除去污物。赶料完毕后竹丝放入木桶中以脚踩踏，然后放入槽船中抄纸。槽船纵四尺横三尺深三尺左右。官堆纸由一人抄造，每抄十四五枚以帘在槽船的水中逆上逆下使槽底纸料被带上，轻荡即可溶散者留在水中，生硬者以手除去。

以压榨机压榨抄出之纸（压榨机和连史纸相同）。

工时：每日上午五点至下午八九点。

抄纸工一天抄纸二千张，干燥工一天干纸三千张。

工费

帘工抄一把纸工钱为十文，一日抄十把纸工钱为百文。干纸工晒一把纸工钱六七文，一日八九十文。下等工每日二三十文或四十文。饭食由主人提供。

官堆纸

一百九十八张为一把，六把为一个[①]，二个为一担，每担上等品值银四两，下等三两。

纸重

上等品一个重十八斤。

纸户概计

一万斤竹丝需六千斤石灰、五百多斤稻灰、四百余斤白碱、十两柴火，工费在此之外。

---

① 可能为"捆"，下同。

官堆产地

江西省广信府铅山县下石塘镇、观星岭、盐家店、鹅湖及福建省邵武府崇安县业部、关口一带皆产本纸。

生料纸制造法

纸料为猫竹

每年春分后立夏前，竹笋生长六七尺叶子仍包卷未放开时加以砍伐作为纸料。

石灰水塘腌浸

砍下的圆竹纵剖开在石灰水塘中腌浸。塘纵一丈余横五六尺深二尺左右（大小不等），塘底及塘侧四周以石灰砌好。在塘中放入石灰以清水溶解并充满塘内。将纸料在塘内腌浸少则四五个月长则一年。视其腐烂后取出。

清水塘中腌浸

从石灰水塘中取出的纸料直接在清水塘中腌浸（塘构造与石灰水塘相同）。塘内充满清水，纸料在其中腌浸二十天取出。

木杵捶打

清水塘中取出之纸料以木杵在石上打烂后阳晒干燥。

舂碎

舂碎干燥的纸料（舂器与我国舂米器相同）舂器导入溪水驱动木杵，纸料放入以石凿成的臼中连日舂碎。

下槽船

舂碎的纸料即放入木桶中以棍棒捣碎，然后放入槽船中以竹帘抄出。槽船为木制。

配药

用六月冬叶（树与茶叶相似叶圆略细），此叶放入布囊中浸入清水二十余天取出以木杵捣碎，然后放入锅中煮烂，取有黏性的汤汁放入槽船中与纸料混合。

以压榨机压榨抄出之纸（压榨机与前相同）。

干燥炉中干燥。

纸数

一百九十八枚为一把，六把为一个，二个为一担，纸的大小宽窄不一。

参考文献

一、国内论著

（一）1900 年以前的古籍

（唐）段公路：《北户录》，《丛书集成·初编》，中华书局，1985 年

（元）费著：《笺纸谱》，中华书局，1985 年

（明）何乔远：《闽书》，福建人民出版社，1994 年

（明）胡应麟：《少室山房笔丛》上，中华书局，1958 年

（北魏）贾思勰：《齐民要术》，中华书局，1956 年

（明）李时珍：《本草纲目》点校本，人民卫生出版社，1978 年

（清）刘国光：《长汀县志》，光绪五年（1879）刊，（台湾）成文出版社，1967 年影印本

（宋）欧阳修、宋祁：《新唐书》，中华书局，1975 年

（明）宋应星著，钟广言注：《天工开物》，广东人民出版社，1976 年

（北宋）苏轼：《东坡志林》，《苏轼文集》，中华书局，1986 年

（北宋）苏易简：《文房四谱》，中华书局，1985 年

（元）王祯著，王毓瑚校：《王祯农书》，农业出版社，1981 年

（明）王宗沐：《江西省大志》，万历二十五年（1597）刊，（台湾）成文出版社，1989 年影印本

（清）严如煜：《三省边防备览》，道光十年（1830），来鹿堂刊本

（清）杨钟羲：《雪桥诗话续集》，北京古籍出版社，1991 年

（宋）佚名：《爱日斋丛钞》，《丛书集成·初编》，商务印书馆，1936 年

（南宋）赵希鹄：《洞天清录集》，《丛书集成·初编》，商务印书馆，1939 年

（清）宗源瀚，周学浚：《湖州府志》，清同治十三年（1873 年）刊，（台湾）成文出版社，1970 年影印本

（二）1900年以后的论著

1. 著作

曹天生：《中国宣纸史》，中国科学技术出版社，2005年

陈佩蓉，屈维均，何福望：《制浆造纸试验》，中国轻工业出版社，1990年

戴家璋：《中国造纸技术简史》，中国轻工业出版社，1994年

范金台：《云南鹤庆之造纸工业》，资源委员会经济研究室，1940年

富阳市政协文史委员会编：《中国富阳纸业》，人民出版社，2005年

赣西南人民造纸厂：《嫩竹纸料制造法》，自刊，1950年。

杭州市文物考古所等：《富阳泗州宋代造纸遗址》，文物出版社，2012年

何炯璋，谭凤仪：《仁化县志》，民国二十年（1931年），（台湾）成文出版社，1974年影印版

黄马金：《长汀纸史》，中国轻工业出版社，1992年

李少军：《富阳竹纸》，中国科学技术出版社，2010年

李晓岑，朱霞：《云南少数民族手工造纸》，云南美术出版社，1999年

廖定渠：《种竹制纸之研究》，京华印书馆，1934年

林存和：《福建之纸》，福建省政府统计处，1941年

刘威：《造纸》，中国科学社，1941年

罗济：《竹类造纸学》，南昌自刊本，1935年

潘吉星：《中国造纸技术史稿》，文物出版社，1979年

潘吉星：《中国科学技术史：造纸与印刷卷》，科学出版社，1998年

潘吉星：《中国造纸史》，上海人民出版社，2009年

轻工业部广州轻工业学校，湖南轻工业学校：《制浆造纸分析与检验》，轻工业出版社，1984年

谭旦冏：《中华民间工艺》，台湾省政府新闻处，1973年

王菊华等：《中国古代造纸工程技术史》，山西教育出版社，2006年

王诗文：《中国传统手工纸事典》，（台北）财团法人树火纪念纸文化基金会，2001年

翁绍耳，江福堂：《邵武纸之产销调查报告》，私立协和大学农学院农业经济学系，1943年

夏丽峰，马忻：《纸和纸板物理特性及其试验方法》，轻工业出版社，1990年

夏迺芬：《土黄纸制造法》，中华书局，1951年

铅山县县志编纂委员会：《铅山县志》，南海出版公司，1990 年

易同培，史军义等：《中国竹类图志》，科学出版社，2008 年

攸县志编纂委员会：《攸县志》，中国文史出版社，1990 年

俞雄，俞光：《温州工业简史》，上海社会科学院出版社，1995 年

袁代绪：《浙江省手工造纸业》，科学出版社，1959 年

张秉伦，方晓阳，樊嘉禄：《中国传统工艺全集：造纸与印刷》，大象出版社，2005 年

张人价：《湖南之纸》，湖南省银行经济研究室，1942 年

浙江省政府设计会：《浙江之纸业》，启智印务公司，1940 年

钟崇敏等：《四川手工纸业调查报告》，中国人民银行经济研究处，1943 年

周关祥：《富阳传统手工造纸》，自刊本，2010 年

周杰华：《蜀纸之乡》，夹江县文体广电旅游局，2005 年

周志骅：《中国重要商品》，华通书局，1931 年

祝慈寿：《中国古代工业史》，学林出版社，1988 年

2. 论文

包金铭：《郑坊纸业兴衰》，《顺昌文史资料》第 9 辑，1991 年，第 45-47 页

包叔良：《永嘉瞿溪南屏纸调查》，《浙江建设》，1940 年第 2 期，第 125-126 页

佚名：《本省特产连史毛边纸制造过程》，《工商通讯》，1936 年第 1 卷第 1 期，第 27-28 页

陈宝仁：《东泰纸行》，《瓯海文史资料》第 7 辑，1991 年，第 77-78 页

陈刚：《传统造纸技术的多元价值及其保护》，《中国文物报·遗产周刊》，2011 年 3 月 18 日

陈刚：《档案与古籍修复用竹纸的现状与问题》，《档案学研究》，2012 年第 1 期，第 80-84 页

陈刚：《井上陈政与〈清国制纸法〉》，《史林》，2012 年第 3 期，第 128-132 页

陈后文：《司前毛竹与历史悠久的北纸生产》，《光泽文史资料》第 17 辑，政协光泽县委文史资料委员会，1997 年，第 88-92 页

陈友地，秦文龙，李秀玲等：《十种竹材化学成分的研究》，《林产化学与工业》，1985 年第 5 卷第 4 期，第 32-39 页

澄秋：《中国土纸之出口贸易》，《国际贸易导报》，1933 年第 5 卷第 8 期，第 151-166 页

杜衡:《调查信宜县德亮区金洞水涧之纸业报告》,《广东建设厅工业试验所年刊》,1933 年,第 26-28 页

杜时化:《手工竹浆的制造及其改进方法（续）》,《造纸工业》,1957 年第 7 期,第 24-29 页

福建省农林处农业经济研究室:《福建省纸业产销情形调查》,《农业统计资料》,1943 年第 2 卷第 11、12 期合刊,第 26-45 页

佚名:《富阳毛竹造纸法概论》,《江苏实业月志》,1921 年第 29 期,第 19-21 页

傅筱冲,廖延雄,曹晖等:《土法造纸木素降解之探索——I. 嫩毛竹自然发酵过程微生物数量的变化》,《江西科学》,1994 年第 12 卷第 4 期,第 233-237 页

傅筱冲,廖延雄,曹晖等:《土法造纸木素降解之探索——III. 嫩毛竹自然发酵过程中的细菌分离鉴定与嫩竹软化菌的筛选》,《江西科学》,1998 年第 16 卷第 1 期,第 12-20 页

佚名:《广东北江纸业调查报告》,《经济研究》1939 年第 1 卷第 2 期,第 108-139 页

佚名:《贵溪县文坊京表纸业概况》,《经济旬刊》1936 年第 7 卷第 10、11 期,第 75-78 页

郭起荣,杨光耀,杜天真等:《毛竹命名的百年之争》,《世界竹藤通讯》,2006 年第 4 卷第 1 期,第 18-20 页

何远程:《崇义县纸业状况》,《经济旬刊》,1935 年第 5 卷第 4 期,第 1-5 页

胡友鹏:《宜丰之纸业》,《经建季刊》,1948 年第 6 期,第 116-118 页

黄舟松:《温州泽雅四连碓造纸作坊遗址》,《东方博物》第 16 辑,浙江大学出版社,2005 年,第 38-42 页。

江西工业试验所:《连史纸及关山纸制法》,《经济旬刊》,1935 年第 4 卷第 15 期（调查）,第 1-3 页

集思:《松阳纸业》,《浙江工业》,1941 年第 3 卷第 5、6 期,第 28-29 页

绩溪:《遂安土纸》,《淳安文史资料》第 5 辑,1989 年,第 81-83 页

今立:《富阳纸业》,《浙江工业》,1941 年第 3 卷第 5、6 期,第 27 页

雷启秋:《漫谈手工制造连史纸》,《光泽文史资料》第 18 辑,1998 年,第 119-121 页

李长庚,姜桂森:《将乐毛边纸概述》,《将乐县文史资料》第 1 辑,政协将乐县委员会文史资料编辑组,1982 年,第 67-74 页。

李良寿:《邵武洪墩纸业调查》,《邵武文史资料选辑》第 7 辑,1986 年,第 48-62 页

李香梅:《大余土纸及其生产工艺》,《中国土特产》,1996 年第 4 期,第 33-34 页

梁彬文:《四川纸业调查报告》,《建设周讯》,1937 年第 1 卷第 10 期,第 15-30 页

梁特猷:《手工抄纸技术大革新——介绍湖南浏阳单人抄纸吊帘》,《中国轻工业》,1958 年第 15 期,第 25、33 页

廖泰灵:《一份特殊的贡献 - 抗日战争时期夹江县的造纸业》,《夹江文史资料》第 8 辑,政协夹江县委员会,2006 年,第 10-14 页

廖延雄,傅筱冲,吴小琴等:《微生物与嫩竹土法造纸》,《江西科学》,1998 年第 16 卷第 3 期,第 175-178 页

佚名:《临安一带之土纸业》,《兴华》,1930 年第 27 卷第 41 期,第 29-31 页

林长春:《卫生纸的制作过程》,《瓯海文史资料》第 4 辑,政协温州市瓯海区文史资料委员会,1991 年,第 129-132 页

林景亮:《福建长汀纸业调查》,《中国建设》,1936 年第 14 卷第 5 期,第 25-31 页

林兆鹤:《福建手工业纸概况及其改良动态》,《建设周讯》,1938 年第 7 卷第 6 期,第 1-4 页

刘宝琛,陈丕扬,曾心铭:《调查融县贝江流域制纸业报告书》,《自然科学》,1929 年第 1 卷第 4 期,第 186-192 页

刘广南,梁卫炯:《罗定土纸生产发展概况》,《罗定文史》第 16 辑,1992 年,第 169-175 页

陆贵庭:《者卡村的造纸工艺及流程》,《广南县文史资料选辑》第 5 辑,1991 年,第 126-127 页

卢以仁:《永定土纸生产工艺及其他》,《永定文史资料》第 3 辑,1984 年,第 11-16 页

罗大富:《我国手工造纸法》,《造纸印刷季刊》,1941 年第 2 期,第 63-67 页

缪大经,傅彬铨:《浙江皮蜡纸机械化资料》,《浙江造纸》,1992 年第 1 期,第 52-61 页

卢衍熙:《土法制造竹浆之研究》,《福州大学自然科学研究所研究汇报》第三号,1952 年,第 175-186 页

秦自新：《泰顺纸业》，《浙江工业》，1941年第3卷第5、6期，第24-26页

邱文良，官仕明：《中桂黄纸业的兴衰》，《光泽文史资料》第17辑，1997年，第93-95页

任鹏程：《手工竹浆之碱处理与漂白试验》，《福州大学自然科学研究所研究汇报》第三号，1952年，第237-239页

任鹏程：《土产竹丝之物理与化学性质》，《福州大学自然科学研究所研究汇报》第三号，1952年，第187-192页

沈彬康：《竹浆造纸》，《化学工业》，1934年第10卷第2期，第50-65页

沈家铭：《川省主要产纸区域之调查》，《农林新报》，1940年第17卷第16-18期合刊，第16-38页

史德宽：《竹浆制造法新旧之比较》，《工业中心》，1935年第4卷第1期，第35-39页

史德宽：《黎川樟村制纸之调查》，《经济旬刊》，1935年第4卷第9期，第1-5页

史德宽：《调查江西纸业报告书》，《经济旬刊》，1935年第5卷第5、6期，第1-18页

佚名：《四川夹江县之纸业》，《蜀评》，1925年第4期，第35-40页

四川造纸工业公司：《使用脱青竹片制浆造纸的经验》，《造纸工业的先进经验2（竹浆生产经验）》，轻工业部造纸工业管理局编，1956年，第9-10页

苏俊杰：《连史纸制作技艺保护研究》，复旦大学硕士学位论文，2008年

唐焘源：《中国竹纸料之蒸解及其韧力之研究》，《中央研究院化学研究所集刊》，1932年第9期，第1-34页

滕振坤：《铅山连史纸》，《铅山文史资料》第3辑，政协铅山县委员会文史资料研究委员会，1989年，第56-71页

田光国：《梁山（梁平）手工造纸业史话》，《梁平县文史资料》第4辑，政协梁平县文史资料委员会，1998年，第96-106页

《土纸之制造方法》，《工商半月刊》，1931年第3卷第16期，第23-25页

汪巩：《庆元手工竹纸的制法》，《浙江建设》，1940年第2期，第121-124页

王家和：《陇脚村的土法造纸》，《乌当文史资料》（第4辑），政协贵阳市乌当区委员会，1989年，第118-122页

王峥嵘，钱子宁：《江西纸业之调查》，《工业中心》，1934年第3卷第9期，第276-285页

韦丹芳：《融水县杆洞苗寨水碾调查》，广西民族学院学报（自然科学版），2002 年第 8 卷第 3 期，第 60-63 页

魏天骥：《江西手工制纸业》，《全国手工艺特产品调查》，原载《实业部月刊》，1937 年第 2 卷第 6 期，第 240-245 页

文史组：《横江重纸史话》，《石城县文史资料》第 1 辑，1986 年，第 90-103 页

文瘦樵：《怀远镇附近纸业调查》，《建设周讯》，1939 年第 8 卷第 25、26 期合刊，第 53-56 页

文正逸夫：《庆元毛边 - 调查报告》，《庆元文史》，1984 年第 2 期，第 17-18 页

吴文英：《浙江之纸》，《浙江省建设》，1937 年第 10 卷第 9 期，第 1-18 页

吴小琴，廖延雄，傅筱冲等：《土法造纸木素降解之探索——Ⅱ . 嫩毛竹自然制浆过程中的化学成分变化及其分析方法》，《江西科学》，1997 年第 15 卷第 2 期，第 67- 72 页

谢大北：《永春玉坑乡一带产纸概况——集美农校闽南物产调查报告之二》，《福建省银行季刊》，1945 年创刊号，第 165-174 页

谢觉民：《川东的富源之一——造纸》，《新经济》，1943 年第 5 期，第 99-102 页

谢慎初：《长汀纸业的研究》，《经济商业期刊》，1941 年第 1 期，第 71-78 页

许超等：《松阳纸业之调查》，《浙江建设》，1940 年第 2 期，第 112-120 页

徐文娟，诸品芳：《豆浆水在中国书画修复中应用性能研究》，《文物保护与考古科学》，2012 年第 24 卷第 1 期，第 1-4 页

严慧孜：《长汀赤坜背造纸工业概况》，《工业合作》，1946 年第 27-28 期，第 4-6 页

佚名：《铅山纸业调查》，《江西建设月刊》，1932 年第 6 卷第 9、10 期，第 9-17 页

易邵郶：《江西宁都毛边纸产销调查》，《农友》，1938 年第 6 卷第 8、9 期，第 30-35 页

余汉章，张汉臣：《邵武连史纸生产简况》，《邵武文史资料选辑》第 7 辑，1986 年，第 63-69 页

佚名：《余杭县改良黄烧纸原料实验计划》，《浙江省建设》，1937 年第 10 卷第 9 期，第 20-27 页

袁白梅：福建之竹笋纸（未完），《新福建》，1943 年第 3 卷第 3 期，第 41-44 页

袁白梅：福建之竹笋纸（续），《新福建》，1943 年第 3 卷第 4 期，第 48-51 页

袁定安：《湖南新化的手工造纸业》，《中国农村》，1935 年第 1 期，第 81-84 页

造纸工业管理局：《我国用竹子制造手工纸的方法》，《造纸工业》，1959 年第 9 期，第 24-30 页

造纸工业管理局生产技术处：《手工纸的发酵制浆法》，《造纸工业》，1959 年第 2 期，第 15-18 页

曾万文：《顺昌纸业古今》，《顺昌文史资料》第 6 辑，顺昌县政协文史资料工作委员会，1988 年，第 51-57 页。

张柏青：《富阳萧山等县纸业之考察》，《浙江省建设》，1937 年第 10 卷第 9 期，第 19-25 页

张立森：《梁山造纸工合概况及其改进途径》，《工业合作半月通讯》，1945 年第 15-16 期，第 6-17 页

张绍言：《江西崇仁毛边纸之制造调查与应如何改良意见》，《中农月刊》，1948 年第 9 卷第 3 期，第 25-27 页

张受森：《湖南之纸》，《湖南经济》，1948 年第 3 期，第 76-88 页

张天荣：《江西产纸之调查报告》，《学艺杂志》，1936 年第 15 卷第 7 期，第 37-46 页

张天荣：《中国纸业之概况》，《商业杂志》，1928 年第 3 卷第 1 期，第 21-30 页

张喜：《贵州主要竹种的纤维及造纸性能的分析研究》，《竹子研究汇刊》，1995 年第 14 卷第 4 期，第 14-30 页

张熙谦：《宜兴张渚制纸调查录》，《江苏省立第二农业学校农蚕汇刊》，1919 年第 2 期，第 21-23 页

张余善：《梁山的纸区》，《中大化工》，1944 年第 2 期，第 22-24 页

张永惠：《福建沙县连城手工纸业之调查》，《工业中心》，1937 年第 6 卷第 6 期，第 244-250 页

张永惠：《铜梁县纸业调查报告》，《工业中心》，1938 年第 7 卷第 2 期，第 40-48 页

张永惠，李鸣皋：《中国造纸原料之研究（五）——国产老竹纸料制造之研究》，《工业中心》，1948 年第 12 卷第 1 期，第 22-25 页

张子毅：《"易村"的纸坊——一个农村手工业的调查》，《云南实业通讯》，1940 年第 7 期，第 153-160 页

哲之：《江西之手工造纸业》，《工商半月刊》，1934 年第 6 卷第 17 号，第 39-56 页

郑加琛：《瓯海屏纸史话》，《瓯海文史资料》第 1 辑，政协温州市瓯海区文

史资料工作委员会，1986 年，第 159-163 页

郑蓉，刘晓晖，廖鹏辉等：《4 种福建乡土竹种的纤维形态分析》，《防护林科技》，2010 年第 4 期，第 21-26 页

赵泽宣：《宁属手工造纸概况及其改良意见》，《新宁远》，1941 年第 1 卷第 8-9 期，第 6-9 页

朱超俊：《贵州之造纸工业》，《企光》，1941 年第 2 卷第 6、7 期，第 49-53 页

朱范：《手工造纸法》，《锄声》，1934 年第 1 卷第 6 期，第 47-56 页

庄礼味：《南雄土竹纸的沧桑》，《韶关文史资料》（第 19 辑），政协韶关市委文史资料委员会，1993 年，第 217-221 页

子坚：《浙江竹纸之制造法》，《机联》1949 年第 244 期，第 6-7，20 页

纵横：《毛边纸及毛太纸之小考证》，《艺文印刷月刊》，1937 年第 1 卷第 6 期，第 37 页

二、国外论著

関義城：和漢紙文献類聚（古代・中世編），思文閣，1976 年

関義城：和漢紙文献類聚（江戸時代編），1973 年

関義城：古今紙漉紙屋図絵，木耳社，東京，1975 年

宍倉佐敏：竹と竹紙の研究、和紙文化研究，7、1999 年，第 56-69 页

正倉院宝物特別調査——紙（第 2 次）調査報告、正倉院紀要（32），2010 年，第 9-71 页

池田温：東アジアの文化交流史、吉田弘文館，2002 年

白戸満喜子：竹紙の謎，日本古本通信，2009 年第 11 期，第 16-17 页

朴世堂：穡経 造北纸法，转引自朴英璇：韓紙の歴史、和紙文化研究，12、2004、32-48

井上陈政：《清国制纸法》，东京纸博物馆藏，1952 年抄本

井上陈政著，荣蚁译：《皖赣造纸考察日记》，《中国纸业》，1941 年第 1 期，第 5-7 页

有吉正明，佐味義之：自然発酵法による竹紙の製作，高知県立紙産業技術センター報告，2007 年第 12 期，第 76-81 页

佐味義之：竹紙——古来製法の実践と補修用竹紙抄造の考察、日本美術品の保存修復と装コウ技術 その四、クバプロ，2009 年，第 32-38 页

陳剛，蘇俊傑：中国竹紙の保存性，文化財保存修復学会誌，2009 年第 54

期，第 11-18 页

陳剛：連史紙の伝統製造法とその復元，和紙文化研究，2010 年第 18 期，第 62-71 页

関彪：支那製紙業，誠文堂，1934 年

台湾総督府民政部殖産局：本島製紙業調査書，台北，1909 年

莫古黎（F.A.Maclure）：《广东的土纸业》,《岭南学报》，1929 年第 1 卷第 1 期，第 44-53 页

Dard Hunter. Papermaking by Hand in Indo-China,1947

Dard Hunter. Papermaking by Hand in India,Pynson Printers,1939

Dard Hunter. Chinese Ceremonial Paper, the Mountain House Press,1937

Dard Hunter. A Paper Pilgrimage to Japan, Korea and China, Pynson Printers,New York,1936

Dard Hunter. Papermaking-The History and Technique of an Ancient Craft, Dover Publications,New York,1978

Inaba Masamitsu，Chen Gang, et al. The Effect of Cooking Agents on the Permanence of Washi（Part II），Restaurator, 2002,（23）: 133-144

Chen Gang, Inaba Masamitsu, et al. Traditional Chinese Papers, their Properties a nd Permanence，Restaurator, 2003,（24）: 135-144

后　记

　　在一个 U 盘就能装下整部《四库全书》内容的时代，纸张作为记录媒体，其地位正在不断受到挑战。也许某一天，纸张又要回归包装和卫生等生活用纸的用途。对此，也有不少学者加以反驳，认为纸张有其他新记录媒介所不具备的优点。但不管如何，纸张作为记录材料作用的下降，是不争的事实。在这样一种趋势下，手工竹纸似乎是一个更为遥远的东西，研究竹纸的制造又有何现实意义呢？

　　说实话，笔者对竹纸的关注始于好奇，而不是考虑其现实用途。作为一个文物保护工作者，看到那些写在毛边纸上的清秀字迹时，总有一种莫名的亲切感，从那些笔触间似乎能够感受到书写者的气息。1998 年，笔者负笈东瀛，从事纸质文物保护的学习和研究工作。笔者感受比较强烈的是，日本传统手工纸"和纸"与我国的竹纸、宣纸在纸质上的明显区别。和纸一般使用楮皮为原料，纤维粗长，因此纸张韧性好，撕开时的断面有一种毛茸茸的感觉。而我国常见的竹纸、宣纸则纤维幼细，纸质细腻，书写时笔触的表现力强。当然，皮纸也非日本的首创。宋代以前，皮纸曾是我国主要的纸种，与和纸相似的手工皮纸至今仍然在云贵等地制造。但为何中国的手工纸会给人以一种细薄的感觉？这引起了笔者的兴趣。日本对传统手工纸的研究与保护之盛，也给笔者留下了很深的印象。不少日本学者对笔者提到中国的竹纸，因为竹纸也曾在日本产生过较大的影响，特别是在书画创作与装裱方面，但对手工竹纸的系统研究则几乎是空白。这些都促使笔者回国以后对竹纸的制作工艺比较关注。由上海市"浦江人才"计划资助，笔者曾对江南地区的手工造纸进行了初步的考察，结果可以说是喜忧参半：喜的是在江南地区仍有不少地方的造纸作坊从事竹纸的制造，为我们了解竹纸的制作工艺提供了较好的条件；忧的是这些作坊大多面临困境，难以为继，在不远的将来有消亡之虞。从 2006 年开始，笔者对各地竹纸的制作工艺进行了较为系统的考察，力图抢救性地挖掘、整理、保护一些传统的竹纸制作工艺。而随着工作的展开，笔者发现这一工作是十分艰巨而复杂的，首先是不断有新的竹纸制造

点被发现，原来那些已知的点又不断消亡，挖掘抢救工作似乎永远也做不完；而由于时代的变迁与市场需求的变化，各地的竹纸制造工艺又不断在发生变化。从保护文化遗产的要求而言，如何去伪存真、总结传统工艺的特点有较大的难度。好在清末以来，关于手工造纸工艺的调查记录较为丰富，和现存的工艺相对照，可以在一定程度上对竹纸制造工艺的变迁有所了解。这方面资料的整理和分析，成为竹纸传统制作技艺研究的重要部分。本书即以竹纸制作技艺的现状调查，以及对传统制作技艺的探讨为主要内容，而竹纸工艺的科学研究，特别是工艺的变化对于纸张理化性能和耐久性的影响，也是本书关注的内容。总体而言，快速而强烈的化学试剂漂白过程，对于纸张的耐久性有不利的影响；而与传统的弱碱蒸煮、长时间发酵工艺相比，强碱的蒸煮对纸张的性能影响不大，这是与皮纸研究结果的不同之处。这也使笔者认识到，对于竹纸的工艺与性质还有不少需要进一步研究之处。相关的研究结果，可以为竹纸制作工艺的合理改良提供参考。

对于竹纸传统工艺的调查记录，应该包括工艺步骤的详细而量化的记录、工具的测绘、操作过程的图像资料等。日本在这方面做得较好，如在20世纪70年代，就由政府组织，对代表性传统工艺做过详细的调查，并出版了重要的无形文化财丛书。其中传统造纸技术方面有《手漉和紙　越前奉書・石州半紙・本美濃紙》，内容包括文字描述、照片记录、工具测绘及产品分析等，只是后续未见其他手工造纸技术的系统调查、整理与出版工作。我们在实地调查工作中，虽然也进行了相关的资料搜集和测绘，但离传统工艺的记录要求还有不小的差距。本书所呈现的现状调查部分，只能算是一个初步的调查简报。这主要是由于本书的主旨在于通过对竹纸制作工艺现状的概述，结合历史文献，探讨传统工艺的面貌和多样性。详细的个案调查报告，还有待于调查资料的整理和后续的补充调查工作。另外，文献资料的搜集、整理和分析工作，随着各地图书馆对早期文献的电子化工作的展开而变得日益便捷。不过还是有不少文献得来不易，如日本纸博物馆保存的井上陈政的《清国制纸法》，由于其作为情报搜集报告的特殊性质，长期以来秘不示人，以往也未见详细的介绍和研究，本书将其竹纸部分全文译出作为附录以供研究者参考。同时，我们在资料的搜集、整理工作中，也发现有不少文献存在辗转传抄、人云亦云的现象。因此，对于历史文献的甄别考订，也是今后需要进一步进行的工作。

本书的完成，首先要感谢教育部人文社会科学一般项目（规划项目）"中国竹纸传统制作技艺研究"（09YJAZH015），以及上海市教委科研创新重点项目"江南地区传统竹纸制作技艺研究"（10ZS08）的资助；使田野调查与实验工作能够顺利进行。在这一过程中，复旦大学文物与博物馆学系的部分师生，如俞蕙、刘守柔、苏俊杰、张学津、董择、谷宇等，以及中国丝绸博物馆的汪自强参与了调查研究工作，特别是苏俊杰，在笔者的指导下，重点对连史纸的制作工艺进行了调查和实验研究，张学津承担了大量早期文献的录入整理工作。可以说，本书也是团队合作的结果。

在对竹纸制造现状的调查中，承蒙相关省、市、县、乡各级文化遗产管理部门的大力支持，在此一并表示感谢。同时，也要感谢纸史研究前辈王菊华、潘吉星等多年来对笔者的指导与鼓励，王菊华老师还慨然应允为本书作序，使本书增色不少。

当然，还要感谢家人的支持，特别是笔者的妻子承担了大部分抚育孩子的重任，使笔者有更多的时间从事调查与写作。

科学出版社的郭勇斌、樊飞编辑为出版做了大量认真、细致的工作，在此表示衷心的感谢！

最后，笔者要将本书献给那些至今仍在昏暗、潮湿的纸房中辛勤劳作的造纸艺人。也许你们只是出于生计从事这份工作，但却为我们保留了祖国珍贵的文化遗产。正是有千千万万像你们这样的人，中华传统技艺才得以传承，你们的工作平凡而伟大，是值得敬佩的！

陈　刚

2014 年初夏于复旦大学